普通高等教育机电类系列教材

# 液压与气压传动
# 学习指导与习题集

## 第2版

刘银水　陈尧明　许福玲　编

机 械 工 业 出 版 社

本书是与刘银水、许福玲主编的“十二五”普通高等教育本科国家级规划教材《液压与气压传动》（第4版）配套的学习指导和习题集。本书在内容编排上与教材一一对应，各章均设有学习要点、例题和习题，附录中还有综合测试题。本书内容丰富，例题分析清楚易懂，习题有易有难，分不同层次跨度，适合于广大师生和本专业技术人员阅读与参考。

本书有较为详细的习题参考解答，需要者的授课教师可到机械工业出版社教育服务网(www.cmpedu.com)注册、下载。

**图书在版编目（CIP）数据**

液压与气压传动学习指导与习题集/刘银水，陈尧明，许福玲编．—2版．—北京：机械工业出版社，2016.6（2023.4重印）
普通高等教育机电类系列教材
ISBN 978-7-111-54060-1

Ⅰ.①液…　Ⅱ.①刘…　②陈…　③许…　Ⅲ.①液压传动—高等学校—教学参考资料②气压传动—高等学校—教学参考资料　Ⅳ.①TH137②TH138

中国版本图书馆CIP数据核字（2016）第136318号

机械工业出版社（北京市百万庄大街22号　邮政编码100037）
策划编辑：刘小慧　责任编辑：刘小慧　李　超　任正一　徐鲁融
责任校对：樊钟英　封面设计：张　静
责任印制：郜　敏
中煤（北京）印务有限公司印刷
2023年4月第2版第3次印刷
184mm×260mm · 12.5印张 · 270千字
标准书号：ISBN 978-7-111-54060-1
定价：39.00元

电话服务　　　　　　　　　　　网络服务
客服电话：010-88361066　　机　工　官　网：www.cmpbook.com
　　　　　010-88379833　　机　工　官　博：weibo.com/cmp1952
　　　　　010-68326294　　金　书　网：www.golden-book.com
**封底无防伪标均为盗版**　　　机工教育服务网：www.cmpedu.com

# 第2版前言

本书作为刘银水、许福玲主编的《液压与气压传动》的配套教材，始终得到广大读者的关爱和同行们的肯定。《液压与气压传动》在被评为普通高等教育“十一五”国家级规划教材后，又于2012年被评为“十二五”普通高等教育本科国家级规划教材。编者在对《液压与气压传动》教材进行修订的基础上，对本书也进行了相应的修订。修订后的总体风格与内容结构与以前保持相同，并按照学习的不同层次从以下几个方面来进行内容的设置。

1. 促进理解　每章的“学习要点”将教材中需要掌握的知识点进行了提炼总结，便于学习者更好地理解和把握教材的重点和难点。

2. 促进贯通　每章的“例题”将主要知识点融入其中，通过举例的方式，辅助学习者将新的知识点与已有的知识体系进行融会贯通。

3. 促进实践　每章的“习题”结合本章的主要知识点而设置，附录还设有“综合测试题”，让学习者在独立完成习题的同时实现知识的“内化”，从而具备一定的知识应用能力。

本书由刘银水（主要完成绪论、第一、二章、附录）、陈尧明（主要完成第三、四、五、八、九、十、十一章）、许福玲（主要完成第六、七、十二、十三章）编写。

本书有习题参考答案，向授课教师免费提供，需要者可到机械工业出版社教育服务网（www.cmpedu.com）索取。

限于编者水平，书中难免存在不妥之处，恳请广大读者批评指正。

编　者
于华中科技大学

# 第 1 版前言

由长期的教学实践深知，“液压与气压传动”作为一门技术基础课，由于涵盖的内容较多，各种液压与气动元件既有自身的结构特点，又有相通之处；而元件、回路与系统之间既独立又有其内在关系，加之课内教学时数有限，因此无论是“教”，还是“学”，均感难度较大。为此，笔者编写了本书作为辅助教材，与《液压与气压传动》教材配套使用。

全书共分十三章，与《液压与气压传动》教材对应。每章均设有学习要点、例题和习题。在“学习要点”中，力求用精练的语言，通过对照、比较的方式，归纳和总结该章应掌握的知识要点，并避免与教材内容简单重复；每章的“例题”通过较为详细和深入浅出的解析，作为示范尽可能地涵盖该章各知识点；“习题”部分既有复习思考题，又有综合练习题，用于学习者检查自己掌握的程度。在附录中所提供的综合测试题供同行参考和借鉴，它在形式上和内容上是对正文的补充和提高。

本书由陈尧明（主要完成第一、二、三、四、五、八、九、十、十一章）、许福玲（主要完成绪论，第六、七、十二、十三章，附录）编写。

本书有习题参考答案，向授课教师免费提供，需要者可根据书末信息反馈表进行索取。

限于笔者水平，书中难免存在缺点和错误，恳请广大读者批评指正。

编　者

于华中科技大学

# 目　录

# 绪　　论

## 一、学习要点

液压传动与气压传动都是以流体为工作介质进行能量传递和控制的一种传动形式，统称为流体传动与控制。液压与气压传动和机械传动、电气传动组成三大传动形式，各具特色，优缺点互为补充。

**1. 液压与气压传动的工作原理**

液压与气压传动通过各种元件组成不同功能的基本回路，再由若干个基本回路组成一个完整的传动系统。其力的传递遵循帕斯卡原理：在密闭容器内，施加于静止液体上的力以等值传到液体内各点；运动的传递则遵循密闭工作容积变化相等的原则。系统工作压力取决于外负载，执行元件的运动速度取决于输入流量的大小。因此，压力和流量是液压与气压传动的两个最基本、最重要的参数。

**2. 液压与气压传动系统的组成**

液压与气压传动系统的工作介质分别为液压油液与压缩空气，其装置主要由以下四部分组成：①提供液压油液或压缩空气的能源装置；②输出机械能的执行元件；③控制和调节流体压力、流量和流向的控制元件；④除上述三种元件以外的能保证系统正常工作的辅助元件。

要熟悉各种元件的图形符号。

**3. 液压与气压传动的优缺点**

液压与气压传动的最大优点是能实现“力的放大”以及在大范围内实现无级调速，最大缺点是传动效率偏低及元件制造精度要求较高，系统出现故障后不易诊断。

## 二、例题

**例 0-1**　在图 0-1 所示的液压千斤顶中，已知活塞 1、2 的直径分别为 $d=10\text{mm}$，$D=35\text{mm}$，杠杆比 $\overline{AB}/\overline{AC}=1/5$，作用在活塞 2 上的重物的重力 $G=19.6\text{kN}$，要求重物提升高度 $h=0.2\text{m}$，活塞 1 的移动速度 $v_1=0.5\text{m/s}$。不计管路的压力损失、活塞与缸体之间的摩擦阻力和泄漏。试求：

1）在杠杆作用点 $C$ 处需施加的力 $F$。

2）力 $F$ 需要作用的时间。

3）活塞 2 输出的功率。

**解：** 1）由活塞2上的重物 $G$ 所产生的液体压力

$$p=\frac{G}{A_2}=\frac{4G}{\pi D^2}=\frac{4\times19.6\times10^3}{3.14\times(35\times10^{-3})^2}\text{Pa}$$

$$=20.38\times10^6\text{Pa}$$

根据帕斯卡原理，求得在 $B$ 点处需施加的力

$$F_B=pA_1=p\frac{\pi d^2}{4}=20.38\times10^6\times\frac{3.14\times(10\times10^{-3})^2}{4}\text{N}$$

$$=1600\text{N}$$

由于 $\overline{AB}/\overline{AC}=1/5$，所以在杠杆 $C$ 点处需施加的力

$$F=F_B\times\frac{1}{5}=1600\times\frac{1}{5}\text{N}=320\text{N}$$

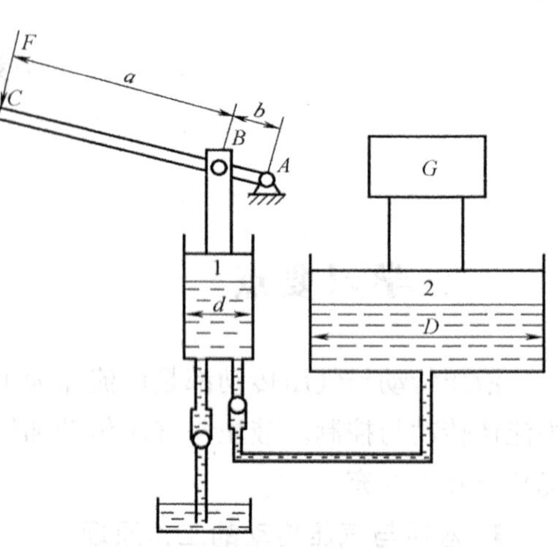


图 0-1　例 0-1 图

2）根据容积变化相等的原则

$$v_1\frac{\pi d^2}{4}=v_2\frac{\pi D^2}{4}=\frac{h}{t}\frac{\pi D^2}{4}$$

求得力 $F$ 需施加的时间

$$t=\frac{hD^2}{v_1d^2}=\frac{0.2\times(35\times10^{-3})^2}{0.5\times(10\times10^{-3})^2}\text{s}=4.9\text{s}$$

3）活塞2输出的功率

$$P=v_2G=\frac{h}{t}G=\frac{0.2}{4.9}\times19.6\times10^3\text{W}=800\text{W}$$

## 三、习题

0-1　在图 0-2 中，两活塞缸水平放置，它们之间用管道连接。缸 2 活塞用于推动工作台，工作台的运动阻力 $F_1=1962.5\text{N}$，在缸 1 活塞上施加的作用力为 $F$。已知缸 1 活塞直径 $D_1=20\text{mm}$，缸 2 活塞直径 $D_2=50\text{mm}$，试计算：

1）当 $F=314\text{N}$ 时，密闭容积中液体的压力及两活塞的运动情况。

2）当 $F=157\text{N}$ 时，密闭容积中液体的压力及两活塞的运动情况。

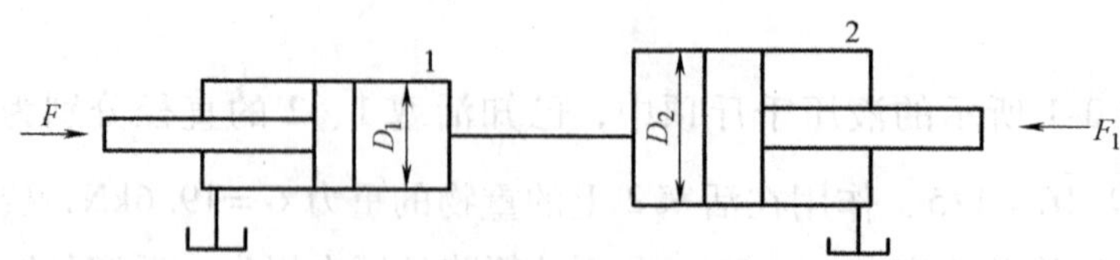


图 0-2　习题 0-1 图

0-2　液压与气压传动的工作原理有哪两大特征？在液压与气压传动中有哪两个基本参数？

0-3　液压千斤顶的尺寸如图 0-3 所示：$D=50\text{mm}$，$d=10\text{mm}$，$a=400\text{mm}$，$b=100\text{mm}$。

若举起的物体 $G$ 的重力为 $6.25\times10^4$N（包括活塞自重），小活塞的速度 $v_1=50$mm/s，不计摩擦阻力和泄漏，试求：

1）杠杆上施加的作用力 $F$。

2）大活塞运动的速度 $v_2$。

3）流量 $q$。

0-4　液压与气压传动系统由哪几部分组成？各部分的功用是什么？

0-5　在图 0-4 所示的液压系统中，液压泵的额定压力 $p_s$ 为 2.5MPa，额定流量 $q_s$ 为 10L/min，溢流阀调定压力 $p_y$ 为 1.8MPa，两液压缸活塞面积 $A_1=A_2=30\text{cm}^2$，负载 $F_1=3$kN，负载 $F_2=4.5$kN，不计各种损失，试分析计算：

1）液压泵起动后哪个液压缸先动作？为什么？速度分别为多少？

2）各液压缸的输出功率为多少？

3）液压泵的最大输出功率为多少？

0-6　精密机床液压系统、工程机械液压系统及炸药包装自动线气动系统分别利用了液压与气压传动的什么优点？

0-7　比较气压传动与液压传动，指出气压传动独特的优缺点。

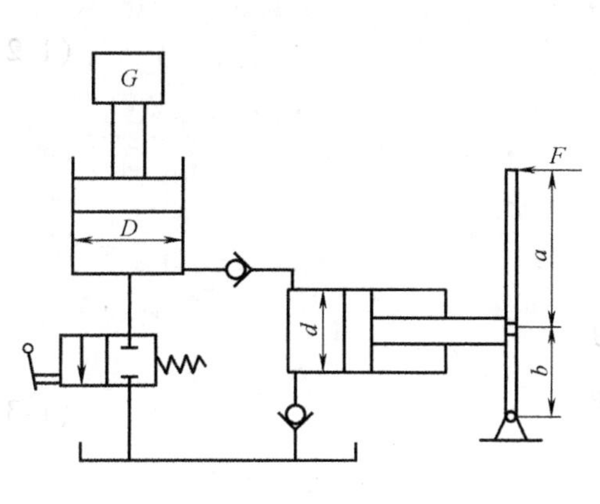


图 0-3　习题 0-3 图

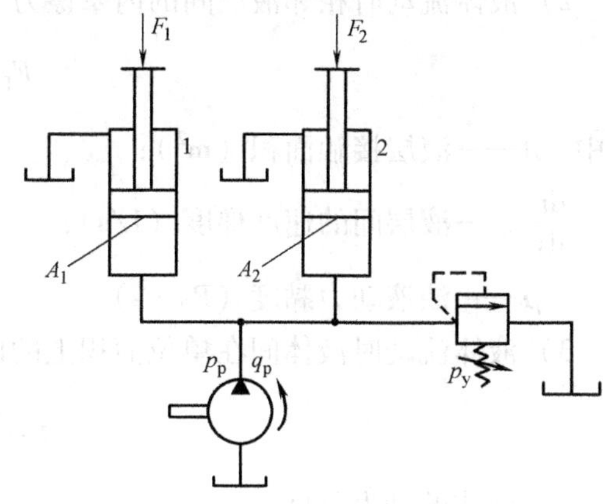


图 0-4　习题 0-5 图

# 液压流体力学基础

## 一、学习要点及公式摘要

### 1. 液压油液

液压油液的物理特性，特别是黏性对液压系统正常工作的影响；如何合理选用液压油液；需要掌握的基本公式。

1）液压油液的体积弹性模量

$$K = -\frac{\Delta p}{\Delta V}V \tag{1-1}$$

液压油的体积弹性模量 $K=(1.2\sim2)\times10^3$ MPa。

2）液体流动时相邻液层间的内摩擦力

$$F_{\mathrm{f}} = \mu A\frac{\mathrm{d}u}{\mathrm{d}y} \tag{1-2}$$

式中　$A$——液层接触面积（$\mathrm{m}^2$）；

$\frac{\mathrm{d}u}{\mathrm{d}y}$——液层间的速度梯度（1/s）；

$\mu$——油液动力黏度（Pa·s）。

3）液体流动时液体间在单位面积上的内摩擦力

$$\tau = \frac{F_{\mathrm{f}}}{A} = \mu\frac{\mathrm{d}u}{\mathrm{d}y} \tag{1-3}$$

4）液体的动力黏度

$$\mu = \frac{\tau}{\frac{\mathrm{d}u}{\mathrm{d}y}} \tag{1-4}$$

5）液体的运动黏度（$\mathrm{m}^2$/s）

$$\nu = \frac{\mu}{\rho} \tag{1-5}$$

### 2. 液体的特性

液体的静压力特性、静压力方程式、帕斯卡原理及静压力对固体壁面的力。

1）液体的静压力为液体单位面积上所受的法向力 $p=F/A$。若受力面为平面，则受力面积 $A$ 即为该平面的面积，力的作用方向与该平面垂直；若受力面为曲面，则受力面积为曲面在受力方向上的投影面积。这里需要注意的是受力面积必须与力的方向垂直。

2）液体的静压力方程式

$$p = p_0 + \rho gh \tag{1-6}$$

式中 $h$——压力计算点距液面的深度（m）；

$p_0$——作用在液面上的压力（Pa）。

式（1-6）中的 $\rho gh$ 与 $p_0$ 相比，一般数值很小。如设 $h = 10\text{m}$，$\rho gh = 900 \times 9.81 \times 10\ \text{N/m}^2 = 0.883 \times 10^5 \text{Pa}$，在液压系统工作压力 $p_0 = 100 \times 10^5 \text{Pa}$ 时，$\rho gh$ 的值小到可以忽略不计。因此在液压传动系统中，一般不考虑液压油液的位能。

3）若将液压系统中的液体视为静止液体，则施加于液体上的压力可以等值地传递到液体的各点，这就是液压传动的基本原理——帕斯卡原理。液压千斤顶就是其最典型的应用实例。

**3. 液体流动**

液体流动的几个基本概念（理想流体、恒定流动、通流截面、流量、平均流速）及流量连续性方程（质量守恒定律）、伯努利方程（能量守恒定律）、动量方程。应重点掌握它们的应用。

1）流量连续性方程是分析液压元件或系统性能的主要方程之一。不考虑液体的可压缩性，由液体质量守恒定律可知，液体在管道内做恒定流动时，流经任一截面的液体流量相等，即

$$v_1 A_1 = v_2 A_2 = q \tag{1-7}$$

由此可知，液体的流速 $v$ 与通流截面面积 $A$ 成反比。

2）根据能量守恒定律得到液体流动的伯努利方程：

理想流体的伯努利方程

$$\frac{p_1}{\rho} + gz_1 + \frac{v_1^2}{2} = \frac{p_2}{\rho} + gz_2 + \frac{v_2^2}{2} \tag{1-8}$$

实际流体的伯努利方程

$$\frac{p_1}{\rho} + gz_1 + \frac{a_1 v_1^2}{2} = \frac{p_2}{\rho} + gz_2 + \frac{a_2 v_2^2}{2} + gh_\omega \tag{1-9}$$

式中 $a$——动能修正系数，在湍流时取 $a = 1.1$，在层流时取 $a = 2$，实际计算时常取 1；

$gh_\omega$——单位质量液体在两截面之间流动的能量损失。

在利用伯努利方程解题时，可根据一些特定条件予以简化，如：

① 对等截面直径管道，可令 $v_1 = v_2 = v = q/A$。

② 对水平放置的管道，可视 $z_1 = z_2$，略去势能项。

③ 对出口截面通大气的管道，可视 $p_2 = 0$。

④ 若 $A_2 >> A_1$，则可视 $v_2 = 0$，反之也成立。

3）动量方程的矢量表达式

$$\sum F = \frac{\Delta(mu)}{\Delta t} = \rho q(u_2 - u_1) \tag{1-10}$$

动量方程用来计算流动液体作用在限制其流动的固体壁面上的总作用力。若求解某一方向的作用力，则应将速度矢量向该方向投射，由此可求得作用在滑阀上的稳态液动力

$$F_s = -F = \rho q(v_2 \cos\theta_2 - v_1 \cos\theta_1) = \rho q v_1 \cos\theta_1 \tag{1-11}$$

式中液流速度方向角 $\theta_1=69°$，$\theta_2=90°$。式（1-11）表明，液流通过滑阀阀口时存在一个力图使阀芯关闭的液动力。

作用在锥阀上的稳态液动力

$$F_s=-F=\pm\rho q v_2\cos\alpha \tag{1-12}$$

式中　$\alpha$——锥阀的半锥角。

液流方向为外流式时，$F_s$ 取（－），液动力使阀芯趋于关闭；液流方向为内流式时，$F_s$ 取（＋），液动力使阀芯趋于开启。

**4. 管道流动**

研究管道流动时，最重要的是根据雷诺数判断液体流动的状态：层流还是湍流，然后按不同流态计算液流的压力损失。在这里应加深理解雷诺数的物理意义。

1）雷诺数的计算公式

$$Re=\frac{4vR}{\nu} \tag{1-13}$$

式中　$v$——流体流速，代表惯性力的影响；

$\nu$——流体运动黏度，代表黏性力的影响；

$R$——通流截面的水力半径。

2）层流状态下，管道流动的沿程压力损失

$$\Delta p=\frac{64}{Re}\frac{l}{d}\frac{\rho v^2}{2}=\lambda\frac{l}{d}\frac{\rho v^2}{2} \tag{1-14}$$

式中　$\lambda$——沿程阻力系数，理论值 $\lambda=64/Re$，考虑到实际流动中油温变化不均等问题，对金属管取 $\lambda=75/Re$，橡胶软管 $\lambda=80/Re$。

3）湍流状态下，液流流经管道的沿程压力损失

$$\Delta p=\lambda\frac{l}{d}\frac{\rho v^2}{2} \tag{1-15}$$

式中沿程阻力系数 $\lambda$ 与层流不同，它除与雷诺数 $Re$ 有关外，还与管道的表面粗糙度有关，一般查表计算。

4）管道流动的局部压力损失

$$\Delta p_\xi=\xi\frac{\rho v^2}{2} \tag{1-16}$$

式中　$\xi$——局部阻力系数，具体数值可查手册。

**5. 孔口流动**

孔口（薄壁小孔、滑阀阀口、锥阀阀口）的流动特性及其在液压传动中的应用主要表现为液阻。因此，液阻的定义及特性是本节要掌握的要点。

1）孔口的通用压力流量方程

$$q=K_L A\Delta p^m \tag{1-17}$$

式中　$m$——指数，$1/2\leqslant m\leqslant 1$。对于薄刃口取 $m=1/2$。

由于流经薄刃口的流量与油液黏度即油液温度无关，其大小只取决于 $\Delta p$ 和 $A$，故适于作调节流量的控制口（节流器）。

2）液阻的表达式

$$R=\frac{\Delta p^{1-m}}{K_{\mathrm{L}}Am} \tag{1-18}$$

由式（1-18）可知，改变通流截面 $A$，可改变液阻 $R$ 的大小。而在 $\Delta p$ 一定时，改变液阻 $R$，流经孔口的流量将呈反比变化。在 $A$ 一定时，流量越大，压力损失 $\Delta p$ 越大。

3）多个液阻串联时的总液阻　$R=\sum R_i$　（1-19）

多个液阻并联时的总液阻　$R=\left(\frac{1}{R_1}+\frac{1}{R_2}+\cdots\right)^{-1}$　（1-20）

**6. 缝隙流动特性及其对液压元件正常工作的影响（泄漏及液压卡紧）**

1）两固体壁面没有相对运动时缝隙流动的压力流量特性方程。

平板缝隙泄漏流量　$\Delta q=\frac{bh^3}{12\mu l}\Delta p$　（1-21）

同心圆环缝隙泄漏流量　$\Delta q=\frac{\pi dh^3}{12\mu l}\Delta p$　（1-22）

偏心圆环缝隙泄漏流量　$\Delta q=\frac{\pi dh^3}{12\mu l}\Delta p(1+1.5\varepsilon^2)$　（1-23）

式中　$\varepsilon$——相对偏心，$\varepsilon=e/h_0$。

由式（1-23）可以看出，存在偏心时，泄漏流量将增加很多。

从以上三式可知：缝隙值 $h$ 的大小对泄漏流量的影响最大，为此应使缝隙尽可能小。

2）对阀芯与阀体孔、柱塞与柱塞孔一类的圆锥环形缝隙，当液流由大端流向小端（倒锥）时，将对阀芯或柱塞产生液压侧向力，计算公式为

$$p=p_1-\frac{1-\left(\frac{h_1}{h}\right)^2}{1-\left(\frac{h_1}{h_2}\right)^2}\Delta p \tag{1-24}$$

当液压侧向力足够大时，阀芯或柱塞将紧贴在孔的壁面上，即产生所谓的液压卡紧现象。为减小液压侧向力，一般在阀芯或柱塞的圆柱面上开径向均压槽。开均压槽后会使间隙密封长度 $L$ 减小，但同时会减小阀芯或柱塞相对孔的偏心，因此总的泄漏量并不会增加。

**7. 液压冲击和气穴**

了解液压冲击和气穴现象产生的机理，重点了解其危害及减小危害的措施。

## 二、例题

**例 1-1**　图 1-1 所示的两个同心圆筒，内筒外径 $D=100\text{mm}$，内筒外圆与外筒内孔之间的半径间隙 $h=0.05\text{mm}$，筒长 $L=200\text{mm}$，间隙内充满了某种液体。在外筒静止不转、内筒以 $n=2\text{r/s}$ 的速度旋转时，测得所需转矩 $T=1.44\text{N}\cdot\text{m}$（不计轴承上的摩擦转矩）。已知液体的密度 $\rho=900\text{kg/m}^3$，求液体的动力黏度 $\mu$ 和运动黏度 $\nu$。

**解：** 由牛顿内摩擦定律知，两圆筒内外壁之间的液层因相对运动，存在内摩擦力

$$F_f = \mu A \frac{du}{dy}$$

由于间隙 $h$ 很小，上式又可写成

$$F_f = \mu A \frac{U}{h}$$

式中　$A = \pi DL = 3.14 \times 0.1 \times 0.2\text{m}^2 = 6.28 \times 10^{-2}\text{m}^2$

$U = 2\pi n \cdot D/2 = 3.14 \times 2 \times 0.1\text{m/s} = 0.628\text{m/s}$

$$F_f = \frac{2T}{D} = \frac{2 \times 1.44}{0.1}\text{N} = 28.8\text{N}$$

由此可求得油液的动力黏度和运动黏度

$$\mu = \frac{F_f h}{AU} = \frac{28.8 \times 0.05 \times 10^{-3}}{6.28 \times 10^{-2} \times 0.628}\text{N} \cdot \text{s/m}^2$$

$$= 0.0365\text{N} \cdot \text{s/m}^2 = 3.65 \times 10^{-2}\text{Pa} \cdot \text{s}$$

$$\nu = \frac{\mu}{\rho} = \frac{3.65 \times 10^{-2}}{900}\text{m}^2/\text{s} = 4.06 \times 10^{-5}\text{m}^2/\text{s}$$

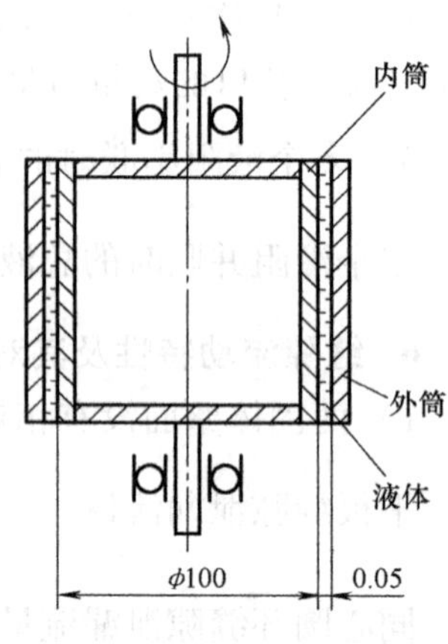


图 1-1　例 1-1 图

**例 1-2**　在图 1-2 中，一垂直安装的密封容器内充满液压油液，密度 $\rho = 900\text{kg/m}^3$。有效作用面积 $A = 10 \times 10^{-4}\text{m}^2$ 的活塞上放一重物，重物重力 $G = 3\text{kN}$（活塞及活塞杆自重忽略不计）。试用静压力基本方程式计算容器内 $A$、$B$、$C$ 三点处的静压力并进行比较。

**解：** 由静压力基本方程式　$p = p_0 + \rho gh$

式中　$p_0 = \dfrac{G}{A} = \dfrac{3 \times 10^3}{10 \times 10^{-4}}\text{N/m}^2 = 3 \times 10^6\text{N/m}^2(\text{Pa})$

对于 $A$ 点

$$h_A = 0$$

$$p_A = p_0 = 3 \times 10^6\text{Pa}$$

对于 $B$ 点

$h_B = (2.8 - 1.4)\text{m} = 1.4\text{m}$

$p_B = p_0 + \rho g h_B = (3 \times 10^6 + 900 \times 9.81 \times 1.4)\text{Pa}$

$= 3.012 \times 10^6\text{Pa}$

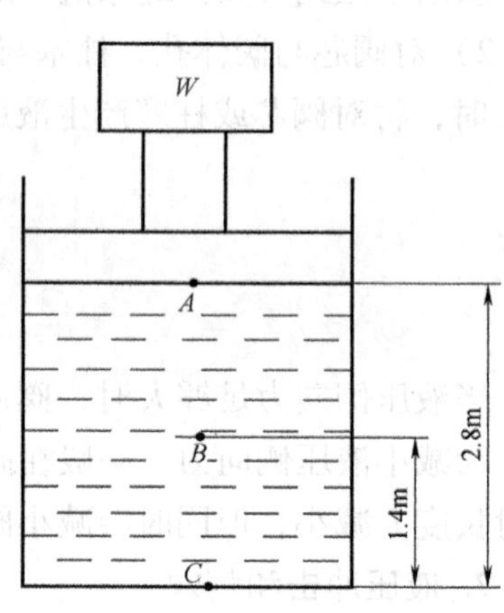


图 1-2　例 1-2 图

对于 $C$ 点

$$h_C = 2.8\text{m}$$

$$p_C = p_0 + \rho g h_C = (3 \times 10^6 + 900 \times 9.81 \times 2.8)\text{Pa} = 3.025 \times 10^6\text{Pa}$$

由此可见 $p_A \approx p_B \approx p_C$，即油液液面高度 $h$ 不大（$\rho gh << p_0$）时可不计液面高度对静压力的影响，认为容器内静止液体的压力处处相等。

**例 1-3**　在图 1-3 中，U 形测压计内装有水银（$\rho_H = 13.6 \times 10^3\text{kg/m}^3$），U 形管左端与装有水（$\rho_o = 1 \times 10^3\text{kg/m}^3$）的容器相连，右端开口与大气相通。已知 $h = 20\text{cm}$，$h_1 = 30\text{cm}$，试利用静压力基本方程中等压面的概念计算 $A$ 点处的相对压力和绝对压力。

**解：** 取 $B$—$C$ 面为等压面。

U 形测压计右支 $p_C = \rho_H g(h + h_1)$

U 形测压计左支 $p_B = p_A + \rho_o g h_1$

由 $p_C = p_B$ 得 $A$ 点处的相对压力

$$p_A = \rho_H g(h + h_1) - \rho_o g h_1$$
$$= [13.6 \times 10^3 \times 9.81 \times (20 \times 10^{-2} + 30 \times 10^{-2}) - 1 \times 10^3 \times 9.81 \times 30 \times 10^{-2}]\text{Pa}$$
$$= 63765\text{Pa} = 6.38 \times 10^4\text{Pa}$$

$A$ 点处的绝对压力

$$p_A' = p_a + p_A = (1.01 \times 10^5 + 6.38 \times 10^4)\text{Pa} = 1.65 \times 10^5\text{Pa}$$

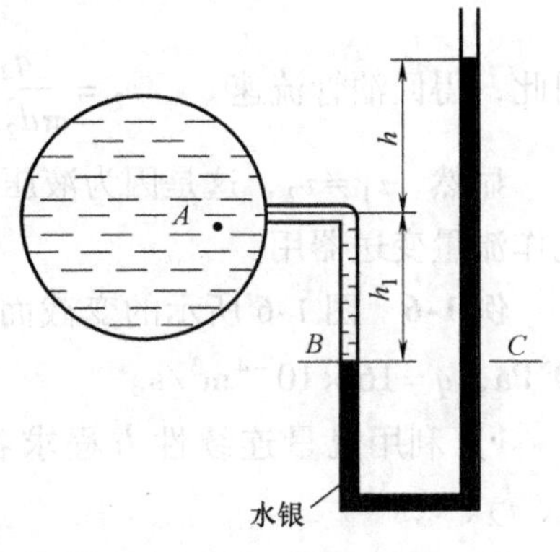

图 1-3　例 1-3 图

**例 1-4**　在图 1-4 中，钢球直径 $D = 15\text{mm}$，阀座孔直径 $d = 10\text{mm}$，作用在钢球上的弹簧力 $F_t = 450\text{N}$，钢球上端压力 $p_2 = 3 \times 10^5\text{Pa}$，问钢球下端压力 $p_1$ 为多大时才会顶开钢球？

**解：**作用在钢球上的力除弹簧力 $F_t$ 外，还有液压力，其中：

作用在钢球上端的液压力 $F_2 = p_2 A$

作用在钢球下端的液压力 $F_1 = p_1 A$

式中　$A$——钢球在受力方向（垂直方向）的投影面积。

$$A = \frac{\pi d^2}{4} = 3.14 \times \frac{0.01^2}{4}\text{m}^2 = 7.85 \times 10^{-5}\text{m}^2$$

于是由受力平衡方程 $p_1 A = F_t + p_2 A$

求得 $p_1 = \frac{F_t}{A} + p_2 = \left(\frac{450}{7.85 \times 10^{-5}} + 3 \times 10^5\right)\text{Pa} = 60.3 \times 10^5\text{Pa}$

即 $p_1 = 60.3 \times 10^5\text{Pa}$ 时才会顶开钢球，油液由钢球下端的进口流向出口。

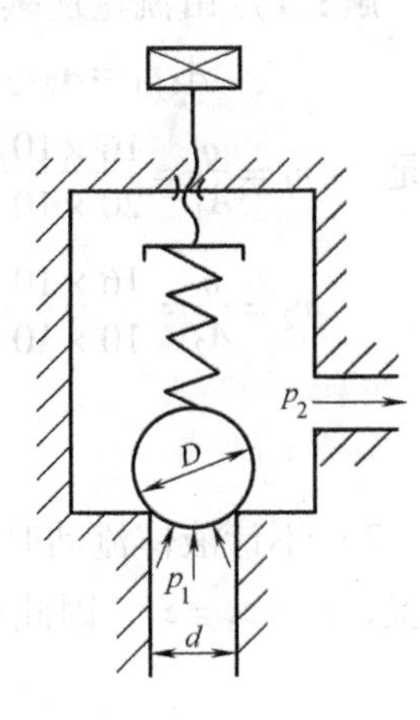

图 1-4　例 1-4 图

**例 1-5**　在图 1-5 中，液压泵输出的流量 $q_p = 5 \times 10^{-4}\text{m}^3/\text{s}$ 全部经进油管进入液压缸，液压缸的大腔面积 $A_1 = 20 \times 10^{-4}\text{m}^2$，小腔面积 $A_2 = 10 \times 10^{-4}\text{m}^2$，进、回油管的直径 $d_1 = d_2 = 10\text{mm}$，试用流量连续性方程求活塞运动速度及进、回油管中油液的流速。

**解：**因液压泵的流量 $q_p$ 全部经进油管进入液压缸，由流量连续性方程可求解：

进油管流速

$$v_1 = \frac{q_p}{\pi d_1^2/4} = \frac{5 \times 10^{-4} \times 4}{3.14 \times 0.01^2}\text{m/s} = 6.4\text{m/s}$$

活塞运动速度

$$v = \frac{q_p}{A_1} = \frac{5 \times 10^{-4}}{20 \times 10^{-4}}\text{m/s} = 0.25\text{m/s}$$

液压缸回油腔的流量

$$q_2 = A_2 v = 10 \times 10^{-4} \times 0.25\text{m}^3/\text{s} = 2.5 \times 10^{-4}\text{m}^3/\text{s}$$

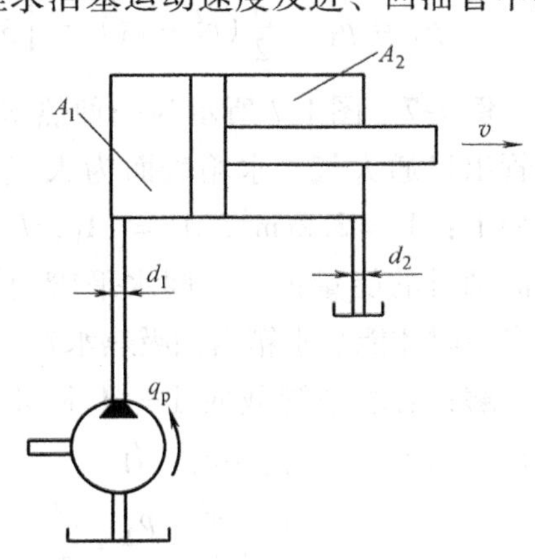

图 1-5　例 1-5 图

回油流量应满足流量连续性方程，即　$v_2 \frac{\pi d_2^2}{4} = q_2$

因此，得回油管流速　$v_2 = \frac{q_2}{\pi d_2^2/4} = \frac{2.5 \times 10^{-4} \times 4}{3.14 \times 0.01^2} \text{m/s} = 3.18 \text{m/s}$

显然，$v_1 \neq v_2$，这是因为液压缸的进、回油管被活塞隔开，液流已不连续所致。活塞在此作流量变送器用。

**例 1-6**　图 1-6 所示的变截面管，已知 $A_1 = 2A_2 = 4A_3 = 20\text{cm}^2$，$\rho = 900\text{kg/m}^3$，$p_1 = 5 \times 10^5 \text{Pa}$，$q = 16 \times 10^{-4} \text{m}^3/\text{s}$。

1）利用流量连续性方程求各截面的流速 $v_1$、$v_2$、$v_3$。

2）不计液体流动时的能量损失，求压力 $p_2$、$p_3$。

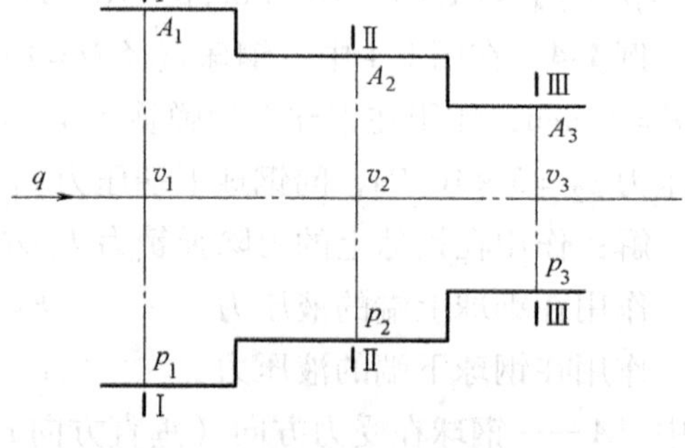

图 1-6　例 1-6 图

**解：** 1）由流量连续性方程有

$$A_1 v_1 = A_2 v_2 = A_3 v_3 = q$$

于是　$v_1 = \frac{q}{A_1} = \frac{16 \times 10^{-4}}{20 \times 10^{-4}} \text{m/s} = 0.8 \text{m/s}$

$$v_2 = \frac{q}{A_2} = \frac{16 \times 10^{-4}}{10 \times 10^{-4}} \text{m/s} = 1.6 \text{m/s}$$

$$v_3 = \frac{q}{A_3} = \frac{16 \times 10^{-4}}{5 \times 10^{-4}} \text{m/s} = 3.2 \text{m/s}$$

2）不计液体流动时的能量损失，即可用理想流体的伯努利方程求解。因变截面管水平放置，$z_1 = z_2 = z_3$，因此有

$$\frac{p_1}{\rho} + \frac{v_1^2}{2} = \frac{p_2}{\rho} + \frac{v_2^2}{2} = \frac{p_3}{\rho} + \frac{v_3^2}{2}$$

即　$p_2 = p_1 + \frac{\rho}{2}(v_1^2 - v_2^2) = \left[5 \times 10^5 + \frac{900}{2}(0.8^2 - 1.6^2)\right] \text{Pa} = 4.991 \times 10^5 \text{Pa}$

$$p_3 = p_1 + \frac{\rho}{2}(v_1^2 - v_3^2) = \left[5 \times 10^5 + \frac{900}{2}(0.8^2 - 3.2^2)\right] \text{Pa} = 4.957 \times 10^5 \text{Pa}$$

**例 1-7**　图 1-7 所示为一种热水抽吸设备。水平管出口通大气，水箱表面为大气压力，有关尺寸如下：$A_1 = 3.2\text{cm}^2$，$A_2 = 4A_1$，$h = 1\text{m}$，不计液体流动时的能量损失，问水平管内冷水的流量达到多少时才能从水箱内抽吸热水？

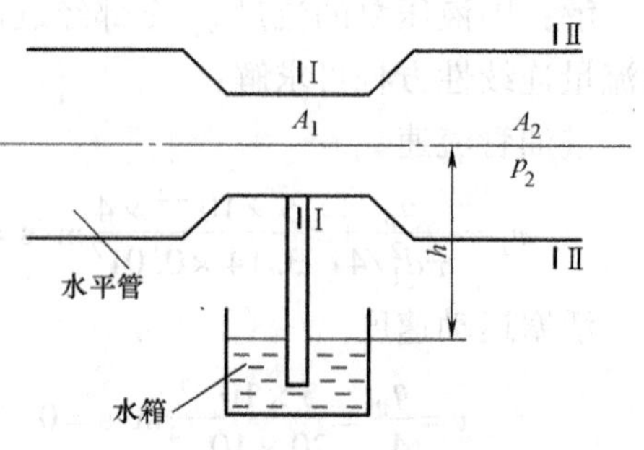

图 1-7　例 1-7 图

**解：** 对水平管截面 Ⅰ—Ⅰ 和 Ⅱ—Ⅱ 列伯努利方程，因 $z_1 = z_2$，$p_2 = p_a$，有

$$\frac{p_1}{\rho} + \frac{v_1^2}{2} = \frac{p_a}{\rho} + \frac{v_2^2}{2} \tag{1}$$

在刚由水箱抽吸热水的瞬间垂直管的流量为零，此处可视为静止液体，由静压力方程有

$$p_a = p_1 + \rho g h \tag{2}$$

因 $A_2 = 4A_1$，由流量连续性方程有

$$v_1 = 4v_2 \tag{3}$$

联立式(1)～式(3)，得

$$v_2 = \sqrt{\frac{2gh}{15}} = \sqrt{\frac{2 \times 9.81 \times 1}{15}}\text{m/s} = 1.14\text{m/s}$$

即开始抽吸热水时水平管的冷水流量为

$$q = A_2 v_2 = 4 \times 3.2 \times 10^{-4} \times 1.14\text{m}^3/\text{s} = 1.459 \times 10^{-3}\text{m}^3/\text{s}$$

**例 1-8**　有一股在大气中的射流，其流量为 $q$，密度为 $\rho$，以速度 $v$ 射向固定的光滑壁面，壁面形状分别如图 1-8a、b、c 所示。假定忽略重力的影响，不计冲击时的能量损失，冲击时只改变速度方向、速度大小不变，动量系数等于 1，试分别求出射流对图 1-8a、b、c 所示三种不同形状壁面的作用力 $F_s$ 及流量 $q_1$、$q_2$。

**解**：1）射流与平板成直角时（图 1-8a）。在 $x$ 轴方向，单位时间内动量沿 $x$ 轴的变化应等于平板对液流的作用力 $F'_x$，即

$$F'_x = \rho q(v_2 - v_1)$$

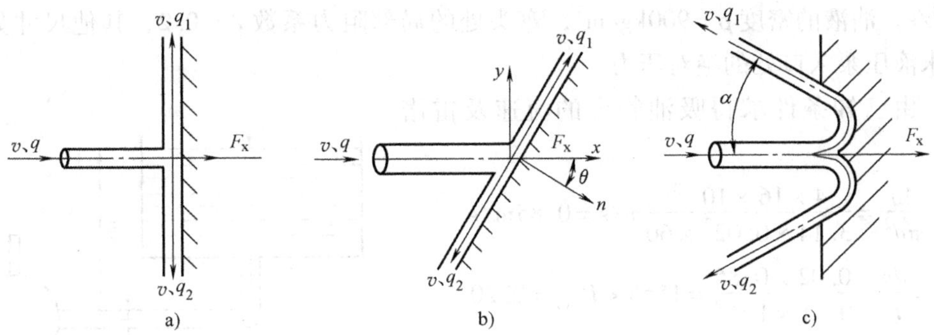


图 1-8　例 1-8 图

将流出速度 $v_2 = 0$、流入速度 $v_1 = v$ 代入上式，得 $F'_x = -\rho q v$

因此射流对平板的作用力 $F_x = -F'_x = \rho q v$，方向与 $x$ 轴同向。

在 $y$ 轴方向，因为没有外力作用在液流上，因此动量方程为

$$\rho q_1 v - \rho q_2 v = 0$$

由流量连续性方程 $q_1 + q_2 = q$，故

$$q_1 = q_2 = q/2$$

2）射流与平板法线方向的倾斜为 $\theta$ 角时（图 1-8b）。因平板对液流的作用力位于法线方向，因此沿平板法线方向列动量方程。显然，法线方向液流流出的速度 $v_2 = 0$，流入的速度 $v_1 = v\cos\theta$，作用在液流上的外力只有 $F'_n$一项，于是有

$$F'_n = \rho q(v_2 - v_1) = -\rho q v\cos\theta$$

而射流对平板的法向作用力

$$F_n = -F_n' = \rho q v \cos\theta$$

因沿平板方向无外力作用在液流上，因此沿平板方向的动量方程为

$$\rho q_1 v - \rho q_2 v + \rho q v \sin\theta = 0$$

代入流量连续性方程 $q_1 + q_2 = q$，则得

$$q_1 = \frac{1-\sin\theta}{2}q,\ q_2 = \frac{1+\sin\theta}{2}q$$

3）射流作用在对称曲线的壁面上（图 1-8c）。在 $x$ 轴方向列动量方程

$$F_x' = -\rho q_1 v\cos\alpha - \rho q_2 v\cos\alpha - \rho q v$$

代入 $q = q_1 + q_2$，整理上式可得液流对壁面上的作用力

$$F_x = -F_x' = \rho q v(1+\cos\alpha)$$

其方向与 $x$ 轴同向。

在 $y$ 轴方向，因曲面对称，整个壁面作用在液流上的力抵消，故 $y$ 轴方向的动量方程为

$$\rho q_1 v\sin\alpha - \rho q_2 v\sin\alpha = 0$$

于是得

$$q_1 = q_2 = q/2$$

**例 1-9**　将流量 $q = 16\text{L/min}$ 的液压泵安装在油面以下。已知油液的运动黏度 $\nu = 0.11\text{cm}^2/\text{s}$，油液的密度 $\rho = 900\text{kg/m}^3$，弯头处的局部阻力系数 $\xi = 0.2$，其他尺寸如图 1-9 所示，求液压泵入口处的绝对压力。

**解：** 由已知条件求得吸油管内的流速及雷诺数 $Re$

$$v = \frac{4q}{\pi d^2} = \frac{4\times16\times10^{-3}}{3.14\times0.02^2\times60}\text{m/s} = 0.85\text{m/s}$$

$$Re = \frac{dv}{\nu} = \frac{0.02\times0.85}{0.11\times10^{-4}} = 1545 < Re_{cr} = 2320$$

故液流为层流。

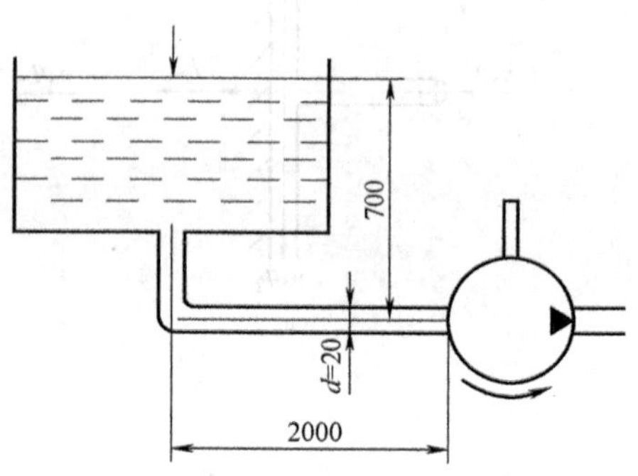


图 1-9　例 1-9 图

以液压泵的吸油口中心线为基准，对油箱液面和靠近泵的吸入口的截面列实际流体的伯努利方程（油箱液面处的流速 $v_1 = 0$，压力 $p_1 = p_a$）

$$p_a + \rho g h = p_2 + \frac{\rho v^2}{2} + \Delta p$$

式中　$\Delta p$——液流压力损失，包括沿程压力损失 $\Delta p_1$ 和局部压力损失 $\Delta p_2$。

而

$$\Delta p_1 = \frac{128\mu L}{\pi d^4}q = \frac{128\times900\times0.11\times10^{-4}\times2}{3.14\times0.02^4}\times\frac{16\times10^{-3}}{60}\text{Pa} = 1345\text{Pa}$$

$$\Delta p_2 = \xi\frac{\rho v^2}{2} = 0.2\times\frac{900\times0.85^2}{2}\text{N/m}^2 = 65\text{Pa}$$

所以，泵的吸入口的压力为

$$p_2 = p_a + \rho gh - (\Delta p_1 + \Delta p_2) - \frac{\rho v^2}{2}$$

$$= \left[1.013 \times 10^5 + 900 \times 9.81 \times 0.7 - (1345 + 65) - \frac{900 \times 0.85^2}{2}\right]\text{Pa} = 1.057 \times 10^5\text{Pa}$$

**例 1-10**　在图 1-10 中，活塞上作用有外力 $F = 3000\text{N}$，活塞直径 $D = 50\text{mm}$。若使油液从液压缸底部的锐缘孔口流出，设孔口直径 $d = 10\text{mm}$，流量系数 $C_d = 0.61$，油液密度 $\rho = 900\text{kg/m}^3$，不计摩擦，试求作用在液压缸缸底壁面上的力。

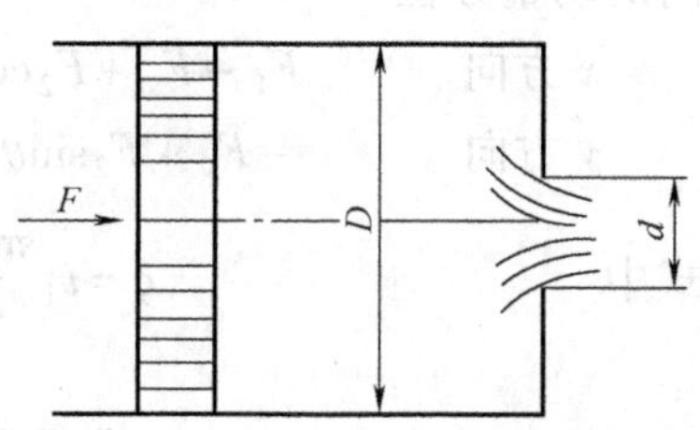

图 1-10　例 1-10 图

**解**：当向活塞施加压力 $F$ 时，液压缸内油液产生的压力

$$p = \frac{F}{A} = \frac{3000 \times 4}{3.14 \times 0.05^2}\text{Pa} = 15.29 \times 10^5\text{Pa}$$

流经孔口的流量

$$q = C_d A' \sqrt{\frac{2}{\rho}\Delta p} = 0.61 \times \frac{3.14 \times 0.01^2}{4}\sqrt{\frac{2}{900} \times 15.29 \times 10^5}\ \text{m}^3/\text{s}$$

$$= 2.79 \times 10^{-3}\text{m}^3/\text{s}$$

活塞运动速度

$$v = q/\frac{\pi D^2}{4} = \frac{4 \times 2.79 \times 10^{-3}}{3.14 \times 0.05^2}\text{m/s} = 1.42\text{m/s}$$

孔口液流速度

$$v_0 = q/\frac{\pi d^2}{4} = \frac{4 \times 2.79 \times 10^{-3}}{3.14 \times 0.01^2}\text{m/s} = 35.54\text{m/s}$$

取缸内液体为控制体，设缸体壁面对液体的总作用力为 $(F - R')$，则由动量方程有

$$F - R' = \rho q(v_0 - v)$$

于是有

$$R' = F - \rho q(v_0 - v) = [3000 - 900 \times 2.79 \times 10^{-3} \times (35.54 - 1.42)]\text{N} = 2914.3\text{N}$$

即液体作用在缸底壁面的力 $R = -R' = 2914.3\text{N}$，方向向右。

**例 1-11**　在图 1-11 中，油液以 $v_1 = 6\text{m/s}$ 的速度进入水平放置的弯管内，已知：$\theta = 60°$，入口和出口管道的内径分别为 $D_1 = 30\text{cm}$，$D_2 = 20\text{cm}$，在截面 1—1 处的静压力为 $p_1 = 1.05 \times 10^5\text{Pa}$，在截面 2—2 处的静压力为 $p_2 = 0.42 \times 10^5\text{Pa}$，油液的密度 $\rho = 900\text{kg/m}^3$，试计算作用在弯管上的力在 $x$ 和 $y$ 方向的分力。

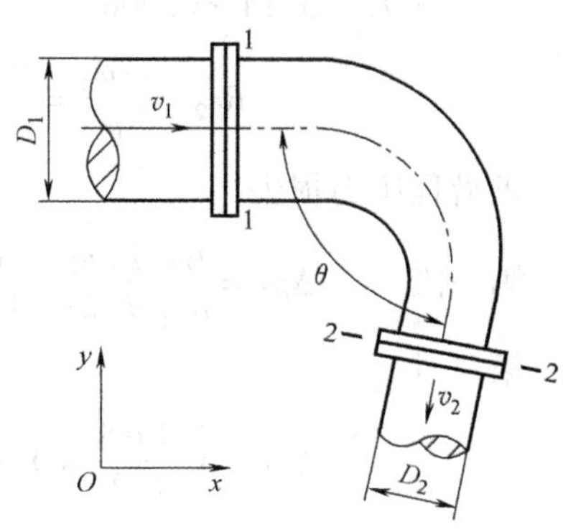

图 1-11　例 1-11 图

**解**：取截面 1—1 和 2—2 之间的油液为控制体，首先分析作用在此控制体上的外力。

在控制表面上油液所受到的液压作用力

$$F_1 = p_1\frac{\pi D^2}{4} = 1.05 \times 10^5 \times \frac{3.14 \times 0.3^2}{4}\text{N} = 7418\text{N}$$

$$F_2 = p_2 \frac{\pi d^2}{4} = 0.42 \times 10^5 \times \frac{3.14 \times 0.2^2}{4} \mathrm{N} = 1319\mathrm{N}$$

设弯管对控制体的作用力为 $F$，它在 $x$、$y$ 方向的分力分别为 $F_x$、$F_y$，列出在 $x$ 和 $y$ 方向的动量方程

$x$ 方向　　$F_1 - F_x + F_2\cos\theta = -\rho q v_2 \cos\theta - \rho q v_1$

$y$ 方向　　$-F_y + F_2 \sin\theta = -\rho q v_2 \sin\theta$

式中

$$q = v_1 \frac{\pi D_1^2}{4} = 6 \times \frac{3.14 \times 0.3^2}{4} \mathrm{m^3/s} = 0.424\mathrm{m^3/s}$$

$$v_2 = q / \frac{\pi D_2^2}{4} = \frac{0.424 \times 4}{3.14 \times 0.2^2} \mathrm{m^3/s} = 13.5\mathrm{m^3/s}$$

由此求得作用在弯管上的力在 $x$、$y$ 方向的分力

$$F_x = F_1 + F_2\cos\theta + \rho q v_2 \cos\theta + \rho q v_1$$

$$= (7418 + 1319 \times \cos 60^\circ + 900 \times 0.424 \times 13.5 \times \cos 60^\circ + 900 \times 0.424 \times 6)\mathrm{N} = 12943\mathrm{N}$$

$$F_y = \rho q v_2 \sin\theta + F_2 \sin\theta$$

$$= (900 \times 0.424 \times 13.5 \times \sin 60^\circ + 1319 \times \sin 60^\circ)\mathrm{N} = 5604\mathrm{N}$$

**例 1-12**　水平放置的光滑圆管由两段组成（图 1-12），直径 $d_1 = 10\mathrm{mm}$，$d_2 = 6\mathrm{mm}$，长度 $l = 3\mathrm{m}$，油液密度 $\rho = 900\mathrm{kg/m^3}$，运动黏度 $\nu = 20 \times 10^{-6}\mathrm{m^2/s}$，流量 $q = 0.3 \times 10^{-3}\mathrm{m^3/s}$，管道突然缩小处的局部阻力系数 $\xi = 0.35$，试求总的压力损失及两端压差。

**解**：判断液流在不同管段中的流态：

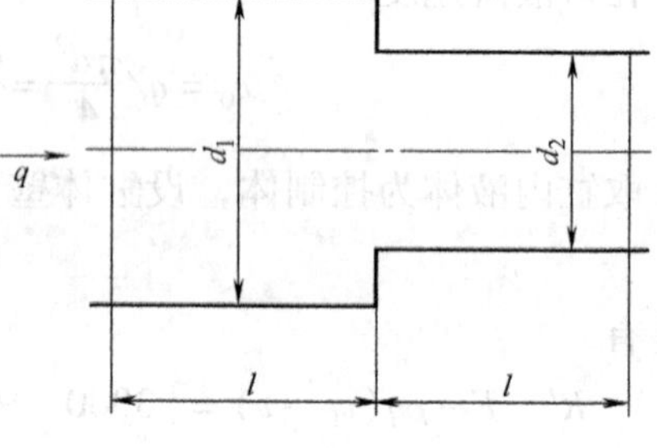

图 1-12　例 1-12 图

第一段

$$v_1 = \frac{4q}{\pi d_1^2} = \frac{4 \times 0.3 \times 10^{-3}}{3.14 \times 0.01^2} \mathrm{m/s} = 3.82\mathrm{m/s}$$

$$Re_1 = \frac{v_1 d_1}{\nu} = \frac{3.82 \times 0.01}{20 \times 10^{-6}} = 1910 < 2320 \quad \text{层流}$$

第二段

$$v_2 = \frac{4q}{\pi d_2^2} = \frac{4 \times 0.3 \times 10^{-3}}{3.14 \times 0.006^2} \mathrm{m/s} = 10.62\mathrm{m/s}$$

$$Re_2 = \frac{v_2 d_2}{\nu} = \frac{10.62 \times 0.006}{20 \times 10^{-6}} = 3186 > 2320 \quad \text{湍流}$$

求沿程压力损失

第一段　　$\Delta p_1 = \frac{64}{Re_1} \frac{l}{d} \frac{\rho v_1^2}{2} = \frac{64}{1910} \times \frac{3}{0.01} \times \frac{900 \times 3.82^2}{2} \mathrm{Pa} = 0.66 \times 10^5 \mathrm{Pa}$

第二段

$$\Delta p_2 = \lambda \frac{l}{d} \frac{\rho v_2^2}{2} = 0.3164 Re_2^{-0.25} \frac{l}{d} \frac{\rho v_2^2}{2}$$

$$= 0.3164 \times 3186^{-0.25} \times \frac{3}{0.006} \times \frac{900 \times 10.62^2}{2} \mathrm{Pa} = 10.7 \times 10^5 \mathrm{Pa}$$

求局部压力损失

$$\Delta p_{\xi} = \xi \frac{\rho v_2^2}{2} = 0.35 \times \frac{900 \times 10.62^2}{2} \text{Pa} = 0.18 \times 10^5 \text{Pa}$$

于是总的压力损失

$$\sum \Delta p = \Delta p_1 + \Delta p_2 + \Delta p_{\xi} = (0.66 \times 10^5 + 10.7 \times 10^5 + 0.18 \times 10^5) \text{Pa} = 11.54 \times 10^5 \text{Pa}$$

以轴线为基准，列进出口两端伯努利方程

$$p_1 + \frac{\rho v_1^2}{2} = p_2 + \frac{\rho v_2^2}{2} + \sum \Delta p$$

可求得进出口压差

$$p_1 - p_2 = \frac{\rho}{2}(v_2^2 - v_1^2) + \sum \Delta p = \left[\frac{900}{2}(10.62^2 - 3.82^2) + 11.54 \times 10^5\right] \text{Pa} = 11.98 \times 10^5 \text{Pa}$$

**例 1-13**　在图 1-13 中，活塞下部油腔中充满油液（油液密度 $\rho = 900\text{kg/m}^3$，运动黏度 $\nu = 32 \times 10^{-6} \text{m}^2/\text{s}$），活塞上腔充满大气。活塞杆上端放有重物 $W = 16 \times 10^3 \text{N}$，活塞直径 $D = 32\text{cm}$，不考虑活塞的自重及运动件之间的摩擦力，分三种情况计算活塞的下降速度。

1）活塞上开有薄壁小孔，孔径 $d = 6\text{mm}$，流量系数 $C_d = 0.62$，活塞与缸筒之间无间隙泄漏。

2）活塞上的小孔为细长孔，孔径 $d = 1.2\text{mm}$，孔长 $l = 12\text{mm}$，活塞与缸筒之间无间隙泄漏。

3）活塞上无小孔，但活塞与缸筒之间的半径间隙 $\delta = 0.2\text{mm}$，活塞宽度 $B = 30\text{mm}$。

**解：** 活塞面积

$$A = \frac{\pi D^2}{4} = \frac{3.14 \times 0.32^2}{4} \text{m}^2 = 0.08 \text{m}^2$$

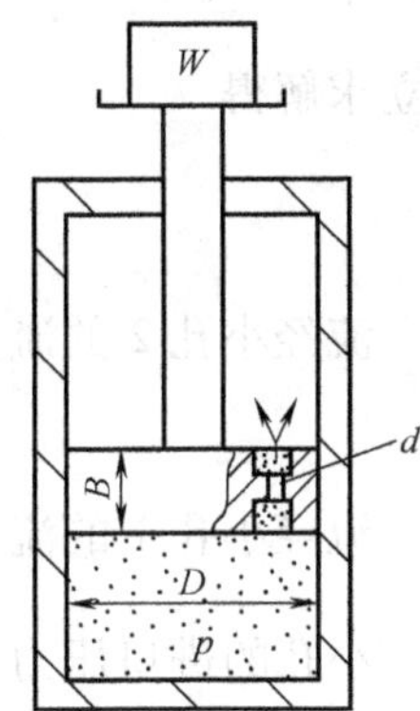

图 1-13　例 1-13 图

由重物 $W$ 所产生的油液压力

$$p = \frac{W}{A} = \frac{16 \times 10^3}{0.08} \text{Pa} = 2 \times 10^5 \text{Pa}$$

即活塞两腔的压差

$$\Delta p = p = 2 \times 10^5 \text{Pa}$$

1）活塞上开有薄壁小孔时，流经孔口的流量

$$q_1 = C_d a \sqrt{\frac{2}{\rho} \Delta p} = 0.62 \times \frac{3.14 \times (6 \times 10^{-3})^2}{4} \sqrt{\frac{2}{900} \times 2 \times 10^5} \text{m}^3/\text{s}$$
$$= 3.69 \times 10^{-4} \text{m}^3/\text{s}$$

活塞下降速度

$$v_1 = \frac{q_1}{A} = \frac{3.69 \times 10^{-4}}{0.08} \text{m/s} = 4.62 \times 10^{-3} \text{m/s}$$

2）活塞上开有细长小孔时，流经孔口的流量

$$q_2 = \frac{\pi d^4 \Delta p}{128 \mu l} = \frac{3.14 \times (1.2 \times 10^{-3})^4 \times 2 \times 10^5}{128 \times 32 \times 10^{-6} \times 900 \times 12 \times 10^{-3}} \text{m}^3/\text{s} = 2.9 \times 10^{-5} \text{m}^3/\text{s}$$

活塞下降速度

$$v_2 = \frac{q_2}{A} = \frac{2.9 \times 10^{-5}}{0.08}\text{m/s} = 3.63 \times 10^{-4}\text{m/s}$$

3）活塞上无孔，但存在径向间隙时，流经同心圆环间隙的流量

$$q_3 = \frac{\pi D \delta^3 \Delta p}{12\mu B} = \frac{3.14 \times 0.32 \times (0.2 \times 10^{-3})^3 \times 2 \times 10^5}{12 \times 900 \times 32 \times 10^{-6} \times 0.03}\text{m}^3\text{/s} = 1.55 \times 10^{-4}\text{m}^3\text{/s}$$

活塞下降速度

$$v_3 = \frac{q_3}{A} = \frac{1.55 \times 10^{-4}}{0.08}\text{m/s} = 1.94 \times 10^{-3}\text{m/s}$$

**例 1-14**　有两薄壁小孔并联在执行元件的回油路上，其通流面积分别为 $a_1 = 0.05\text{cm}^2$ 和 $a_2 = 0.08\text{cm}^2$。设油液密度 $\rho = 900\text{kg/m}^3$，流量系数 $C_d = 0.62$，已知总流量 $q = 0.2 \times 10^{-3}\text{m}^3\text{/s}$，试求小孔的进口压力及两孔的流量 $q_1$、$q_2$。

**解：** 由于两薄壁小孔并联在执行元件的回油路上，出口压力均为零，因此两孔的前后压差相同，且为进口压力 $p_i$。于是，由薄壁小孔的压力流量公式及流量连续性方程有

$$q_1 = C_d a_1 \sqrt{\frac{2}{\rho} p_i}$$

$$q_2 = C_d a_2 \sqrt{\frac{2}{\rho} p_i}$$

$$q_1 + q_2 = q$$

联立求解得

$$\begin{cases} \dfrac{q_1}{a_1} = \dfrac{q_2}{a_2} \quad \Rightarrow \quad q_1 = \dfrac{a_1}{a_2} q_2 \\ q_1 + q_2 = q \quad \Rightarrow \quad \left(\dfrac{a_1}{a_2} + 1\right) q_2 = q \end{cases}$$

流经小孔 2 的流量　$q_2 = \dfrac{q}{1 + \dfrac{a_1}{a_2}} = \dfrac{0.2 \times 10^{-3}}{1 + \dfrac{0.05}{0.08}}\text{m}^3\text{/s} = 1.23 \times 10^{-4}\text{m}^3\text{/s}$

流经小孔 1 的流量　$q_1 = q - q_2 = 0.77 \times 10^{-4}\text{m}^3\text{/s}$

小孔的进口压力 $p_i = \left(\dfrac{q_1}{C_d a_1}\right)^2 \dfrac{\rho}{2} = \left(\dfrac{0.77 \times 10^{-4}}{0.62 \times 0.05 \times 10^{-4}}\right)^2 \times \dfrac{900}{2}\text{Pa} = 2.78 \times 10^5\text{Pa}$

**例 1-15**　若将上题中的两薄壁小孔串联在执行元件的回油路上，其他条件不变，试求串联两小孔的进口压力 $p_i$。

**解：** 因两小孔串联，由薄壁小孔压力流量公式及流量连续性方程有

$$q_1 = C_d a_1 \sqrt{\frac{2}{\rho} \Delta p_1}$$

$$q_2 = C_d a_2 \sqrt{\frac{2}{\rho} \Delta p_2}$$

$$q_1 = q_2 = q$$

$$p_i = \Delta p_1 + \Delta p_2$$

联立以上四个方程，求解串联两小孔的进口压力

$$
\begin{aligned}
p_i &= \Delta p_1 + \Delta p_2 \\
&= \left(\frac{q}{C_d a_1}\right)^2 \frac{\rho}{2} + \left(\frac{q}{C_d a_2}\right)^2 \frac{\rho}{2} \\
&= \left[\left(\frac{1}{a_1}\right)^2 + \left(\frac{1}{a_2}\right)^2\right]\left(\frac{q}{C_d}\right)^2 \frac{\rho}{2} \\
&= \left[\left(\frac{1}{0.05\times10^{-4}}\right)^2 + \left(\frac{1}{0.08\times10^{-4}}\right)^2\right] \times \left(\frac{0.2\times10^{-3}}{0.62}\right)^2 \times \frac{900}{2}\text{Pa} \\
&= 26\times10^5\,\text{Pa}
\end{aligned}
$$

## 三、习题

1-1　说明什么是绝对压力、相对压力、表压力、真空度。它们之间的关系如何？

1-2　某液压油液在大气压下的体积是 $50\times10^{-3}\text{m}^3$，当压力升高后体积减小到 $49.9\times10^{-3}\text{m}^3$。设液压油液的体积弹性模量 $K=7000\times10^5\text{Pa}$，求压力升高值。

1-3　在图 1-14 中，一上端封闭、下端开口的玻璃管插入油液中。设油液密度 $\rho=900\text{kg/m}^3$，管外的大气压力 $p_a=1.013\times10^5\text{Pa}$。若抽去管中部分空气，使管中液面上升到 $h=1\text{m}$ 处，试求管内液面 $B$ 点处的压力。

1-4　在图 1-15 中，直径为 $D$、质量为 $m$ 的柱塞侵入充满液体的密闭容器中，在力 $F$ 作用下处于静止状态。若液体的密度为 $\rho$，柱塞侵入的深度为 $h$，试求液体在测压管内上升的高度 $x$。

1-5　在图 1-16 中，已知容器 $A$ 中液体的密度 $\rho_A=900\text{kg/m}^3$，容器 $B$ 中液体的密度 $\rho_B=1200\text{kg/m}^3$，$Z_A=0.2\text{m}$，$Z_B=0.18\text{m}$，$h=0.06\text{m}$，U 形管中测压介质为水银，其密度 $\rho_s=13600\text{kg/m}^3$，试求 $A$、$B$ 之间的压差。

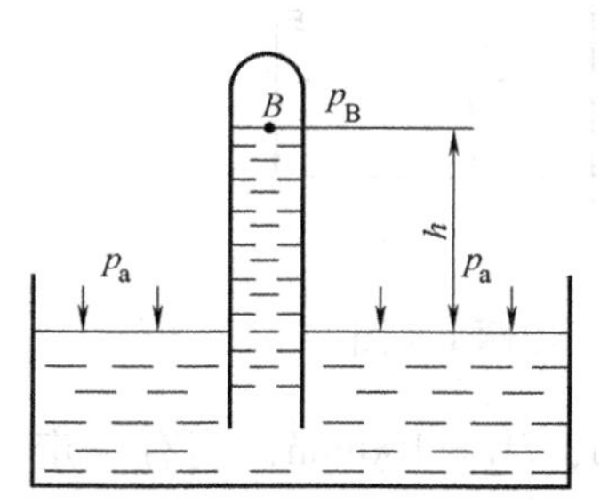

图 1-14　习题 1-3 图

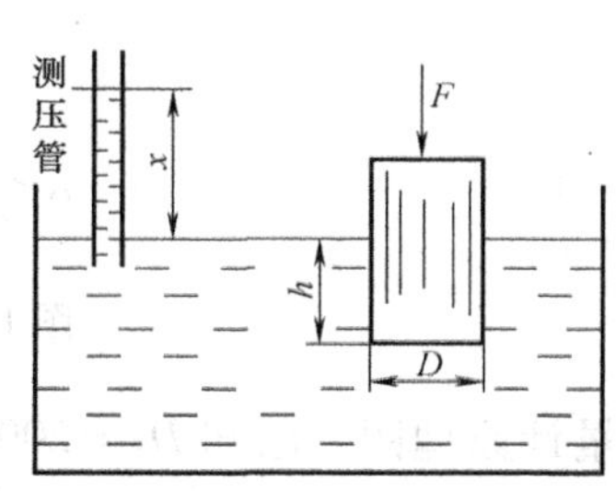

图 1-15　习题 1-4 图

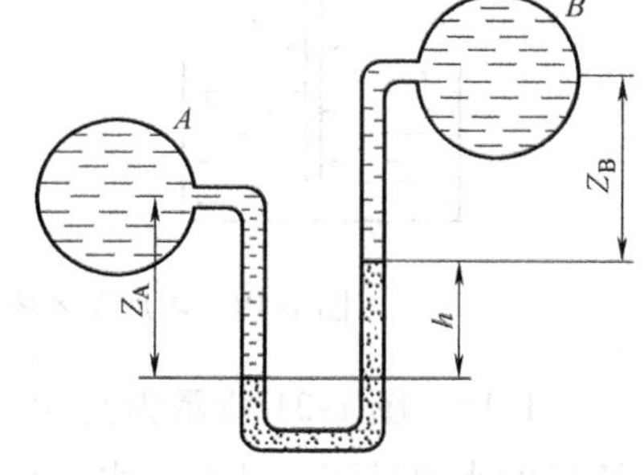

图 1-16　习题 1-5 图

1-6　在图 1-17 中，两个活塞同时侵入充满油液的密闭容器内，大、小活塞的直径分别为 $D_1=100\text{mm}$、$D_2=20\text{mm}$。若小活塞上的重物质量 $m_2=5\text{kg}$，试问大活塞上应放多大质量（$m_1$）的重物才能使大、小活塞保持不动？

1-7　在图 1-18 中，管道输送密度 $\rho=900\text{kg/m}^3$、运动黏度 $\nu=45\times10^{-6}\text{m}^2/\text{s}$ 的液体。

已知：$h=15\text{m}$，点 1 处的压力 $p_1=4.5\times10^5\text{Pa}$，点 2 处的压力 $p_2=4\times10^5\text{Pa}$，管道直径 $d=10\text{mm}$，试判断管中液流的方向，并计算通流量。

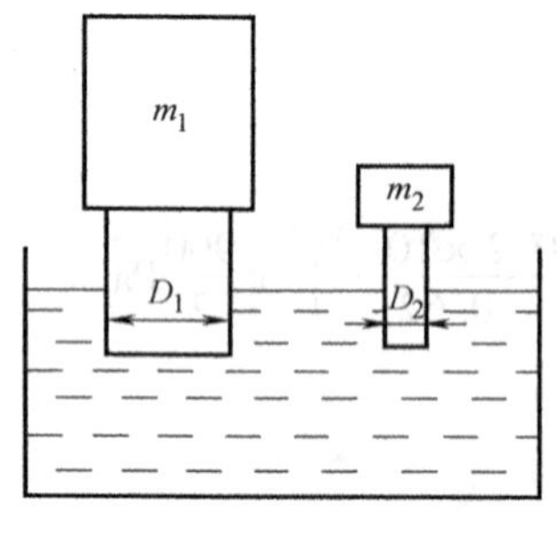


图 1-17　习题 1-6 图

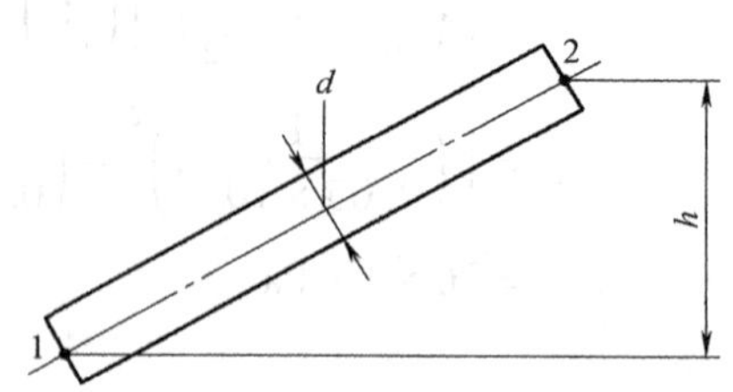


图 1-18　习题 1-7 图

1-8　在图 1-19 中，液压泵从油箱吸油，吸油管直径 $d=60\text{mm}$，流量 $q=2.5\times10^3\text{m}^3/\text{s}$，液压泵入口处的真空度不超过 $0.2\times10^5\text{Pa}$，油液的运动黏度 $\nu=30\times10^{-6}\text{m}^2/\text{s}$，密度 $\rho=900\text{kg/m}^3$，弯头处的局部阻力系数 $\xi_1=0.2$，吸油管入口处的局部阻力系数 $\xi_2=0.5$，管长 $L\approx h$，试求允许的最大吸油高度。

1-9　在图 1-20 中，有一固定液位 $h=1\text{m}$ 的水箱，水通过长 $L=3\text{m}$ 的垂直管自由出流，流速 $v_2=5\text{m/s}$，水的密度 $\rho=1000\text{kg/m}^3$，将水视为理想流体，试求出 $A$、$B$、$C$、$D$ 四点的绝对压力（提示：因水箱面积较大，水箱内流速 $v_1$ 可视为零；液面为标准大气压 $p_a=1.013\times10^5\text{Pa}$）。

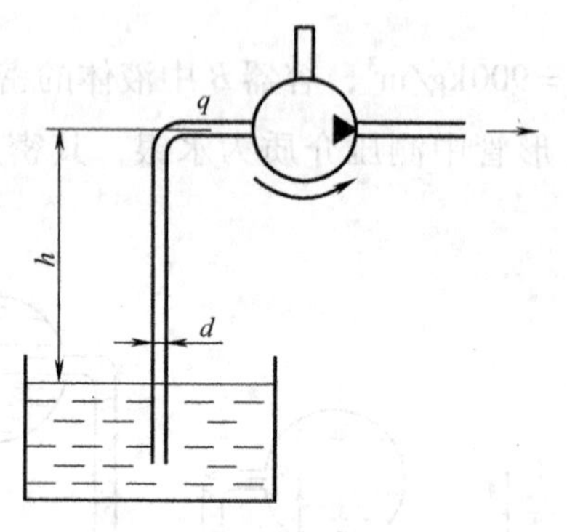


图 1-19　习题 1-8 图

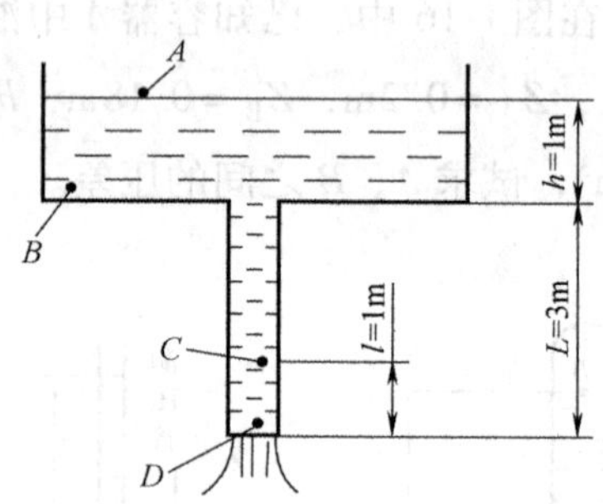


图 1-20　习题 1-9 图

1-10　图 1-21 所示为文丘里流量计原理图，已知 $D_1=200\text{mm}$，$D_2=100\text{mm}$，当有一定流量的水通过流量计时，水银计压力读数 $h=45\text{mm}$，不计能量损失，求通过水银计的流量。

1-11　在图 1-22 中，当阀门关闭时压力表的读数 $p_1=3\times10^5\text{Pa}$，而在阀门打开时压力表读数 $p_2=1.2\times10^5\text{Pa}$。如果管子直径 $d=10\text{mm}$，油液密度 $\rho=900\text{kg/m}^3$，不计液流的压力损失，求阀门打开时的流量 $q$。

1-12　一变截面管道，已知细管 $d$ 中液体的流态为层流，试证明粗管 $D$ 中的流态也一定为层流。若已知粗管中的流态为层流，是否可以判断细管中的流态也为层流？

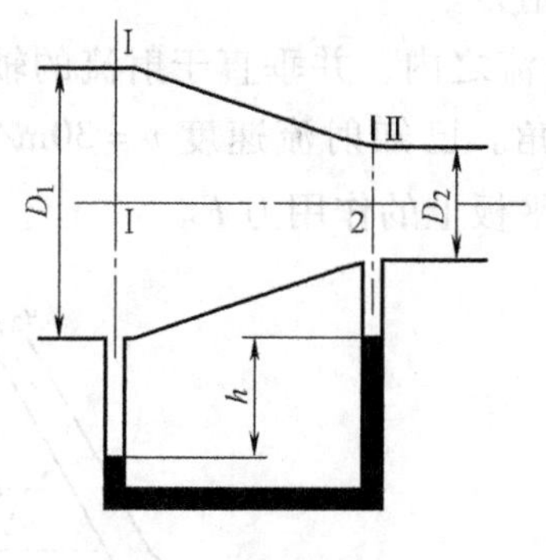


图 1-21　习题 1-10 图

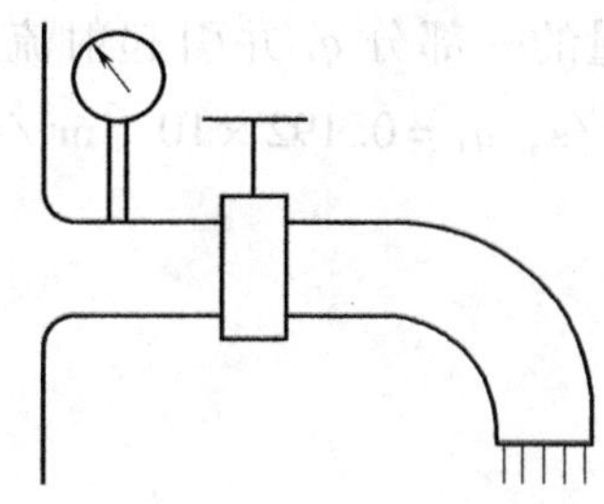

图 1-22　习题 1-11 图

1-13　在直径为 $d$、长度为 $L$ 的输油管中，运动黏度为 $\nu$ 的油液在液面位差 $H$ 的作用下流动。如果只考虑运动时的摩擦损失，试证明从层流过渡到湍流的 $H = Re_{cr}\dfrac{32\nu L}{d^2 g}$（$Re_{cr}$ 为临界雷诺数）。

1-14　运动黏度 $\nu = 32 \times 10^{-6}\text{m}^2/\text{s}$ 的液压油液在内径 $d = 20\text{mm}$、管长 $L = 10\text{m}$ 的光滑金属圆管内流动，流速 $v_1 = 3\text{m/s}$，试判断其流态并计算沿程压力损失 $\Delta p_1$。若流速增大为 $v_2 = 4\text{m/s}$，判断其流态并计算沿程压力损失 $\Delta p_2$（提示：光滑金属圆管的临界雷诺数 $Re_{cr} = 2320$，湍流时的沿程阻力系数 $\lambda = 0.3164Re^{-0.25}$）。

1-15　已知管子内径 $d = 20\text{mm}$，液流速度 $v = 5.3\text{m/s}$，液体运动黏度 $\nu = 0.4 \times 10^{-4}\text{m}^2/\text{s}$，求液流的雷诺数并判断流态。

1-16　液压油液在内径为 20mm 的圆管中流动。设临界雷诺数 $Re_{cr} = 2320$，油液的运动黏度 $\nu = 0.3 \times 10^{-4}\text{m}^2/\text{s}$，试求通流量 $q$ 多大时油液的流动成为湍流。

1-17　有一光滑圆管，内径为 10mm，流过流量 $q = 0.8 \times 10^{-3}\text{m}^3/\text{s}$，液体运动黏度 $\nu = 0.4 \times 10^{-4}\text{m}^2/\text{s}$，问其流动状态如何？若流量不变，管径为多大时可以变为层流？

1-18　运动黏度 $\nu = 46 \times 10^{-6}\text{m}^2/\text{s}$ 的液压油液流经水平金属管道，油液密度 $\rho = 900\text{kg/m}^3$。已知管道内径 $d = 10\text{mm}$，管长 $L = 5\text{m}$，进口压力 $p_1 = 40 \times 10^5\text{Pa}$，求流速 $v = 3\text{m/s}$ 时的出口压力 $p_2$（提示：先判断流态，再计算压力损失 $\Delta p$，此时进、出口流速相等）。

1-19　在图 1-23 所示的并联管路中，粗管直径 $d_1 = 20\text{mm}$，细管直径 $d_2 = 10\text{mm}$，两管长度相等且 $L = 1\text{m}$，进口总流量 $q = 0.204 \times 10^{-3}\text{m}^3/\text{s}$，油液的运动黏度 $\nu = 32 \times 10^{-6}\text{m}^2/\text{s}$，不计局部压力损失，试求流经两支管的流量及流速（提示：两支管的前后压差相等，即两支管的沿程压力损失相等）。

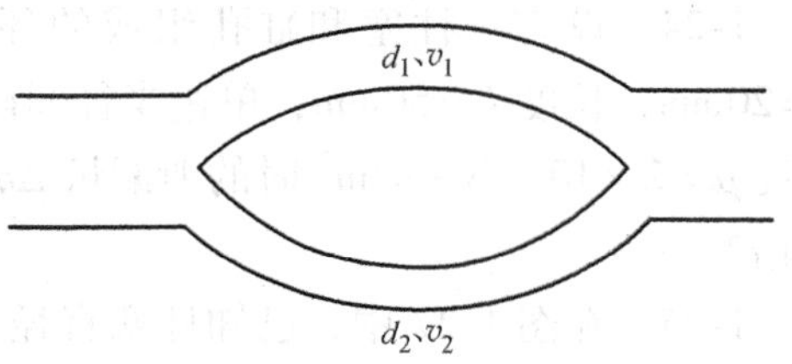


图 1-23　习题 1-19 图

1-20　在图 1-24 中，设弯管管道入口处的压力 $p_1 = 1.5 \times 10^5\text{Pa}$，出口处的压力 $p_2 = 1 \times 10^5\text{Pa}$，管道截面面积 $A = 3.14 \times 10^{-2}\text{m}^2$，通过的流量 $q = 15.7 \times 10^{-3}\text{m}^3/\text{s}$，油液密度 $\rho =$

$900\text{kg/m}^3$，试利用动量方程求流动液体对弯管的作用力。

1-21　在图1-25中，将一平板插入水的自由射流之内，并垂直于射流的轴线。该平板截取射流流量的一部分 $q_1$ 并引起射流部分偏转 $\alpha$ 角。已知射流速度 $v=30\text{m/s}$，流量 $q=0.5\times10^{-3}\text{m}^3/\text{s}$，$q_1=0.192\times10^{-3}\text{m}^3/\text{s}$，求角 $\alpha$ 及平板上的作用力 $F$。

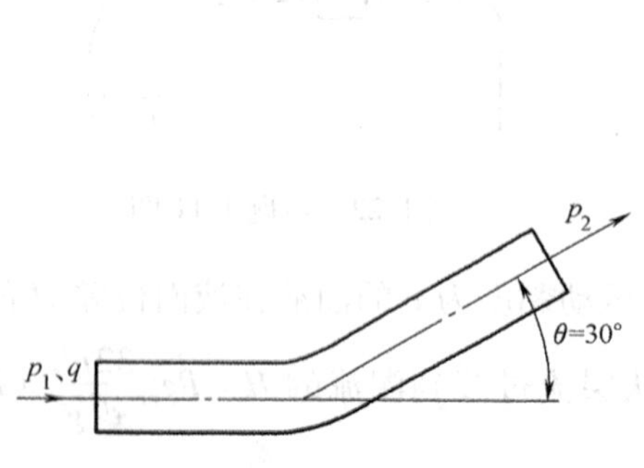

图1-24　习题1-20图

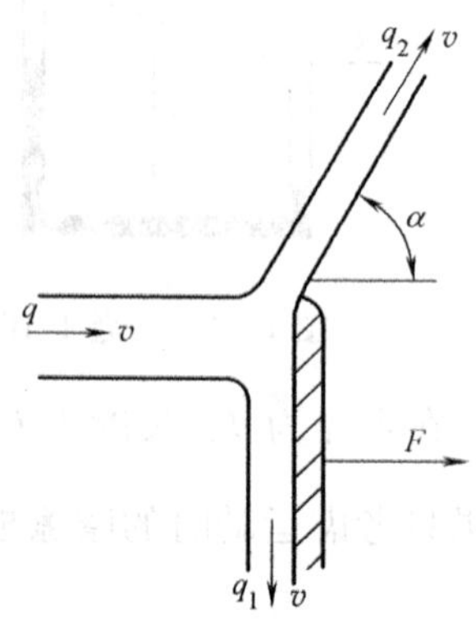

图1-25　习题1-21图

1-22　有一薄壁小孔，当通过流量 $q=0.5\times10^{-3}\text{m}^3/\text{s}$ 时，其压力损失 $\Delta p=3\times10^5\text{Pa}$。已知孔口流量系数 $C_d=0.62$，油液密度 $\rho=900\text{kg}/m^3$，求小孔的通流面积。

1-23　图1-26所示为一间隙密封式液压缸，活塞直径 $d=100\text{mm}$，长度 $L=120\text{mm}$，活塞与缸筒的配合间隙 $\delta=0.02\text{mm}$，包括活塞自重在内的负载 $F=40\text{N}$，油液的动力黏度 $\mu=2.88\times10^{-2}\text{N}\cdot\text{s/m}^2$，供油流量 $q=0.4\times10^{-3}\text{m}^3/\text{s}$，回油压力 $p_0=0$，试求

1）不计摩擦损失，向上推动活塞所需的供油压力 $p$ 的大小。

2）不考虑间隙泄漏，活塞运动的速度 $v$。

3）若活塞上升到一定高度后，关闭进油，活塞下落2mm需要的时间 $t$（提示：此时活塞下腔可视为静止液体，活塞与缸筒之间视为同心圆环间隙）。

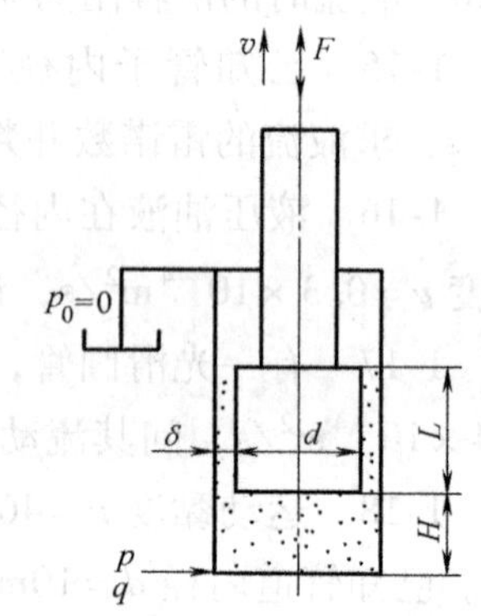

图1-26　习题1-23图

1-24　设有一柱塞和缸孔组成的环形缝隙，已知柱塞直径 $d=20\text{mm}$，长度 $L=50\text{mm}$，单边半径间隙 $h=0.01\text{mm}$，求当压差 $\Delta p=20\text{MPa}$，液压油动力黏度 $\mu=2\times10^{-2}\text{N}\cdot\text{s/m}^2$ 时的泄漏量 $\Delta q$。若半径间隙增大到 $h=0.02\text{mm}$，泄漏量将增大多少倍?

1-25　在图1-27中，已知柱塞直径 $d=29.95\text{mm}$，缸体孔直径 $D=30\text{mm}$，两者的配合间隙长度 $L=150\text{mm}$。当作用在柱塞上的负载（含自重）$W=706.5\text{N}$ 时，测得活塞下降 $x=8\text{mm}$，所需时间 $t=90\text{s}$。油液运动黏度 $\nu=0.3\times10^{-4}\text{m}^2/\text{s}$，密度 $\rho=900\text{kg/m}^3$，求柱塞相对于缸体孔的偏心率。若在柱塞外圆开设八个1mm宽、1mm深的均压槽后，活塞下降同样的距离需要多少时间?

1-26　两固定平行平板长 $L=200\text{mm}$，宽 $B=300\text{mm}$，间隙 $h=0.04\text{mm}$，求平板缝隙两

端压差 $\Delta p = 5 \times 10^5 \mathrm{Pa}$，油液动力黏度 $\mu = 50 \times 10^{-3} \mathrm{N \cdot s/m^2}$ 时的泄漏量。若间隙减小为 $h = 0.02\mathrm{mm}$，泄漏量为多少？

1-27　管道内径 $d = 200\mathrm{mm}$，壁厚 $\delta = 10\mathrm{mm}$，管内的油液以 2m/s 的速度流过闸门，此时闸门处的压力 $p_0 = 20 \times 10^5 \mathrm{Pa}$。若闸门突然关闭，求液压冲击时的管内压力及对管壁材料产生的应力。假设管材的弹性模量 $E = 2 \times 10^{11} \mathrm{Pa}$，油的体积弹性模量 $K = 2 \times 10^9 \mathrm{Pa}$，油液密度 $\rho = 900\mathrm{kg/m^3}$。

1-28　在图 1-28 中，已知油罐输油管直径 $d = 100\mathrm{mm}$，壁厚 $\delta = 10\mathrm{mm}$，管长 $L = 20\mathrm{m}$，油面高度 $H = 20\mathrm{m}$。油液密度 $\rho = 900\mathrm{kg/m^3}$，体积弹性模量 $E = 2 \times 10^{11} \mathrm{Pa}$，不计流动损失，试求下面两种情况阀门突然关闭时管内最大压力值：

1）阀门关闭时间 $t_1 = 0.01\mathrm{s}$。

2）阀门关闭时间 $t_2 = 0.5\mathrm{s}$。

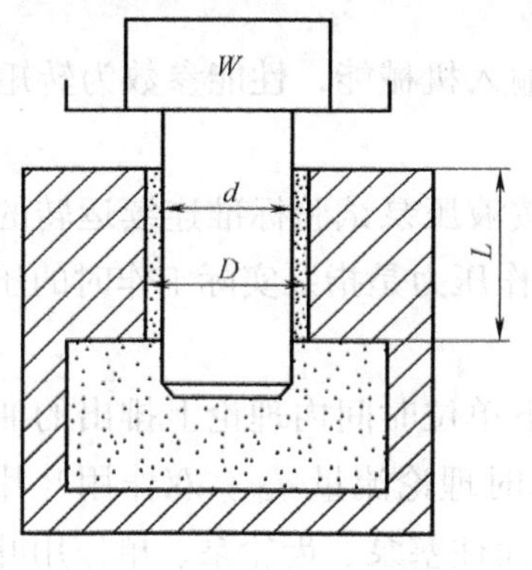


图 1-27　习题 1-25 图

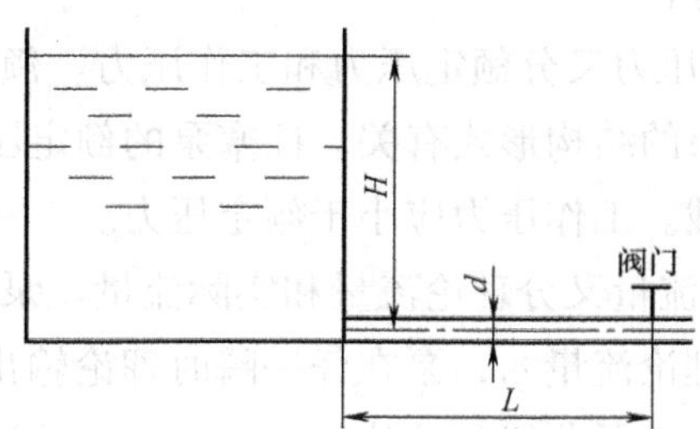


图 1-28　习题 1-28 图

# 液 压 泵

## 一、学习要点

液压泵在液压系统中作为动力元件，将原动机输入的机械能转变为液压能，以压力与流量的形式输出。按其结构液压泵又可分为柱塞泵、叶片泵和齿轮泵。学习时应掌握它们的共性及特点。

**1. 液压泵的性能参数**

液压泵输出液压能，性能参数为压力 $p$ 和流量 $q$；输入机械能，性能参数为转矩 $T$ 和转速 $n$。其中：

1）压力又分额定压力和工作压力。额定压力是指按液压泵试验标准连续运转的最高压力，与泵的结构形式有关。柱塞泵的额定压力最高。工作压力是指泵实际工作时的压力，取决于负载。工作压力应小于额定压力。

2）流量又分理论流量和实际流量。泵在一定转速下单位时间内理论上排出的油液体积为平均理论流量 $q_t$，泵在任一瞬时理论输出的流量为瞬时理论流量 $q_{sh}$。双作用叶片泵通过合理设计定子曲线和叶片数，可使瞬时理论流量均匀，而柱塞泵、齿轮泵、单作用叶片泵的瞬时理论流量则是脉动的。实际流量 $q$ 是指单位时间内泵实际排出的流量，它等于相同转速下理论流量与泄漏量之差。泄漏量 $\Delta q$ 随泵出口压力的增大而增大，当出口压力为零时泄漏量等于零，此时的实际流量即为泵的平均理论流量。

定义$\dfrac{q_t-\Delta q}{q_t}=1-\dfrac{\Delta q}{q_t}=\eta_V$ 为液压泵的容积效率。液压泵的结构尺寸确定后，其泄漏量 $\Delta q$ 主要取决于泵的工作压力，基本上与泵的转速及变量泵的排量大小无关。有时也引进泄漏系数 $\lambda_B=\Delta q/\Delta p$ 予以评价。

3）液压泵的输出与输入之比为泵的总效率 $\eta$，总效率为容积效率 $\eta_V$ 与机械效率 $\eta_m$ 的乘积。机械损失是轴承及运动件与非运动件之间的机械摩擦和黏性摩擦所致，机械效率 $\eta_m$ 与泵的转速及泵的工作压力有关，一般随工作压力的增大而提高，随转速的增高而减小。

**2. 液压泵工作原理**

液压泵是利用一些运动件与非运动件形成的大小发生变化的密闭容积工作的，容积增大吸油，容积减小排油。显然，液压泵工作最重要的条件是密闭容积大小发生变化。

1）柱塞泵的密闭容积由柱塞与缸体孔组成，当柱塞在缸体孔内往复运动时，向外伸出则柱塞底部容积增大吸油；向里缩回则柱塞底部容积减小排油。如何使柱塞在缸体孔内往复运动是柱塞泵工作的关键，轴向柱塞泵由斜盘与集中弹簧共同作用实现，径向柱塞泵则由定子与压环共同作用来实现。

2）叶片泵的密闭容积由定子、转子、叶片、配流盘等组成，当转子旋转时，叶片在转子叶片槽内自由滑动，同时由叶片分割成的密闭容积的大小发生变化。双作用叶片泵密闭容积的大小变化是由于定子内环圆弧段存在半径差，叶片外伸依靠叶片根部的液压作用力及作用在叶片上的离心力，内缩依靠定子内环的约束；单作用叶片泵密闭容积的大小变化是由于定子相对于转子存在偏心，虽然叶片向里缩也是因为定子内环的约束，但向外伸则完全是依靠离心力的作用。

3）外啮合齿轮泵的密闭容积由泵体、前后盖板与齿轮组成，一对啮合的齿轮又将其分为吸油腔和排油腔两部分。当齿轮旋转时，由于啮合半径始终小于齿顶圆半径，因此进入啮合的一侧容积减小排油，离开啮合的一侧容积增大吸油。

**3. 困油现象**

为了保证液压泵正常工作，密闭的吸、压油腔必须可靠隔开，因此密闭容积在吸油终了向压油腔转移或压油终了向吸油腔转移时，密闭容积既不与吸油腔相通，又不与压油腔相通，成为闭死容积。若此闭死容积的大小发生变化，如由吸油转为压油时闭死容积继续增大或由压油转为吸油时闭死容积继续减小，则会产生困油现象。显然，产生困油现象的必要充分条件就是：在吸油与压油腔之间存在一个闭死容积，且容积的大小发生变化。

1）在轴向柱塞泵中，由于配流窗口间隔角大于缸体孔范围角，柱塞底部容积在吸、压油转移过程中会产生困油现象。为消除困油现象的危害，常通过配流盘上吸、压油窗口的结构措施来实现：如在配流窗口前端开减振槽或减振孔，使柱塞底部闭死容积大小变化时与压油腔或吸油腔相通；将配流盘顺着缸体旋转方向偏转一定角度放置；使柱塞底部密闭容积实现预压缩或预膨胀以减缓压力突变，变害为利。

2）对双作用叶片泵，由于吸、压油腔转移的位置为定子的圆弧段，只要设计时所取圆弧段的圆心角大于吸、压油窗口的间隔角及叶片间的夹角，闭死容积就不会发生变化，困油现象也不会产生。

3）对外啮合齿轮泵，虽然吸油终了的齿槽顺着齿轮旋转被带到压油腔时容积大小不变，即由吸油转移至压油时不会出现困油现象，但为了保证齿轮传动的平稳性，要求重合度 $\varepsilon>1$，因此就会出现两对轮齿同时啮合的情况。两对轮齿同时啮合所构成的容腔既不与压油腔相通，也不与吸油腔相通，而容积先由大变小，后由小变大，就又会产生困油现象。因此为消除齿轮泵困油现象的危害，必须在前、后盖板或浮动侧板（浮动轴套）上开卸荷槽。

**4. 液压泵的效率**

由于形成液压泵吸、压油腔密闭容积的运动件与非运动件之间存在相对运动，因此就必然存在间隙。液压泵工作时，压油腔的高压油必然经过此间隙流向吸油腔和其他低压处，形成泄漏流量。它不仅使泵的理论流量减小，容积效率降低，而且限制了液压泵额定压力的提高。

液压泵存在泄漏的充分必要条件是存在间隙和压差，其泄漏量与间隙值的三次方成正比、与压差的一次方成正比。

1）在柱塞泵中主要的间隙是柱塞与缸体孔之间的环形间隙。其次，轴向柱塞泵还有缸体与配流盘之间的端面间隙、滑履与斜盘之间的平面间隙；径向柱塞泵还有缸体与配流轴之间的径向间隙、滑履与定子内环之间的间隙。由于柱塞与缸体孔的环形间隙加工精度易于控制，其他间隙容易实现补偿，因此柱塞泵的容积效率和额定压力都较高。

2）在叶片泵中主要的间隙是转子与配流盘之间的端面间隙，其次还有叶片与转子叶片槽之间、叶片顶部与定子内环之间的间隙。中高压双作用叶片泵为减少泄漏，有的将配流盘设计为浮动式配流盘，以实现端面间隙的自动补偿。

3）外啮合齿轮泵中主要的间隙是齿轮端面与前后泵盖或左右侧板之间的端面间隙，其次还有齿顶与泵体内圆之间的径向间隙、两啮合轮齿间的啮合间隙。中高压齿轮泵的端面间隙均有自动浮动补偿机构。

**5. 液压泵的压力**

为提高各类液压泵的额定压力，除采取措施减少泄漏、提高容积效率外，还需要在结构设计时减小作用在某个零件上的不平衡力。例如：

1）轴向柱塞泵中滑履与斜盘、缸体与配流盘之间采用静压平衡，以保证它们之间不会出现干摩擦或半干摩擦。

2）双作用叶片泵中，采用子母叶片、双叶片、柱销叶片等，减小吸油区叶片根部的液压作用力，以减轻叶片顶部对定子吸油区段造成的磨损。

3）齿轮泵为平衡作用在齿轮轴上的液压径向力，采用了开径向力平衡槽等措施。

**6. 液压泵的流量**

由于液压泵的理论流量等于排量乘以转速，因此在尽可能提高泵转速的同时，应通过合理设计，在结构紧凑的前提下得到最大的排量。

1）轴向柱塞泵的排量 $V=\dfrac{\pi d^2}{4}Dz\tan\alpha$。

显然，在柱塞分布圆直径 $D$ 一定时，增大柱塞直径 $d$ 最易增大排量，但缸体的结构强度限制 $zd\leqslant 0.75\pi D$。

2）双作用叶片泵的排量 $V=2\pi B(R^2-r^2)-\dfrac{2\pi Bs(R-r)}{\cos\theta}$。

显然，增大（$R-r$）可以增大排量，但受叶片强度限制，一般取 $R/r=1.1\sim1.2$。

3）齿轮泵的排量 $V=2\pi zm^2B$。

在节圆直径 $D=zm$ 一定时，增大 $m$、减小 $z$ 可增大排量，为此齿轮泵的齿数都较少。为避免加工出现根切现象，须对齿轮进行正移距修正，使两齿轮中心距 $A=m\ (z+1)$。

**7. 定量泵和变量泵**

排量可以改变的液压泵称为变量泵，否则为定量泵。

1）轴向柱塞泵改变斜盘倾角可以改变排量，它是通过变量机构来实现的。变量方式可以是手动变量（含手动伺服变量）和自动变量两种，而自动变量又分恒压变量、恒流量变量、恒功率变量、功率适应变量等。

2）径向柱塞泵和单作用叶片泵是通过改变定子相对于转子轴的偏心距改变排量的，其变量形式均为自动变量，如限压式变量、差压式变量等。

3）常用的双作用叶片泵为定量泵，当原动机为柴油机、汽油机或变频调速的电动机时，可通过改变转速来改变流量。

4）齿轮泵为定量泵，与双作用叶片泵相同，也可以通过改变转速来改变流量。

## 二、例题

**例 2-1** 已知液压泵的额定压力 $p_s=21\text{MPa}$，额定流量 $q_s=200\text{L/min}$，总效率 $\eta=0.9$，机械效率 $\eta_m=0.93$。试求：

1）驱动泵所需的额定功率 $P$。

2）泵的泄漏量 $\Delta q$。

**解**：1）驱动泵所需的额定功率

$$P=\frac{p_s q_s}{\eta}=\frac{21\times10^6\times200\times10^{-3}}{60\times0.9}\text{W}=77.8\times10^3\text{W}=77.8\text{kW}$$

2）泵的泄漏量

$$\Delta q=\frac{q_s}{\eta_V}-q_s=\left(\frac{200}{0.9/0.93}-200\right)\text{L/min}=6.67\text{L/min}$$

**例 2-2** 轴配流径向柱塞泵的柱塞直径 $d=20\text{mm}$，柱塞数 $z=5$，偏心距 $e=6\text{mm}$，工作压力 $p=10\text{MPa}$，转速 $n=1500\text{r/min}$，容积效率 $\eta_V=0.95$，机械效率 $\eta_m=0.9$，试求：

1）泵的理论排量、理论流量和实际流量。

2）泵的输出功率和输入功率。

3）偏心距 $e=4\text{mm}$ 时泵的理论流量和实际流量。

**解**：1）理论排量

$$V=\frac{\pi d^2}{2}ez=\frac{3.14\times2^2}{2}\times0.6\times5\text{mL/r}=18.84\text{mL/r}$$

理论流量

$$q_t=nV=1500\times18.84\times10^{-3}\text{L/min}=28.26\text{L/min}=0.471\times10^{-3}\text{m}^3/\text{s}$$

实际流量

$$q=q_t\eta_V=0.471\times10^{-3}\times0.95\text{m}^3/\text{s}=0.447\times10^{-3}\text{m}^3/\text{s}$$

2）输出功率

$$P=pq=10\times10^6\times0.447\times10^{-3}\text{W}=4.47\text{kW}$$

输入功率

$$P_r=P/(\eta_V\eta_m)=\frac{4.47}{0.95\times0.9}\text{kW}=5.23\text{kW}$$

3）偏心距 $e=4\text{mm}$ 时泵的理论流量

$$q_t'=q_t\times\frac{4}{6}=0.314\times10^{-3}\text{m}^3/\text{s}$$

因压力不变，故泄漏量大小基本不变

$$\Delta q = q_t - q = (0.471 \times 10^{-3} - 0.447 \times 10^{-3})\mathrm{m^3/s} = 0.024 \times 10^{-3}\mathrm{m^3/s}$$

实际流量

$$q' = q'_t - \Delta q = 0.29 \times 10^{-3}\mathrm{m^3/s}$$

**例 2-3**　配流轴式径向柱塞泵的液压径向力是如何形成的？有何危害？怎样实现其配流轴的液压径向力平衡？绘图予以说明。

**解：** 在图 2-1 中，配流轴上油槽 $P$ 为压油口，油槽 $O$ 为吸油口，由于它们是圆周开槽，因此对配流轴不产生液压径向力。但配流窗口油槽 $B$ 的上半圆为压油腔，下半圆为吸油腔，上下压差对轴形成一个向下的液压径向力，导致配流轴向下弯曲变形。因此配流轴与缸体内孔的上半圆之间的间隙增大，配流轴与缸体内孔的下半圆之间的间隙减小，而减小的间隙又会因摩擦磨损而增大。间隙增大，泄漏量增加，容积效率将降低。这是影响轴配流式液压泵推广应用的重要原因。为此，早期的轴配流式径向柱塞泵的泵轴做得很粗且额定压力限制为 20MPa。

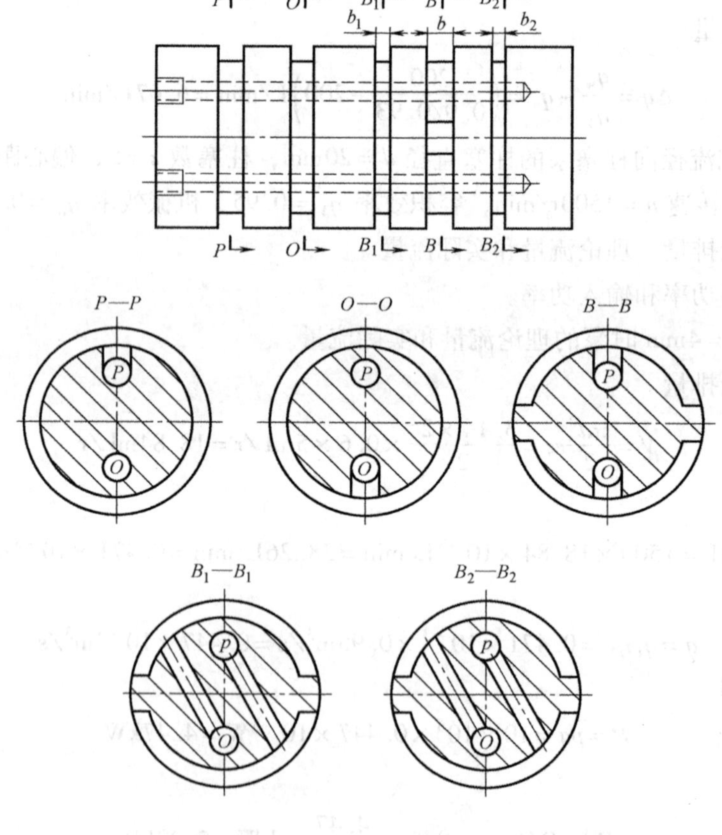


图 2-1　例 2-3 图

为了平衡液压径向力，可采用在配流轴上开平衡槽的措施，如图 2-1 中油槽 $B_1$ 和 $B_2$，它们的上半圆为吸油腔低压，下半圆为压油腔高压，所形成的液压径向力向上。若取槽宽

$b_1 = b_2 = 0.5b$，三槽的受力范围角相等，则配流轴上的液压径向力可以完全平衡。正是这一平衡措施使曾一度遭遇淘汰的轴配流径向柱塞泵获得了新的推广应用。

**例 2-4** 有一轴向柱塞泵，已知柱塞直径 $d = 20\text{mm}$，柱塞分布圆直径 $D = 60\text{mm}$，柱塞数 $z = 7$，斜盘倾角 $\alpha' = 20°$，转速 $n = 1450\text{r/min}$，工作压力 $p = 28\text{MPa}$，机械效率 $\eta_m = 0.9$，容积效率 $\eta_V = 0.95$，试求：

1）泵的实际流量及泵的输入功率。

2）若其他参数不变，斜盘倾角 $\alpha$ 变为 12°，求泵的实际流量及输入功率。

3）若其他参数不变，仅泵的转速 $n$ 变为 1000r/min，求泵的实际流量及容积效率。

**解：** 1）泵的排量

$$V = \frac{\pi d^2}{4} Dz\tan\alpha = \frac{3.14 \times 0.02^2}{4} \times 0.06 \times 7 \times \tan 20° \text{m}^3/\text{r} = 48 \times 10^{-6} \text{m}^3/\text{r}$$

平均理论流量

$$q_t = nV = \frac{1450}{60} \times 48 \times 10^{-6} \text{m}^3/\text{s} = 1.16 \times 10^{-3} \text{m}^3/\text{s}$$

实际流量

$$q = q_t \eta_V = 1.16 \times 10^{-3} \times 0.95 \text{m}^3/\text{s} = 1.10 \times 10^{-3} \text{m}^3/\text{s}$$

泄漏量

$$\Delta q = q_t - q = (1.16 - 1.10) \times 10^{-3} \text{m}^3/\text{s} = 0.06 \times 10^{-3} \text{m}^3/\text{s}$$

输入功率

$$P = \frac{pq}{\eta_V \eta_m} = \frac{28 \times 10^6 \times 1.10 \times 10^{-3}}{0.95 \times 0.9} \text{W} = 36.02 \times 10^3 \text{W} = 36.02\text{kW}$$

2）泵的排量

$$V = \frac{\pi d^2}{4} Dz\tan\alpha' = 48 \times 10^{-6} \times \tan 12° / \tan 20° \text{m}^3/\text{r} = 28.03 \times 10^{-6} \text{m}^3/\text{r}$$

平均理论流量

$$q_t = nV = \frac{1450}{60} \times 28.03 \times 10^{-6} \text{m}^3/\text{s} = 0.68 \times 10^{-3} \text{m}^3/\text{s}$$

由于工作压力不变，泵的泄漏量基本不变，故

实际流量

$$q = q_t - \Delta q = (0.68 \times 10^{-3} - 0.06 \times 10^{-3}) \text{m}^3/\text{s} = 0.62 \times 10^{-3} \text{m}^3/\text{s}$$

输入功率

$$P = \frac{pq_t}{\eta_m} = \frac{28 \times 10^6 \times 0.68 \times 10^{-3}}{0.9} \text{W} = 21.16 \times 10^3 \text{W} = 21.16\text{kW}$$

3）平均理论流量

$$q_t = nV = \frac{1000}{60} \times 48 \times 10^{-6} \text{m}^3/\text{s} = 0.8 \times 10^{-3} \text{m}^3/\text{s}$$

因泄漏量基本不变，故实际流量

$$q = q_t - \Delta q = (0.8\times10^{-3} - 0.06\times10^{-3})\ \mathrm{m^3/s} = 0.74\times10^{-3}\mathrm{m^3/s}$$

容积效率

$$\eta_V = \frac{q}{q_t} = \frac{0.74\times10^{-3}}{0.8\times10^{-3}} = 0.925$$

**例 2-5**　说明轴向柱塞泵泵体的上、下方两个油口的用途。泵工作时，泵体上方油口能否堵上？

**解：**由轴向柱塞泵的工作原理可知，压油腔的高压油会通过三对摩擦副之间的间隙向泵体内腔泄漏，使泵体内腔充满油液。若泵体内腔密闭，其内的油液将因受挤压而使压力升高，导致泵内轴密封破坏；与此同时，缸体旋转摩擦发热，导致油温升高，以使泵无法正常工作。为此通过泵体上方油口将内腔与油箱沟通，这样既可保证内腔压力为零，又可随时带走热油及混入内腔的空气。因此泵体上方油口在泵工作时不能堵住。另外，为排除新泵或久停不用的泵泵体内的空气，泵体上方油口还用于泵起动前灌油。

泵体下方油口用于泵检修前或泵在低温环境停机不用时，排空泵体内腔的油液。若泵长期在低压下工作，因泄漏量小，泵体内腔发热的油液不易排出；此时可在泵体下方油口接入冷油，强制泵内热油从上方油口流出，以保证泵的正常工作。

**例 2-6**　双作用叶片泵输出压力 $p=6.3\mathrm{MPa}$，转速 $n=1420\mathrm{r/min}$ 时输出流量为 $51\mathrm{L/min}$，实际输入功率 $P_r=7\mathrm{kW}$。当泵空载运行时输出流量为 $q_0=58\mathrm{L/min}$，转速 $n_0=1450\mathrm{r/min}$，试求泵的排量、容积效率及总效率。

**解：**因为泵的容积效率必须是同一转速下的实际流量与理论流量的比值，因此在二者对应的转速不同时，必须考虑转速的影响，即

容积效率

$$\eta_V = \frac{q/n}{q_t/n_0} = \frac{51/1420}{58/1450} = 0.898$$

因空载时的流量可视为泵的理论流量，故

排量

$$V = \frac{q_0}{n_0} = \frac{58\times10^{-3}}{1450}\mathrm{mL/r} = 40\mathrm{mL/r}$$

总效率

$$\eta = \frac{pq}{P_r} = \frac{6.3\times10^6\times51\times10^{-3}}{7\times10^3\times60} = 0.765$$

**例 2-7**　分析说明能否将双作用叶片泵的配流盘顺着转子的旋转方向转过一个角度实现变量。

**解：**图 2-2a 所示为配流盘正常放置的情况，泵的叶片数 $z=12$，定子的 $ab$ 段为小半径圆弧，$cd$ 段为大半径圆弧，$bc$ 段为过渡曲线，圆弧段的范围角等于叶片间夹角 $2\pi/z=30°$，过渡曲线段范围角 $\pi/2-2\pi/z=60°$，转子顺时针方向旋转。图示位置，由叶片 1 和叶片 4 围成吸油腔容积最小，随着转子旋转，其容积增大，当转角 $\Delta\phi=2\pi/z=30°$、叶片 4 位于 $d$

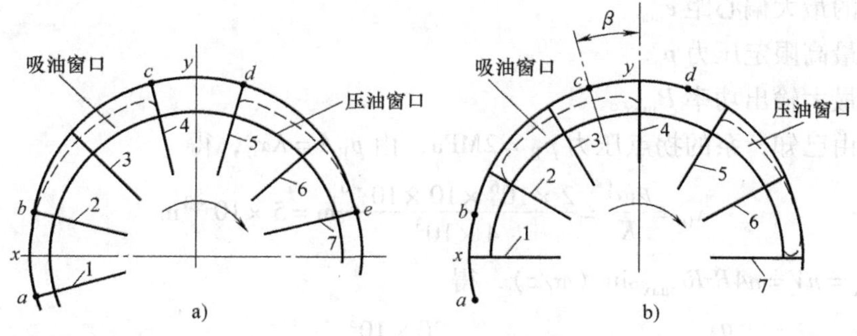


图 2-2 例 2-7 图

点时，所围成的容积最大，即容积变化以 $\Delta\phi$ 为周期，一个周期的容积增量 $\Delta V = \Delta\phi/2(R^2 - r^2)B = \pi/z(R^2 - r^2)B$（$B$ 为叶片宽度）。因转子每转一周，变化 $2z$ 个周期，于是得到不计叶片厚度的双作用叶片泵的排量 $V = 2z\pi/[z/(R^2 - r^2)B] = 2\pi(R^2 - r^2)B$。从中看出，因 $R$、$r$、$B$ 不能改变，因此双作用叶片泵为定量泵。

如图 2-2b 所示，将配流盘顺着转子旋转方向转过 $\beta$ 角（单位弧度 $\beta \leqslant 2\pi/z$）后，由叶片 1 和叶片 4 围成的吸油腔随着转子旋转，叶片 4 由图示位置转到 $d$ 点时，转角为 $\Delta\phi_1 = 2\pi/z - \beta$，其容积增量 $\Delta V_1 = (\pi/z - \beta/2)(R^2 - r^2)B$。转过 $d$ 点之后，由于叶片 4 与叶片 1 同时进入过渡曲线段，随着转子旋转，叶片 4 的矢径 $\rho_4$ 减小，叶片 1 的矢径 $\rho_1$ 增大，其容积增量 $\Delta V_2 = \int_0^\beta \frac{B}{2}(\rho_4^2 - \rho_1^2)\mathrm{d}\phi$。

由上可知，当配流盘顺着转子方向转过一个角度 $\beta$ 后，叶片 1 和叶片 4 转过一个周期（$2\pi/z$）的容积增量 $\Delta V' = \Delta V_1 + \Delta V_2 = (\pi/z - \beta/2)(R^2 - r^2)B + \int_0^\beta \frac{B}{2}(\rho_4^2 - \rho_1^2)\mathrm{d}\phi$，与图 2-1a 中的 $\Delta V$ 表达式相比较，可得到如下结论：

1）因 $\Delta V' < \Delta V$，因此偏转配流盘后可以改变双作用叶片泵的排量，改变后的排量随偏转角 $\beta$ 的增大而减小，当偏转角 $\beta = 2\pi/z$ 时，泵的排量最小。

2）因 $\rho_1$、$\rho_4$ 与过渡曲线的形状有关，不同过渡曲线表达式不同，若过渡曲线为阿基米德等速曲线，则 $\beta = 2\pi/z$ 时泵的排量等于零。

3）因偏转配流盘后的吸油腔容积增量在 $2\pi/z \sim \beta$ 范围内不变，而在 $\beta$ 范围内随转角变化，即在变量的同时，泵的输出流量是脉动的，而且脉动量很大，这破坏了双作用叶片泵的最大优势——瞬时理论流量均匀。因此总体来说，偏转配流盘使双作用叶片泵变量是得不偿失，无实用价值。

**例 2-8** 有一限压式叶片泵，叶片宽度 $B = 24\text{mm}$，定子内圆半径 $R = 26.3\text{mm}$，叶片数 $z = 9$，转速 $n = 1000\text{r/min}$。反馈活塞作用面积 $A = 10\text{mm}^2$，调压弹簧刚度 $K = 4 \times 10^3\text{N/m}$。当泵的工作压力为零时，泵的流量为 $q_0 = 20\text{L/min}$；工作压力 $p = 2\text{MPa}$ 时，泵的输出流量 $q = 19\text{L/min}$；当泵的工作压力 $p$ 大于 2MPa 后，泵的输出流量呈线性减小。求：

1）调压弹簧的预压缩量 $x_0$。

2）定子的最大偏心距 $e_{max}$。

3）泵的最高限定压力 $p_c$。

4）泵的最大输出功率 $P_{max}$。

**解：** 1）由已知，泵的拐点压力 $p_B=2MPa$，由 $p_BA=Kx_0$，得

$$x_0=\frac{p_BA}{K}=\frac{2\times10^6\times10\times10^{-6}}{4\times10^3}m=5\times10^{-3}m$$

2）由 $q_A=nV=n4BzRe_{max}\sin\ (\pi/z)$，得

$$e_{max}=\frac{q_A}{4nBzR\sin\frac{\pi}{z}}=\frac{20\times10^3}{4\times1000\times2.4\times9\times2.63\times\sin\frac{180°}{9}}cm=0.257cm$$

3）因压力为最高限定压力 $p_c$ 时弹簧的压缩量为（$x_0+e_{max}$），所以 $p_cA=K\ (x_0+e_{max})$，于是

$$p_c=\frac{K\ (x_0+e_{max})}{A}=\frac{4\times10^3\times\ (0.005+0.00257)}{10\times10^{-6}}Pa=3.0\times10^6Pa=3MPa$$

4）泵的最大输出功率发生在 $p=2MPa$ 时，有

$$P_{max}=pq=2\times10^6\times\frac{19\times10^{-3}}{60}W=0.633\times10^3W=0.633kW$$

**例 2-9**　有一齿轮泵，已知齿顶圆直径 $D_e=48mm$，齿宽 $B=24mm$，齿数 $z=13$。若最大工作压力 $p=10MPa$，电动机转速 $n=980r/min$，泵的容积效率 $\eta_V=0.9$，总效率 $\eta=0.8$，求电动机功率。

**解：** 因齿数 $z=13$，齿轮为正移距修正齿轮，且节圆直径 $D=\ (z+1)\ m$，顶圆直径 $D_e=(z+3)\ m$。

将 $z=13$、$D_e=48mm$ 代入，得模数 $m=3mm$。于是，泵的排量

$$V=2\pi zm^2B=2\times3.14\times13\times3^2\times24mm^3/r=17.6\times10^3mm^3/r=17.6mL/r$$

泵的实际流量　$q=nV\eta_V=980\times17.6\times10^{-3}\times0.9L/min=15.52L/min$

电动机功率　$P=\dfrac{pq}{\eta}=\dfrac{10\times10^6\times15.52\times10^{-3}}{60\times0.8}W=3.23kW$

**例 2-10**　有一齿轮泵，在齿轮两侧端面间隙 $s_{11}=s_{21}=0.04mm$，转速 $n=1000r/min$，工作压力 $p=2.5MPa$ 时输出的流量 $q=20L/min$，容积效率 $\eta_{V1}=0.9$。工作一段时间后，端面间隙因磨损分别增大为 $s_{12}=0.042mm$，$s_{22}=0.048mm$，其他间隙不变。若泵的工作压力和转速不变，求此时的容积效率（提示：$s_{11}=s_{21}=0.04mm$ 时端面间隙泄漏占总泄漏量的85%）。

**解：** 磨损前总泄漏量　$\Delta q_1=\dfrac{q}{\eta_{V1}}-q=\left(\dfrac{20}{0.9}-20\right)L/min=2.22L/min$

其中，端面间隙泄漏量　$\Delta q_{11}=0.85\Delta q_1=0.85\times2.22L/min=1.89L/min$

其他泄漏量　$\Delta q_{21}=\Delta q_1-\Delta q_{11}=(2.22-1.89)L/min=0.33L/min$

理论流量　$q_1=q+\Delta q_1=(20+2.22)L/min=22.22L/min$

磨损后仅端面间隙变化，其他条件不变，其他泄漏量 $\Delta q_{22}=\Delta q_{21}$；端面间隙泄漏量为

$$\Delta q_{12}=\Delta q_{11}\frac{s_{12}^3+s_{22}^3}{s_{11}^3+s_{21}^3}=1.89\times\frac{0.042^3+0.048^3}{2\times0.04^3}\mathrm{L/min}=2.73\mathrm{L/min}$$

因此，总泄漏量 $\Delta q_2=\Delta q_{22}+\Delta q_{12}=(0.33+2.73)\mathrm{L/min}=3.06\mathrm{L/min}$

容积效率 $$\eta_{V2}=\frac{q_1-\Delta q_2}{q_t}=\frac{22.22-3.06}{22.22}=0.862$$

**例 2-11**　现场安装齿轮泵，若泵上无旋转方向指示，应如何确定主轴的转向？安装试车时应注意什么？

**解**：由于齿轮泵的吸油腔（口）吸满油液后，随着齿轮旋转，油液被带到压油腔（口），因此只需判断出泵的吸、压油口，即可由吸、压油口确定泵轴的转向。判断齿轮泵的吸、压油口的方法如下：

1）若泵的两个油口一大一小，则大的为吸油口，小的为压油口。

2）若泵的两个油口大小一样，且泵盖上还有一个小油口，则此小油口为泵的外泄漏油口。这种结构的泵可以双向旋转，即可根据转向需要确定吸、压油口。

3）若泵的两个油口大小一样，但泵盖上无外泄漏油口，则该泵为内泄漏结构，需拆泵查看哪个油口与轴承泄漏油腔相通，相通的油口即为吸油口，另一个为压油口。

确定了泵的进、出油口及转向，泵－电动机安装后，试车时应先起动电动机，看电动机的旋转方向是否与齿轮泵要求的转向相同。如不相同，将电动机的三相电源中任意两相互换即可。

## 三、习题

2-1　为什么液压泵正常工作时吸、压油腔要可靠隔开？若阀式配流的单柱塞泵中单向阀的钢球丢失，泵能否正常工作？若忘装柱塞中的弹簧，泵能否正常工作？

2-2　为什么液压泵必然存在容积损失？

2-3　什么是液压泵的困油现象？困油现象存在的充分必要条件是什么？

2-4　为什么液压泵的实际工作压力不宜比额定压力低很多？为什么液压泵在转速远低于额定转速下工作时，容积效率和总效率均较低？

2-5　为什么计算液压泵的容积效率时，要强调是同一转速下的实际流量与理论流量的比值？若已知的实际流量和理论流量对应的转速不同，如何计算容积效率？

2-6　为什么可以将液压泵出口压力为零时的流量视为理论流量？“转速增大时泵的流量成正比增大”的结论有限制条件吗？

2-7　若液压泵的额定压力 $p_s=32\mathrm{MPa}$，额定流量 $q_s=63\mathrm{L/min}$，额定转速 $n_s=980\mathrm{r/min}$，容积效率 $\eta_V=0.95$，总效率 $\eta=0.85$，求液压泵的理论流量和驱动电动机所需的功率。

2-8　已知泵的流量 $q=80\mathrm{L/min}$，油液黏度 $\nu=30\times10^{-6}\mathrm{m^2/s}$，油液密度 $\rho=900\mathrm{kg/m^3}$，吸油管长 $L=1\mathrm{m}$。当吸油管内径选为 $d=16\mathrm{mm}$ 时，液压泵无法吸油，请分析原因。

2-9　某液压泵排量 $V=50\mathrm{cm^3/r}$，其总泄漏量 $\Delta q$ 与工作压力成正比，即 $\Delta q=cp$，其中 $c=29\times10^{-5}\mathrm{cm^3/(Pa\cdot min)}$，泵的转速 $n=1450\mathrm{r/min}$。

1）试分别计算 $p=0\text{MPa}$、$2.5\text{MPa}$、$5\text{MPa}$、$7.5\text{MPa}$、$10\text{MPa}$ 时泵的实际流量和容积效率，并绘出容积效率曲线。

2）若泵的摩擦阻力转矩 $\Delta T=2\text{N}\cdot\text{m}$，且与工作压力无关，试计算上述几种压力下的总效率，并绘出总效率曲线。

3）当用电动机驱动时，试计算驱动电动机的功率。

2-10　简述配流轴式径向柱塞泵的结构特点。

2-11　负载敏感变量径向柱塞泵是如何变量的？为什么又称为功率自适应变量泵？

2-12　轴向柱塞泵中有哪三对运动摩擦副？是哪对摩擦副的相对运动使密闭工作容积的大小发生变化完成吸、排油的？

2-13　简单推导轴向柱塞泵的排量公式 $V=\frac{\pi d^2}{4}Dz\tan\alpha$。

2-14　为简化工艺、降低成本，轴向柱塞泵一般将两个进出油口设计得一样大，使用时如何判断哪个是吸油口，哪个是压油口？

2-15　绘简图证明轴向柱塞泵的排量与变量活塞的行程成正比。

2-16　手动变量轴向柱塞泵是如何实现双向变量的？

2-17　斜轴式轴向柱塞泵与斜盘式轴向柱塞泵在结构及工作原理上有何异同？

2-18　恒功率变量泵的输出流量与出口压力有什么关系？绘出泵的流量－压力曲线。

2-19　双作用叶片泵有哪三对运动摩擦副？它们是如何改变密闭工作容积的大小来完成吸、排油的？

2-20　双作用叶片泵的定子内环由哪些曲线段组成？在泵工作时，它们各起什么作用？

2-21　为什么又称双作用叶片泵为卸荷式或平衡式叶片泵？

2-22　已知双作用叶片泵的结构尺寸为：定子圆弧段大半径 $R=33.5\text{mm}$，小半径 $r=29\text{mm}$，叶片厚度 $s=2.25\text{mm}$，叶片宽度 $B=21\text{mm}$，叶片槽相对于径向的倾斜角 $\theta=13°$，叶片数 $z=12$。若转速 $n=950\text{r/min}$，工作压力 $p=6.3\text{MPa}$，容积效率 $\eta_V=0.85$，总效率 $\eta=0.75$，试求：

1）泵的理论流量和实际流量。

2）泵所需的驱动功率。

2-23　为什么叶片泵的叶片槽根部必须通油？双作用叶片泵与单作用叶片泵的通油方式有何不同？

2-24　双作用叶片泵的叶片槽根部全部通压力油后对泵性能的哪三方面造成影响？如何影响？

2-25　为什么双作用叶片泵配流盘的配流窗口前端开有三角槽？说明三角槽的作用。

2-26　为什么双作用叶片泵的叶片数为偶数，而单作用叶片泵的叶片数为奇数？

2-27　为什么现在的双作用叶片泵转子叶片槽顺着旋转方向相对于径向向前倾斜13°？为什么又有人认为无此必要？

2-28　如何判断双作用叶片泵转子的旋转方向？装配时如何确定转子、左、右配流盘与泵前、后盖之间的关系？

2-29　单作用叶片泵是如何实现变量的？限压式变量叶片泵能否实现双向变量？

2-30　为什么计算单作用叶片泵的平均理论流量时可以不考虑叶片厚度的影响？

2-31　有一台单作用叶片泵，转子半径 $r=41.5\text{mm}$，定子半径 $R=44.5\text{mm}$，叶片宽度 $B=30\text{mm}$，定子与转子之间的最小间隙 $\delta=0.5\text{mm}$，试求：

1）排量 $V=16\text{cm}^3/\text{r}$ 时定子相对于转子的偏心量。

2）泵的最大排量（提示：定子相对于转子的最大偏心量 $e_{\max}=R-r-\delta$）。

2-32　绘出限压式变量叶片泵的压力－流量曲线 $ABC$。若调节最大流量调节螺钉，曲线如何变化？若调节压力调节螺钉改变弹簧预压缩量，曲线如何变化？若改变压力调节弹簧的刚度，曲线如何变化？

2-33　为限压式变量叶片泵选配电机时，应根据什么工况计算？何时需要的电动机功率最大？

2-34　齿轮泵有哪三对运动摩擦副？是哪对摩擦副使密闭工作容积的大小发生变化完成吸、排油的？

2-35　为什么外啮合齿轮泵的齿轮多为修正齿轮？如何修正？

2-36　为什么齿轮泵的瞬时理论流量一定是波动的？

2-37　齿轮泵有哪些泄漏途径？泄漏量与间隙大小及间隙前后压差的关系分别是怎样的？

2-38　齿轮泵实现端面间隙补偿的实质是什么？

2-39　齿轮泵产生液压径向力的根源是什么？为什么采取平衡液压径向力措施后必然会导致径向间隙泄漏的增加？

2-40　为什么齿轮泵必然存在困油现象？如何消除困油现象的危害？

2-41　有一齿轮泵，齿轮正确安装时与前后泵盖之间的端面间隙 $s_1=s_2=s_0$，额定压力下的端面间隙泄漏量为 $\Delta q_0$。安装时齿轮往一边偏移，$s_1=0.5s_0$，$s_2=1.5s_0$，问额定压力下的泄漏量为多少？

2-42　与外啮合齿轮泵相比，内啮合齿轮泵有何优点？

2-43　简述螺杆泵的工作原理及其特点。

# 第三章

# 液压马达与液压缸

## 一、学习要点

1）液压马达是将液体的压力能（$p$、$q$）转换为旋转的机械能（$T$、$\omega$）输出的装置。与液压泵一样，也是依靠工作腔密闭容积的变化工作的。从能量转换的观点看，液压马达与液压泵具有可逆性，但因两者的工作状态不同，液压马达与液压泵在结构上又有所差异。

液压马达按其结构类型分为齿轮马达、双作用叶片马达、轴向柱塞马达和径向柱塞马达。前三类为高速马达（$n_s > 500$r/min），第四类为低速马达（$n_s < 500$r/min）。高速液压马达的结构与同类液压泵基本相同，只是作马达用时要求正反转，要求起动前能形成可靠的密封容积。为保证正反转均有良好的工作性能，马达要求结构上具有对称性，如进出油口一般大、泄漏油单独外引、叶片径向放置等；为保证起动前能形成可靠的密闭容积，双作用叶片马达的叶片根部装有燕式弹簧等。低速径向柱塞液压马达的结构具有特殊性，有单作用曲柄连杆型和多作用内曲线型。

2）液压马达的性能参数与液压泵类似，但要注意，液压马达的容积效率与液压泵的容积效率定义不同，它是理论流量与实际流量的比值，即为得到一定的转速，其实际输入流量大于理论输入流量。

考虑到液压马达的泄漏主要与马达的进出口压差有关，因此常引进泄漏系数 $\lambda_M$ 的概念，泄漏系数 $\lambda_M$ 的单位为 mL/(Pa · s)。

3）在低速大转矩液压马达中，单作用曲轴连杆型径向柱塞马达的排量 $V = \frac{1}{2}\pi d^2 ez$，其中 $d$ 为柱塞直径，$e$ 为曲轴偏心距，柱塞数一般为 $z = 5$，配流方式为轴配流，可以是曲轴固定、壳体旋转，也可以是壳体固定、曲轴旋转，最低稳定转速可达 3r/min。多作用内曲线径向柱塞马达的排量 $V = \frac{\pi d^2}{4} sxyz$，其中 $d$ 为柱塞直径，$s$ 为柱塞行程，$x$ 为作用次数，$y$ 为柱塞排数，$z$ 为每排柱塞数。为保证作用在导轨与配流轴上的液压径向力平衡，应使 $x$ 与 $z$ 之间存在一个大于 1 小于 $z$ 的最大公约数 $m$；然后通过合理设计导轨曲面，还可使多作用内曲线马达输出转矩均匀，最低稳定转速为 1r/min。

4）与液压马达不同，液压缸输出的机械能为力和速度，其速度 - 推力特性为：输出的推力与液压缸的有效作用面积及工作压力成正比，输出的速度与输入的流量成正比、与作用面积成反比。由于液压缸一般采用密封圈密封，泄漏小，容积效率接近 100%；此外活塞直线运动速度不高，摩擦小，机械效率也接近 100%。

5）液压缸按结构形式分为活塞式和柱塞式。活塞式液压缸适用于双向运动，且负载力与活塞轴线重合、无径向力的场合。活塞式液压缸又分为单活塞杆缸和双活塞杆缸。单活塞杆液压缸一般用于一个方向前进工作、另一方向快速退回（无杆腔进油工作，有杆腔进油退回）的情况下；双活塞杆液压缸用于双向工作，且两个方向输出的力和速度相等的情况下。在安装形式上，液压缸可以是缸筒固定、活塞杆移动，也可以是活塞杆固定、缸筒移动。要注意双活塞杆液压缸的安装形式不同时，工作台移动的范围不同，占地面积也不同。

柱塞式液压缸因为柱塞与缸筒无配合要求，缸筒内孔不需要精加工，因此适用于行程较长且有一定径向力的场合。然而单个柱塞式液压缸只能单向运动，反向则需依靠外力。

6）如果将单活塞杆液压缸的无杆腔与有杆腔同时通过压力油，则构成差动连接。此时因两腔存在面积差，油液将推动活塞向前运动，有杆腔的排油 $q'$ 与泵的来油 $q_p$ 汇合进入无杆腔，因此进入无杆腔的流量增大为（$q_p+q'$），活塞前进速度 $v_3=4q_p/(\pi d^2)$，较非差动连接时活塞的前进速度 $v_1=4q_p/(\pi D^2)$ 增大。由于活塞后退速度 $v_2=4q_p/[\pi(D^2-d^2)]$，若要求 $v_3=v_2$，则需使 $D=\sqrt{2}d$。差动连接的液压缸在泵的流量一定的情况下，可以使活塞的前进运动增速，因此被广泛应用于液压系统，特别是机床液压系统。

7）复合式液压缸如伸缩缸、增速缸、增压缸等为特定场合选用，其速度－推力特性应具体分析。

8）摆动式液压缸的工作原理与特性同液压马达，所不同的是主轴旋转的角度小于360°，主要用于送料、转位等辅助运动。

## 二、例题

**例 3-1** 某减速器要求液压马达的实际输出转矩 $T=52.5\text{N}\cdot\text{m}$，转速 $n=30\text{r/min}$，马达回油腔压力为零。设液压马达的排量 $V_M=12.5\text{cm}^3/\text{r}$，液压马达的容积效率 $\eta_{MV}=0.9$，机械效率 $\eta_{Mm}=0.9$，求所需要的流量和压力各为多少。

**解：** 1）由马达的转矩公式 $$T_M=\frac{\Delta pV_M}{2\pi}\eta_{Mm}$$

得马达的进出口压差 $$\Delta p=\frac{2\pi T_M}{V_M\eta_{Mm}}=\frac{2\times3.14\times52.5}{12.5\times10^{-6}\times0.9}\text{Pa}=29.3\times10^6\text{Pa}$$

当马达回油腔压力为零时，马达的进口压力为 $29.3\times10^6\text{Pa}$。

2）由马达的转速公式 $n_M=\dfrac{q_M\eta_{MV}}{V_M}$

得马达需要的流量 $$q_M=\frac{n_MV_M}{\eta_{MV}}=\frac{30\times12.5\times10^{-3}}{0.9}\text{L/min}=0.417\text{L/min}$$

**例 3-2** 某液压马达排量为 $V_M=70\text{mL/r}$，供油压力 $p=10\text{MPa}$，输入流量 $q=100\text{L/min}$，液压马达的容积效率 $\eta_{MV}=0.92$，机械效率 $\eta_{Mm}=0.94$，液压马达回油背压为 0.2MPa，试求：

1）液压马达的输出转矩。

2）液压马达的转速。

**解：** 1）液压马达的输出转矩

$$T_M = \frac{\Delta p V_M}{2\pi}\eta_{Mm} = \frac{(10-0.2)\times 10^6 \times 70\times 10^{-6}}{2\times 3.14}\times 0.94\text{N}\cdot\text{m} = 102.7\text{N}\cdot\text{m}$$

2）液压马达的转速

$$n = \frac{q\eta_{MV}}{V_M} = \frac{100\times 0.92}{70\times 10^{-3}}\text{r/min} = 1314\text{r/min}$$

**例 3-3**　外啮合齿轮马达的排量 $V_M = 10\text{mL/r}$，额定工作压力为 $p_s = 6\text{MPa}$，额定流量 $q_s = 0.4\times 10^{-3}\text{m}^3/\text{s}$，总效率 $\eta_M = 0.75$。若回油腔压力为零，试求额定工况下的理论转矩、理论转速和实际输出功率。

**解：** 1）理论转矩

$$T_M = \frac{\Delta p V_M}{2\pi} = \frac{6\times 10^6\times 10\times 10^{-6}}{2\times 3.14}\text{N}\cdot\text{m} = 9.55\text{N}\cdot\text{m}$$

2）理论转速

$$n_{Mt} = \frac{q_M}{V_M} = \frac{0.4\times 10^{-3}}{10\times 10^{-6}}\text{r/s} = 40\text{r/s}$$

3）实际输出功率

$$P = T_{Mt}\times 2\pi n_{Mt}\eta_M = 9.55\times 2\times 3.14\times 40\times 0.75\text{kW} = 1.8\text{kW}$$

**例 3-4**　双作用叶片马达当输入流量为 $1\times 10^{-3}\text{m}^3/\text{s}$ 时输出转矩 $T_M = 45\text{N}\cdot\text{m}$，输出功率 $P_{Mo} = 4.8\text{kW}$。设其出口压力为零，机械效率 $\eta_{Mm} = 0.85$，容积效率 $\eta_{MV} = 0.9$，叶片数 $z = 12$，叶片厚度 $s = 2.5\text{mm}$，定子圆弧长半径 $R = 38\text{mm}$，短半径 $r = 34\text{mm}$，试求：

1）工作压力 $p$。

2）输出转速 $n_M$。

3）几何排量 $V_M$。

4）叶片宽度 $B$。

**解：** 1）马达的输入功率　$P_{Mi} = pq_M$

而输出功率　$P_{Mo} = P_{Mi}\eta_{MV}\eta_{Mm}$

于是可得工作压力

$$p = \frac{P_{Mo}}{q_M\eta_{MV}\eta_{Mm}} = \frac{4.8\times 10^3}{1\times 10^{-3}\times 0.9\times 0.85}\text{Pa} = 6.27\times 10^6\text{Pa}$$

2）由马达输出功率　$P_{Mo} = T_M 2\pi n_M$

求得

$$n_M = \frac{P_{Mo}}{2\pi T_M} = \frac{4.8\times 10^3}{2\times 3.14\times 45}\text{r/s} = 17\text{r/s} = 1019\text{r/min}$$

3）由

$$q_M = \frac{n_M V_M}{\eta_{MV}}$$

求得

$$V_M = \frac{q_M\eta_{MV}}{n_M} = \frac{1\times 10^{-3}\times 0.9}{17}\text{m}^3/\text{r} = 53\times 10^{-6}\text{m}^3/\text{r} = 53\text{mL/r}$$

4）由叶片马达的排量公式　$V_M = 2\pi B(R^2 - r^2) - 2zBs(R-r)$

求得

$$B = V_M/[2\pi(R^2 - r^2) - 2zs(R - r)]$$
$$= 53/[2\times3.14\times(3.8^2 - 3.4^2) - 2\times12\times0.25\times(3.8 - 3.4)]\text{cm} = 3.38\text{cm}$$

**例 3-5**　某斜轴式轴向柱塞马达为恒功率变量，当输出转矩 $T_M$ 随负载增大时，转速 $n_M$ 自动降低，以保证输出功率 $P_{Mo} = 2\pi n_M T_M = \text{const}$。已知其结构参数如下：柱塞数 $z = 9$，缸体最大摆角 $\gamma_{max} = 25°$，柱塞直径 $d = 30\text{mm}$，柱塞分布圆直径 $D = 120\text{mm}$，容积效率 $\eta_{MV} = 0.94$，机械效率 $\eta_{Mm} = 0.95$，转速范围 $n_M = 1000 \sim 2000\text{r/min}$。若马达输出功率 $P_{Mo} = 9\times10^4\text{W} = \text{const}$，设马达回油压力为零，试确定马达在转矩最大时的最大工作压力 $p_{max}$。

**解**：根据已知参数计算马达最大排量

$$V_{Mmax} = \frac{\pi d^2}{4}Dz\tan\gamma_{max} = \frac{3.14\times0.03^2}{4}\times0.12\times9\times\tan25°\text{m}^3/\text{r} = 0.356\times10^{-3}\text{m}^3/\text{r}$$

计算马达输出转矩的范围

$$T_{Mmax} = \frac{P_{Mo}}{\omega_{Mmin}} = \frac{9\times10^4\times60}{2\times3.14\times1000}\text{N}\cdot\text{m} = 860\text{N}\cdot\text{m}$$

$$T_{Mmin} = \frac{P_{Mo}}{\omega_{Mmax}} = \frac{9\times10^4\times60}{2\times3.14\times2000}\text{N}\cdot\text{m} = 430\text{N}\cdot\text{m}$$

然后由 $P_{Mo} = p_M q_M \eta_{MV} \eta_{Mm} = \text{const}$ 知，在输入马达的流量 $q_M$ 一定时马达进口工作压力 $p_M = \text{const}$，而

$$q_M = \frac{n_{Mmin}V_{Mmax}}{\eta_{MV}} = \frac{1000\times0.356\times10^{-3}}{60\times0.94}\text{m}^3/\text{s} = 6.3\times10^{-3}\text{m}^3/\text{s} = 378\text{L/min}$$

所以

$$p_{Mmax} = \frac{P_{Mo}}{q_M\eta_{MV}\eta_{Mm}} = \frac{9\times10^4}{6.3\times10^{-3}\times0.94\times0.95}\text{Pa} = 16\times10^6\text{Pa}$$

**例 3-6**　已知多作用内曲线径向柱塞马达的柱塞数 $z = 10$，作用次数 $x = 6$，柱塞排数 $y = 1$，柱塞直径 $d = 32\text{mm}$，排量 $V_M = 0.964\times10^{-3}\text{m}^3/\text{r}$。假定额定工作压力 $p_M = 25\text{MPa}$，回油背压为零，容积效率 $\eta_{MV} = 0.91$，机械效率 $\eta_{Mm} = 0.9$，求：

1）柱塞行程 $s$。

2）额定压力下的输出转矩 $T_M$。

3）额定压力下转速 $n = 100\text{r/min}$ 时的输出功率 $P_{Mo}$ 及输入马达的流量 $q_M$。

**解**：1）由马达排量公式 $V_M = \frac{\pi d^2}{4}sxyz$ 求得柱塞行程

$$s = \frac{4V_M}{\pi d^2 xyz} = \frac{4\times0.964\times10^{-3}}{3.14\times0.032^2\times6\times1\times10}\text{m} = 20\times10^{-3}\text{m}$$

2）额定压力下的输出转矩

$$T_M = \frac{p_M V_M}{2\pi}\eta_{Mm} = \frac{25\times10^6\times0.964\times10^{-3}}{2\times3.14}\times0.9\text{N}\cdot\text{m} = 3454\text{N}\cdot\text{m}$$

3）$n = 100\text{r/min}$ 时输入马达的流量 $q_M$ 及输出功率 $P_{Mo}$

$$q_M = \frac{n_M V_M}{\eta_{MV}} = \frac{100\times0.964\times10^{-3}}{60\times0.91}\text{m}^3/\text{s} = 1.766\times10^{-3}\text{m}^3/\text{s} = 106\text{L/min}$$

$$P_{Mo}=T_M\omega_M=3454\times2\times3.14\times100/60\text{W}=36.15\times10^3\text{W}=36.15\text{kW}$$

**例3-7** 试分析为什么多作用内曲线径向柱塞马达的柱塞数 $z$ 既不能等于作用次数 $x$，又不能等于 $2x$。

**解：** 当多作用内曲线径向柱塞马达的柱塞数 $z$ 与作用次数 $x$（导轨曲面数）之间存在一个大于1的最大公约数 $m$ 时，经过分析不难看出有 $m$ 个柱塞位于导轨曲面的同一相位（距离下止点的相位角相同），处于同一工况。因此，柱塞所受的液动力、导轨曲面反力相等，且合力为零，不会对导轨曲面、缸体产生不平衡的液压径向力，这是多作用内曲线径向柱塞马达的一个很显著的优点。但若 $x$ 与 $z$ 相等，即 $m=x=z$，则所有的柱塞任何时候在导轨曲面上均处于同一相位，它们要么同时进油，要么同时排油，这将导致输入转矩不连续。而当所有柱塞静止停留在上或下止点时，由于与进、排油口不通，马达将无法起动，不能工作。所以 $z$ 不能等于 $x$。当 $z=2x$ 时，虽然 $z/2$ 个柱塞位于进油区时，另外 $z/2$ 个柱塞位于排油区，马达可以连续工作；但若马达静止时，正好 $z/2$ 个柱塞位于上止点，$z/2$ 个柱塞位于下止点，全部柱塞不通进、排油口，则马达将无法起动。因此，$z$ 也不能等于 $2x$。

**例3-8** 在图3-1中，已知液压缸活塞直径 $D=100\text{mm}$，活塞杆直径 $d=70\text{mm}$，进入液压缸的油液流量 $q=4\times10^3\text{m}^3/\text{s}$，进油压力 $p_1=2\text{MPa}$，回油背压 $p_2=0.2\text{MPa}$，试计算图3-1a、b、c三种情况下的运动速度大小、方向及最大推力。

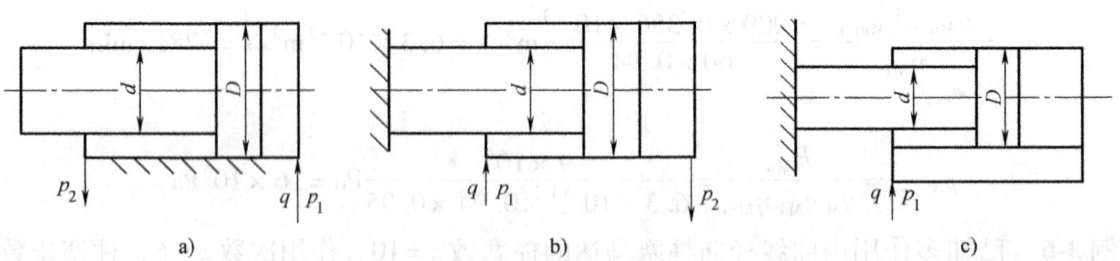


图3-1 例3-8图

**解：** 由已知条件知液压缸的大腔（无杆腔）和小腔（有杆腔）的面积分别为

$$A_1=\frac{\pi D^2}{4}=\frac{3.14\times0.1^2}{4}\text{m}^2=0.785\times10^{-2}\text{m}^2$$

$$A_2=\frac{\pi(D^2-d^2)}{4}=\frac{3.14\times(0.1^2-0.07^2)}{4}\text{m}^2=0.4\times10^{-2}\text{m}^2$$

1）图3-1a为缸筒固定，因大腔进油、小腔排油，故活塞向左运动。

运动速度 $$v_1=\frac{q}{A_1}=\frac{4\times10^{-3}}{0.785\times10^{-2}}\text{m/s}=0.51\text{m/s}$$

最大推力

$$F_{1\max}=p_1A_1-p_2A_2=(2\times10^6\times0.785\times10^{-2}-0.2\times10^6\times0.4\times10^{-2})\text{N}=1.49\times10^4\text{N}$$

2）图3-1b为活塞杆固定，因小腔进油、大腔排油，故缸筒向左运动。

运动速度 $$v_2=\frac{q}{A_2}=\frac{4\times10^{-3}}{0.4\times10^{-2}}\text{m/s}=1\text{m/s}$$

最大推力

$$F_{2\max}=p_1A_2-p_2A_1=(2\times10^6\times0.4\times10^{-2}-0.2\times10^6\times0.785\times10^{-2})\text{N}=0.643\times10^4\text{N}$$

3）图 3-1c 为活塞杆固定，两腔差动连接，故缸筒向右运动。

运动速度 $$v_3=\frac{q}{A_1-A_2}=\frac{4\times10^{-3}}{0.785\times10^{-2}-0.4\times10^{-2}}\text{m/s}=1.04\text{m/s}$$

最大推力

$$F_{3\max}=p_1(A_1-A_2)=2\times10^6\times(0.785\times10^{-2}-0.4\times10^{-2})\text{N}=0.77\times10^4\text{N}$$

**例 3-9**　在图 3-2 中，两串联双活塞杆液压缸的有效作用面积 $A_1=50\text{cm}^2$，$A_2=20\text{cm}^2$，液压泵的流量 $q_p=0.05\times10^{-3}\text{m}^3/\text{s}$，负载 $W_1=5000\text{N}$，$W_2=4000\text{N}$，不计损失，求两缸的工作压力 $p_1$、$p_2$ 及两活塞的运动速度 $v_1$、$v_2$。

**解**：1）因液压泵的流量 $q_p$ 全都进入缸 1，所以缸 1 活塞的运动速度

$$v_1=\frac{q_p}{A_1}=\frac{0.05\times10^{-3}}{50\times10^{-4}}\text{m/s}=0.01\text{m/s}$$

而缸 1 是双活塞杆缸，排出的流量也为 $q_p$ 且全部进入缸 2，故缸 2 活塞的运动速度

$$v_2=\frac{q_p}{A_2}=\frac{0.05\times10^{-3}}{20\times10^{-4}}\text{m/s}=0.025\text{m/s}$$

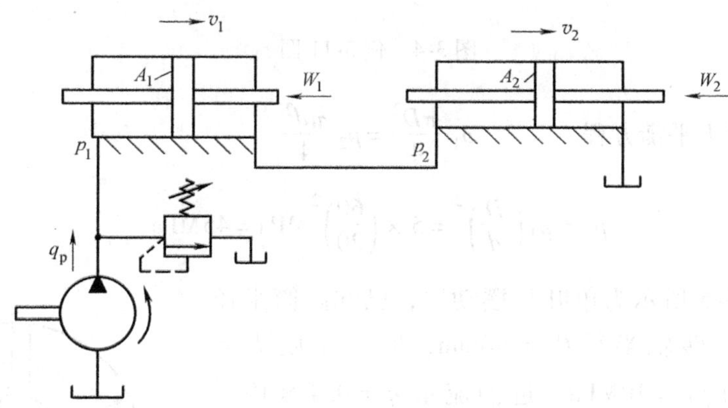


图 3-2　例 3-9 图

2）缸 2 回油直接回油箱，因此活塞要推动负载 $W_2$，缸 2 的进口工作压力

$$p_2=\frac{W_2}{A_2}=\frac{4000}{20\times10^{-4}}\text{Pa}=2\times10^6\text{Pa}$$

$p_2$ 即缸 1 的排油压力，于是对缸 1 有

$$p_1A_1=p_2A_1+W_1$$

因此，缸 1 的进口工作压力

$$p_1=\frac{W_1+p_2A_1}{A_1}=\frac{5000+2\times10^6\times50\times10^{-4}}{50\times10^{-4}}\text{Pa}=3\times10^6\text{Pa}$$

**例 3-10**　图 3-3 所示的柱塞缸，柱塞固定，缸筒运动，压力油从空心柱塞中进入。已知进油压力 $p=2.5\text{MPa}$，进油流量 $q=0.5\times10^{-3}\text{m}^3/\text{s}$，柱塞外径 $d=200\text{mm}$，内径 $d_0=$

100mm，试求缸筒运动速度 $v$ 和产生的推力 $F$。

**解**：因缸筒内充满压力油时，有效作用面积

$$A=\frac{\pi d^2}{4}=3.14\times10^{-2}\text{m}^2$$

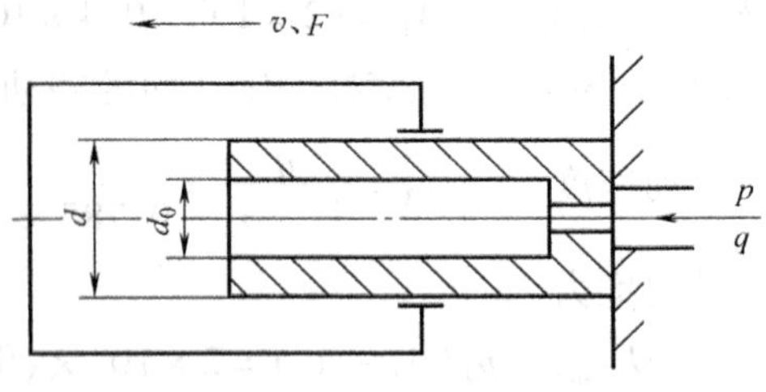

图 3-3　例 3-10 图

因此求得缸筒的运动速度

$$v=\frac{q}{A}=\frac{0.5\times10^{-3}}{3.14\times10^{-2}}\text{m/s}=0.016\text{m/s}$$

产生的推力

$$F=pA=2.5\times10^6\times3.14\times10^{-2}\text{N}=7.85\times10^4\text{N}$$

**例 3-11**　图 3-4 所示为增压缸，已知其活塞直径 $D=60$mm，活塞杆直径 $d=20$mm，输入压力 $p_1=5$MPa，求输出压力 $p_2$。

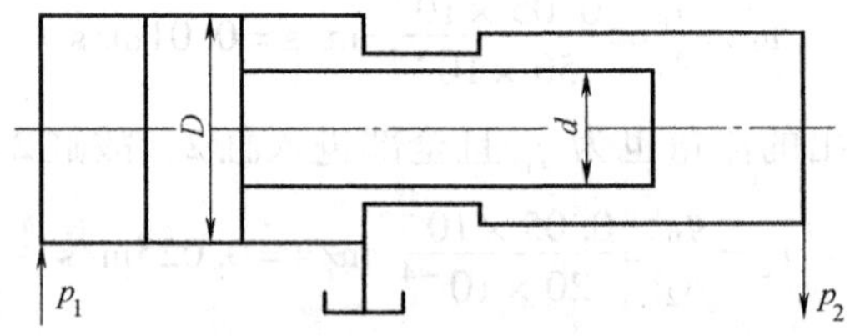

图 3-4　例 3-11 图

**解**：由活塞受力平衡方程　$p_1\dfrac{\pi D^2}{4}=p_2\dfrac{\pi d^2}{4}$

求得　$$p_2=p_1\left(\frac{D}{d}\right)^2=5\times\left(\frac{60}{20}\right)^2\text{MPa}=45\text{MPa}$$

**例 3-12**　图 3-5 所示为单叶片摆动缸，已知缸筒半径 $R_2=100$mm，叶片转轴半径 $R_1=40$mm，叶片宽度 $B=150$mm，进油压力 $p_1=10$MPa，进油流量 $q=0.4\times10^{-3}$ m$^3$/s，回油压力 $p_2=0.5$MPa，求：

1）输出轴的角速度 $\omega$。

2）输出转矩 $T$。

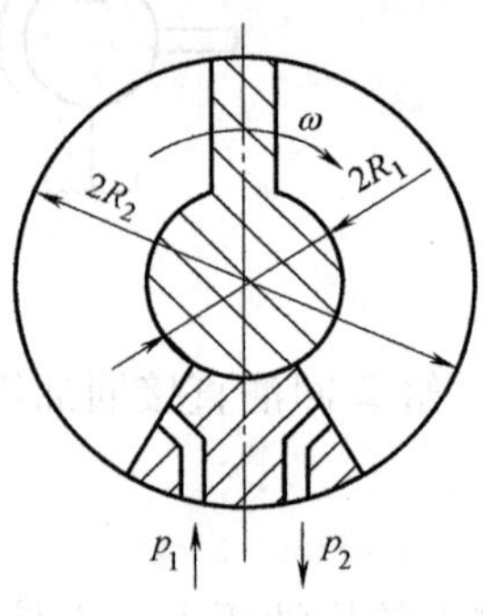

图 3-5　例 3-12 图

**解**：1）输出轴的角速度

$$\omega=\frac{2q}{B(R_2^2-R_1^2)}=\frac{2\times0.4\times10^{-3}}{0.15\times(0.1^2-0.04^2)}\text{rad/s}=0.635\text{rad/s}$$

2）输出转矩

$$T=\frac{B}{2}(R_2^2-R_1^2)(p_1-p_2)=\frac{0.15}{2}\times(0.1^2-0.04^2)\times(10\times10^6-0.5\times10^6)\text{N}\cdot\text{m}$$
$$=5985\text{N}\cdot\text{m}$$

## 三、习题

3-1 排量为 15.66mL/r 的液压马达进口压力为 17.5MPa，进口流量为 $0.2\times10^{-3}\mathrm{m}^3/\mathrm{s}$ 时输出转矩为 40N·m，输出转速为 12r/s，试求马达的总效率、容积效率和机械效率。假定液压马达的回油压力为零。

3-2 某液压马达的排量 $V_M=10\mathrm{cm}^3/\mathrm{r}$，供油压力 $p_1=10\mathrm{MPa}$，回油压力 $p_2=0.5\mathrm{MPa}$，进口流量 $q=0.2\times10^{-3}\mathrm{m}^3/\mathrm{s}$，其容积效率 $\eta_{MV}=0.9$，机械效率 $\eta_{Mm}=0.8$，求该马达的输出转矩、输出转速和实际输出功率。

3-3 某液压马达的排量 $V_M=10.2\times10^{-3}\mathrm{m}^3/\mathrm{r}$，进油压力 $p_1=10\mathrm{MPa}$，回油压力 $p_2=0$，总效率 $\eta_M=0.7$，容积效率 $\eta_{MV}=0.8$，求：

1）马达最大输出转矩 $T_{max}$。

2）当要求转速 $n=1\mathrm{r/s}$ 时，进口流量应为多少？

3-4 为什么说液压马达与液压泵具有可逆性？在使用时应注意什么问题？举例说明。

3-5 为什么双作用叶片马达的叶片根部要装燕式弹簧，而双作用叶片泵不用？

3-6 已知外啮合齿轮马达的齿数 $z=18$，模数 $m=4\mathrm{mm}$，齿宽 $B=60\mathrm{mm}$。若进口流量 $q=65\mathrm{L/min}$，进口压力 $p=21\mathrm{MPa}$，回油压力为零，试求马达的理论输出转矩和理论输出转速。

3-7 外啮合齿轮马达的排量 $V_M=18\mathrm{mL/r}$，进口压力 $p_1=7\mathrm{MPa}$，回油压力 $p_2=0.5\mathrm{MPa}$，进口流量 $q=0.7\times10^{-3}\mathrm{m}^3/\mathrm{s}$，总效率 $\eta_M=0.75$，容积效率 $\eta_{MV}=0.88$，试求：

1）输入功率与输出功率。

2）实际输出转矩与转速。

3-8 有一双作用液压马达，已知定子内环长半径 $R=38\mathrm{mm}$，短半径 $r=35\mathrm{mm}$，叶片宽度 $B=32\mathrm{mm}$，叶片厚度 $s=4.8\mathrm{mm}$，叶片数 $z=12$。当进出口压差 $\Delta p=7\mathrm{MPa}$，进口流量 $q=33\mathrm{L/min}$ 时，马达的输出转速 $n=900\mathrm{r/min}$，输出转矩 $T=207\mathrm{N\cdot m}$，求马达的容积效率、机械效率和总效率。

3-9 轴向柱塞液压马达的柱塞数 $z=9$，柱塞直径 $d=15\mathrm{mm}$，柱塞分布圆半径 $r=50\mathrm{mm}$，斜盘倾角 $\alpha=18°$，试求：

1）马达的排量。

2）当进出口压差为 10MPa 时，马达的理论输出转矩。

3-10 已知单作用连杆型径向柱塞马达的柱塞直径 $d=100\mathrm{mm}$，柱塞数 $z=5$，曲轴偏心距 $e=24\mathrm{mm}$，马达进出口压差 $\Delta p=16\mathrm{MPa}$。当输入流量 $q=100\mathrm{L/min}$ 时，输出转矩 $T=4500\mathrm{N\cdot m}$，输出转速 $n=48\mathrm{r/min}$，求马达的容积效率、机械效率和总效率。

3-11 已知内曲线径向柱塞马达的柱塞数 $z=10$，凸轮环导轨曲面数（作用次数）$x=6$。若柱塞 1 处于凸轮环第一个曲面的下止点，其余 9 个柱塞依次位于各个曲面的相应点。若将它们按各自所在曲面的相位角标注在第一个曲面上，可得到柱塞的叠加图。分析各个柱塞所处的工况（柱塞位于进油区段、排油区段还是止点），并计算叠加图上两相邻柱塞之间的幅角值 $\theta$。若缸体转过 $\theta$ 角，叠加图如何变化？

3-12 已知内曲线径向柱塞马达的柱塞数 $z=14$，作用次数 $x=8$，柱塞直径 $d=25\text{mm}$，柱塞行程 $s=16\text{mm}$，柱塞排数 $y=1$，其额定压力 $p=25\text{MPa}$，容积效率 $\eta_{MV}=0.9$，机械效率 $\eta_{Mm}=0.88$，进口流量 $q=25\text{L/min}$，出口压力为零，求马达的输出转矩和转速。

3-13 有一单活塞杆液压缸，已知缸筒内径 $D=125\text{mm}$，活塞杆直径 $d=90\text{mm}$；进油流量 $q=40\text{L/min}$，进油压力 $p_1=2.5\text{MPa}$，回油压力 $p_2=0$，试求：

1）当压力油从无杆腔进入、有杆腔回油时，活塞的运动速度 $v_1$ 及推力 $F_1$。

2）当压力油从有杆腔进入、无杆腔回油时，活塞的运动速度 $v_2$ 及推力 $F_2$。

3）若将其差动连接，活塞的运动速度 $v_3$ 及推力 $F_3$。

3-14 若要求某差动液压缸快进速度是快退速度的 3 倍，试确定活塞面积 $A_1$ 与活塞杆截面积 $A_3$ 之比。

3-15 求证单活塞杆液压缸差动连接时，差动快进速度 $v_3$ 等于快退速度 $v_2$ 的条件是活塞直径 $D$ 等于 $\sqrt{2}$ 倍的活塞杆直径 $d$。

3-16 已知单活塞杆液压缸活塞直径 $D=100\text{mm}$，活塞杆直径 $d=60\text{mm}$，液压缸差动连接，液压泵的输出流量 $q_p=100\text{L/min}$，工作压力 $p_p=0.5\text{MPa}$，不计损失，求活塞的往返速比及往返推力。

3-17 图 3-6 所示为两尺寸相同的单活塞杆液压缸串联。已知缸筒内径 $D=100\text{mm}$，活塞杆直径 $d=70\text{mm}$，进油流量 $q=0.5\times10^{-3}\text{m}^3/\text{s}$，进油压力 $p=5\text{MPa}$，两缸的工作负载 $F$ 大小相同，试求两活塞的运动速度 $v_1$、$v_2$ 及负载 $F$ 值。

3-18 图 3-7 所示为两尺寸相同的单活塞杆液压缸组成的并联回路，其无杆腔面积 $A_1=30\text{cm}^2$，负载分别为 $R_1=3000\text{N}$、$R_2=4200\text{N}$。若回路中液压泵的额定压力 $p_s=2.5\text{MPa}$，额定流量 $q_s=0.3\times10^{-3}\text{m}^3/\text{s}$，所有损失均忽略不计，试分析：

1）液压泵起动后哪个缸先动作？速度分别是多少？

2）各缸的输出功率和泵的最大输出功率。

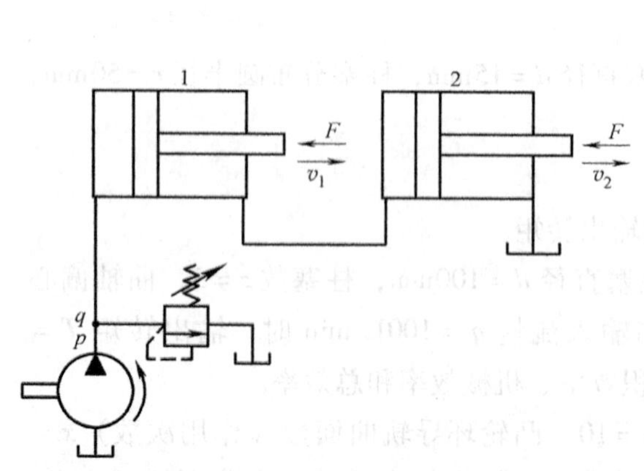

图 3-6 习题 3-17 图

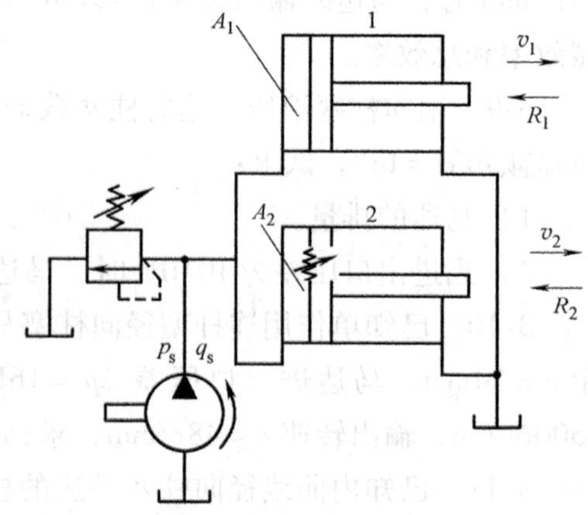

图 3-7 习题 3-18 图

3-19　若并联的两单活塞杆液压缸的无杆腔面积分别为 $A_1=100\text{cm}^2$，$A_2=40\text{cm}^2$，泵的供油流量 $q=0.8\times10^{-3}\text{m}^3/\text{s}$，供油压力 $p=2\text{MPa}$，所有损失忽略不计，试求：

1）液压缸可能产生的最大推力及最大速度。

2）液压缸输出的最大功率。

3-20　图 3-8 所示为两串联双活塞杆液压缸，缸 1 的进油接液压泵，排油接缸 2，缸 2 的排油直接回油箱。已知缸 1 和缸 2 的有效作用面积分别为 $A_1=50\text{cm}^2$、$A_2=20\text{cm}^2$，液压泵流量 $q_\text{p}=0.05\times10^{-3}\text{m}^3/\text{s}$，负载 $W_1=5000\text{N}$、$W_2=4000\text{N}$，不计损失，求两缸的工作压力 $p_1$、$p_2$ 及两活塞的运动速度 $v_1$、$v_2$。

3-21　图 3-9 所示的柱塞缸，缸筒和工作台连接在一起，自重共为 9800N，摩擦阻力为 1960N，$D=100\text{mm}$，$d=70\text{mm}$，$d_0=30\text{mm}$，工作台在 0.2s 时间内从静止加速到最大稳定速度 $v=7\text{m/min}$，试求起动液压缸时所需的最大流量及泵的供油压力。

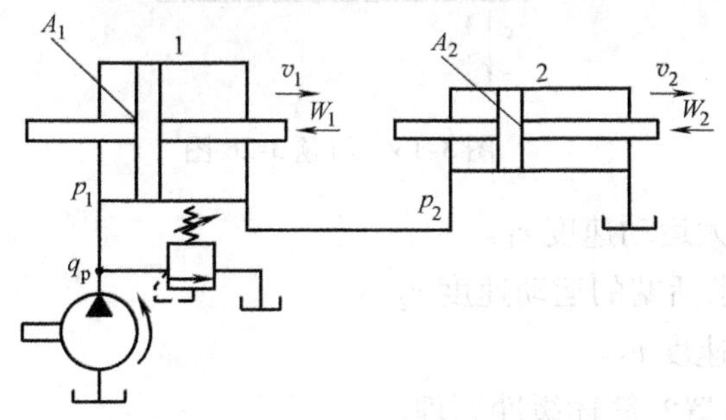

图 3-8　习题 3-20 图

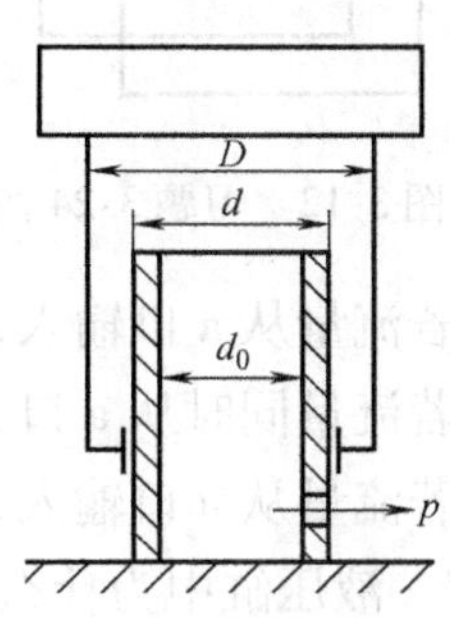

图 3-9　习题 3-21 图

3-22　在图 3-10 中，用一对柱塞缸实现工作台的左右往复运动，两柱塞的直径分别为 $d_1=120\text{mm}$，$d_2=100\text{mm}$。当供油流量 $q=10\text{L/min}$，供油压力 $p=2\text{MPa}$ 时，求：

1）两个方向运动时的速度 $v_1$、$v_2$ 和推力 $F_1$、$F_2$。

2）若液压泵同时向两个柱塞缸通压力油，工作台向哪个方向运动？其速度 $v_3$ 和推力 $F_3$ 又为多少？

3-23　图 3-11 所示液压缸 Ⅰ 的大端面积 $A_1=200\text{cm}^2$，小端面积 $A_2=50\text{cm}^2$，液压缸 Ⅱ 的无杆腔面积 $A_3=400\text{cm}^2$，输入缸 Ⅰ 的流量 $q=100\text{L/min}$，压力 $p=10\text{MPa}$，不计损失，求液压缸 Ⅱ 输出的力和速度。

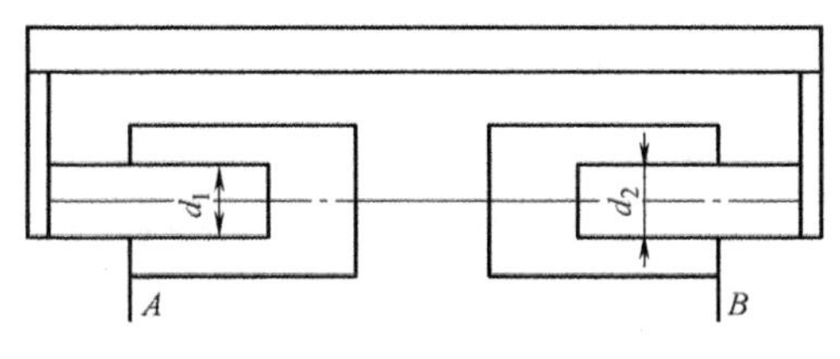

图 3-10　习题 3-22 图

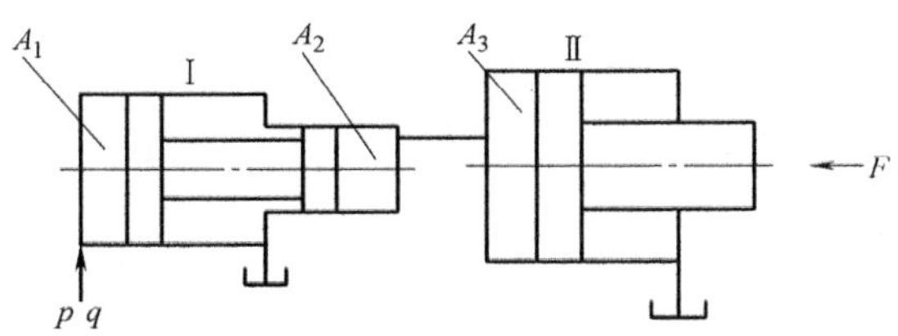

图 3-11　习题 3-23 图

3-24　图 3-12 所示为双叶片摆动液压缸，缸径 $D=200\text{mm}$，轴颈 $d=60\text{mm}$，叶片宽度

$B = 30\text{mm}$。当输入流量 $q = 100\text{L/min}$ 时，压力 $p = 10\text{MPa}$，回油接油箱，不计损失，试求输出转矩和转速。

3-25　有一单叶片摆动液压缸，缸体内径 $D = 200\text{mm}$，轴颈 $d = 80\text{mm}$，叶片宽度 $b = 10\text{mm}$。若负载转矩为 $600\text{N} \cdot \text{m}$，求输入油液的压力。

3-26　图 3-13 所示为增速缸，已知 $D = 200\text{mm}$，$d_1 = 150\text{mm}$，$d = 50\text{mm}$，泵的流量 $q = 25\text{L/min}$。

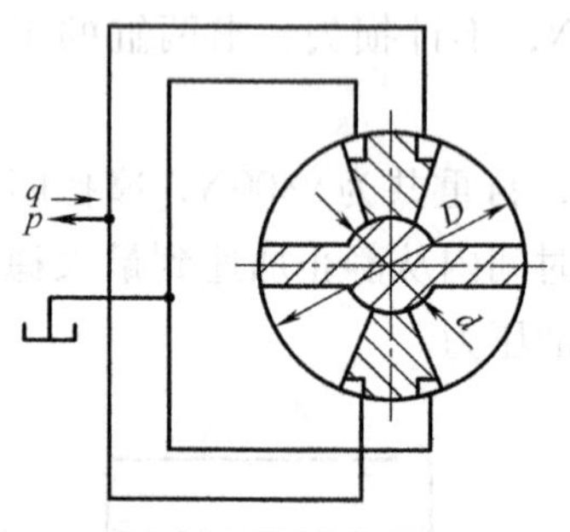

图 3-12　习题 3-24 图

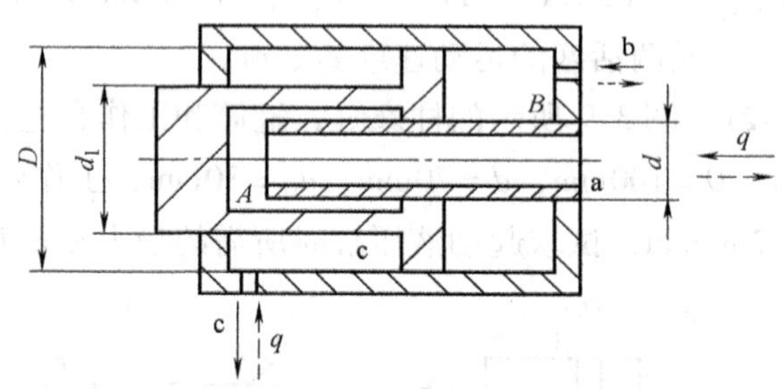

图 3-13　习题 3-26 图

1）若流量从 a 口输入，求活塞的最大运动速度 $v_1$。

2）若流量同时从 a 口、b 口输入，求活塞的运动速度 $v_2$。

3）若流量从 c 口输入，求活塞退回速度 $v_3$。

3-27　液压缸中为什么要设置缓冲装置？简述缓冲原理。

3-28　液压缸中为什么要设置排气装置？排气装置应如何安装才能保证效果？

3-29　已知齿条活塞液压缸的活塞直径 $D = 180\text{mm}$，齿轮分度圆直径 $D_1 = 120\text{mm}$，液压缸的机械效率 $\eta_m = 0.85$，容积效率 $\eta_V = 0.95$。当输入油液的流量 $q = 63\text{L/min}$，压力 $p = 2.5\text{MPa}$ 时，求传动轴的输出转矩 $T$ 和角速度 $\omega$。

# 第四章

# 液压控制阀

## 一、学习要点

### 1. 液压控制阀的原理与性能

液压控制阀作为液压系统的控制元件，用来控制液流的压力、流量及方向。由于其种类繁多，学习时应按其分类，搞清楚各类控制阀的工作原理，然后掌握其应用，在此基础上归纳总结，分析它们的性能。

液压控制阀的基本工作原理是利用阀芯在阀体内做相对运动时改变阀口的大小来实现控制，因此应重点掌握不同结构形式控制阀的压力流量特性方程及液动力表达式。

1）滑阀（图4-1）的压力流量特性方程

$$q = C_d \pi D x \sqrt{\frac{2}{\rho}(p_1 - p_2)} \tag{4-1}$$

滑阀的稳态液动力表达式

$$F_s = 2C_d \pi D x \cos\theta (p_1 - p_2) \tag{4-2}$$

式中 $D$——滑阀阀芯直径；

$x$——阀口开度；

$\theta$——阀口速度方向角，一般 $\theta=69°$；

$p_1$——阀的进口压力；

$p_2$——阀的出口压力；

$C_d$——阀口的流量系数；

$\pi Dx$——阀体为全圆周沉割槽时，阀口的过流面积。

2）锥阀（图4-2）的压力流量特性方程

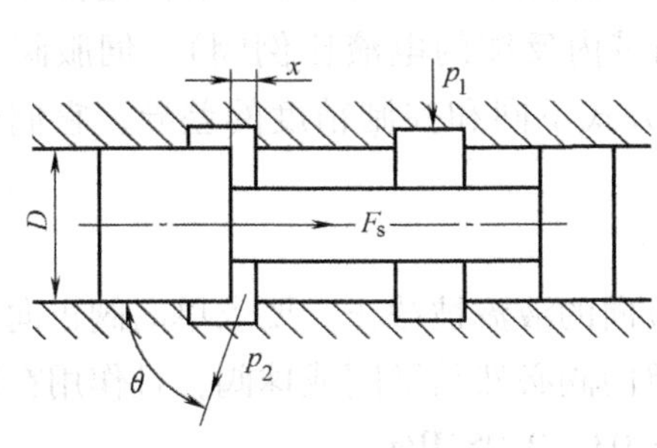


图4-1 滑阀

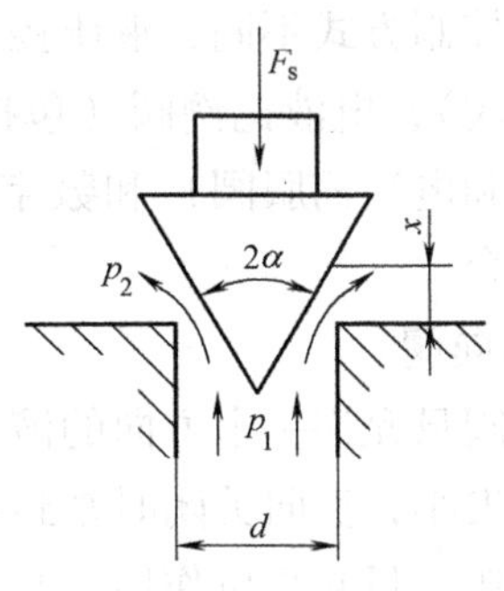


图4-2 锥阀

$$q = C_{\mathrm{d}} \pi d x \sin\alpha \sqrt{\frac{2}{\rho}(p_1 - p_2)} \tag{4-3}$$

锥阀的稳态液动力表达式

$$F_{\mathrm{s}} = C_{\mathrm{d}} \pi d x \sin 2\alpha (p_1 - p_2) \tag{4-4}$$

式中　$d$——锥阀阀座孔直径；

$x$——阀口开度；

$\alpha$——锥阀半锥角；

$p_1$——阀的进口压力；

$p_2$——阀的出口压力；

$C_{\mathrm{d}}$——阀口的流量系数；

$\pi d x \sin\alpha$——阀口过流面积。

3）滑阀与锥阀的特点：由于滑阀的阀芯与阀体孔之间为间隙密封，为减小间隙泄漏，除尽可能减小径向间隙外，还需要一定长度的密封，因此开启阀口时存在一个死区；而锥阀的阀口（阀芯锥面与阀座孔）为线密封，开启灵敏、无死区。但锥阀只能有一个进油口和一个出油口；而滑阀可以利用阀芯上多个台肩同时控制多个阀口，进出油口可以大于等于2，阀芯在阀体孔内的停留位置也可大于或等于2。

**2. 液压控制阀的类别**

根据用途不同，液压控制阀主要分为压力控制阀、流量控制阀和方向控制阀。

1）压力控制阀用来控制或调节液压系统中液流的压力，或利用压力实现控制，如溢流阀、减压阀、顺序阀，共同特点是通过阀芯实现被控压力与弹簧力（比例电磁铁吸力）等负载的比较，利用弹簧力（比例电磁铁吸力）易于调节的优点来实现压力控制。

2）流量控制阀用来控制或调节液压系统中液流的流量，如节流阀、调速阀、旁通型调速阀等，利用液阻的调节原理，在阀进出口压差一定时通过改变液阻（阀口）的大小实现流量的调节。

3）方向控制阀通过阀口的开启或关闭来控制和改变液压系统中液流的方向，如单向阀、液控单向阀、换向阀等。其中换向阀可以是滑阀式，也可以是锥阀式。滑阀式换向阀可以用一个阀芯实现多位多通（油口）控制；虽然锥阀式换向阀的一个锥阀单元只能实现两通，但多个锥阀单元可以组合在一起实现多位多通控制。

根据控制方式不同，液压控制阀又分为定值或开关式控制阀（包括普通控制阀、插装阀、叠加阀），电液比例阀（包括普通比例阀和带内反馈的电液比例阀），伺服阀（包括机液伺服阀和电液伺服阀）和数字阀。由于控制方式不同和控制精度的差异，它们用在不同的工作场合。

**3. 单向阀**

单向阀只允许一个方向的液流通过，另一方向的液流被截止。要求单向阀正向开启时液流压力损失小，反向关闭时密封性能好。因此单向阀必然是锥阀或球阀，且作用在阀芯上的弹簧力很弱，只起复位作用，其开启压力仅为0.03～0.05MPa。

液控单向阀应关注控制油的通油和泄油方式，使用时尤其要注意控制压力油口，不工作时一定要通回油箱，否则控制活塞难以复位，单向阀反向不能截止液流。

**4. 换向阀**

换向阀的种类很多，首先应掌握其共性："位""通"，操作方式及定、复位方式，在掌握各类换向阀工作原理的基础上，重点掌握滑阀的中位机能及换向性能（换向可靠性、压力损失、内泄漏量等）。

换向滑阀处于不同工作位置时，各油口的不同连通方式称为滑阀的机能。对于二位阀，阀的安装位置称为常位，输入操作信号后换到另一个工作位置，称为换向；撤去操作信号后阀芯回到常位，称为复位。对于三位阀，左、右位为工作位置，用于实现执行元件的往复运动，中位为常位，中位机能用以满足执行元件不工作时系统的工作要求。其中 M 型、H 型、K 型可使液压泵卸荷，O 型、M 型可使液压缸停在任意位置，H 型、Y 型可使液压执行元件处于浮动状态，P 型可实现液压缸的差动连接。

换向阀的操作方式有手动、机动（又称为行程阀）、电磁动、液动、电液动。手动、机动换向阀工作可靠，电磁动、液动、电液动换向阀易于实现自动控制。因电磁吸力有限，对液动力较大的大流量阀（>100L/min）必须选用电液换向阀。电液换向阀由液动换向阀与电磁换向阀组合而成，液动阀实现主油路的换向，电磁阀为其先导阀。根据控制压力油的来源，电液换向阀分为内控与外控；根据电磁阀的回油方式，电液换向阀又分为内排和外排。若液动换向阀是弹簧对中形式，其电磁先导阀必须是 Y 型中位机能。对于内控、M 型中位机能的电液换向阀，必须保证主阀阀芯换向的最低控制压力。电磁换向阀的换向冲击较大，电液换向阀则可通过调节控制油路上的节流阀来控制换向速度，换向冲击较小。

换向阀若阀芯为弹簧复位，撤去换向信号后，阀芯会自动回到中位；若阀芯为钢球定位，则撤去换向信号后，阀仍处于左或右工作位置，要回到中位，需另外输入操作信号。

**5. 压力控制阀**

压力控制阀是通过阀芯与弹簧等负载力相比较而工作的，工作时作用在阀芯上的各力平衡，阀口满足压力流量方程。不同用途的压力控制阀所控制的压力点是不同的，要注意由此引起的差异。如溢流阀要控制阀的进口压力，与弹簧力相比较的是阀的进口压力；减压阀要控制阀的出口压力，与弹簧力相比较的是阀的出口压力。为了使被控压力直接与弹簧力相比较，阀芯弹簧腔的压力应为零，即弹簧腔油液必须引回油箱。由于溢流阀的出口接油箱，其弹簧腔油液采用内泄方式，即由阀体内部通道引到阀的出口；而减压阀、顺序阀因出口油液去工作，压力不为零，其弹簧腔油液必须采用外泄，即单独引回油箱。

在学习压力控制阀时必须结合典型结构，根据数学模型进行理论分析，同时注重它们在工作中的应用；溢流阀常开时用作稳压阀，常闭时用作安全阀，遥控口接回油箱时用作卸荷阀；减压阀只有在出口负载大于其调定压力、先导阀开启、减压缝隙关小时才起减压稳压作用；顺序阀因控制方式、泄油方式不同应用场合也不同，尤其要注意内控外泄顺序阀与溢流阀的区别及其进出口的压力分析。

**6. 流量控制阀**

流量控制阀是利用液阻的调节原理工作的，用于流量调节的液阻一般为薄壁小孔型，即流经阀口的流量与阀口面积的一次方成正比，与阀口前后压差的 1/2 次方成正比，与油液的黏度（油温）无关。在阀口前后压差一定时，改变阀口的过流面积，即可调节通流量。根据阀前后压差是否能保持一定，流量阀又分为节流阀、调速阀、旁通型调速阀等。掌握它们的工作原理，根据数学模型进行理论分析，同时注意它们在系统中的应用以及调速阀、旁通型调速阀与节流阀在结构、性能、应用上的差别。

**7. 二通插装阀**

二通插装阀为锥阀结构的控制阀，既可用于压力控制，也可用于方向及流量控制。作压力阀用时，工作原理与普通压力阀相同。作方向阀用时，由于一个锥阀单元只有两个通油口、两种工作状态（阀口开启或关闭），因此实用时需两个锥阀单元并联组成三通回路，两个三通回路并联组成四通回路。至于回路的通断情况（机能）则取决于先导控制阀。作流量阀时，阀口开启大小可以控制。

**8. 叠加阀**

叠加阀的工作原理完全与普通液压阀相同，但安装形式不同，其最大优点是相关的阀直接叠加连通油路组成系统，省去了油路板和管道，不仅结构紧凑、布置灵活、占地面积小，而且系统的设计与制造周期短。

**9. 伺服阀**

伺服阀与普通液压控制阀最大的不同点是能通过改变输入信号，连续、成比例地控制液流的压力与流量，控制精度高。根据输入信号的方式不同，伺服阀又分为电液伺服阀和机液伺服阀。这里重点要掌握“反馈”在整个控制环节中的作用及伺服阀的性能特点。

**10. 电液比例阀**

电液比例阀作为性能介于普通液压控制阀与伺服阀之间的新阀种，又分为开环无反馈与闭环有反馈两种。学习电液比例阀时，首先要对比例电磁铁的电流－电磁吸力特性有所了解，然后进一步搞懂它们的工作原理。

## 二、例题

**例 4-1**　有一滑阀，已知阀芯直径 $D=20\text{mm}$，阀口面积梯度 $W=\pi D$，阀口开度 $x=2\text{mm}$，油液密度 $\rho=900\text{kg/m}^3$，流量系数 $C_d=0.8$，阀的进出口压差 $\Delta p=0.3\text{MPa}$，求流过阀口的流量 $q$ 及作用在阀芯上的稳态液动力 $F_s$。

**解：** 由滑阀阀口的压力流量方程，有

$$q=C_d\pi Dx\sqrt{\frac{2}{\rho}\Delta p}=0.8\times3.14\times0.02\times0.002\times\sqrt{\frac{2}{900}\times0.3\times10^6}\,\text{m}^3/\text{s}$$
$$=2.59\times10^{-3}\text{m}^3/\text{s}$$

作用在阀芯上的稳态液动力

$$F_s=2C_d\pi Dx\cos\theta\Delta p=2\times0.8\times3.14\times0.02\times0.002\times\cos69°\times0.3\times10^6\text{N}=21.7\text{N}$$

**例 4-2**　有一锥阀，已知阀座孔直径 $d=20\text{mm}$，锥阀半锥角 $\alpha=20°$，通过的流量 $q=40\text{L/min}$，阀前后压差 $\Delta p=10\text{MPa}$，阀口流量系数 $C_d=0.65$，求阀口开度 $x$ 及作用在阀芯上

的稳态液动力 $F_s$。

**解：** 由锥阀阀口的压力流量方程有

$$x=\frac{q}{C_d\pi d\sin\alpha\sqrt{\frac{2}{\rho}\Delta p}}=\frac{40\times10^{-3}/60}{0.65\times3.14\times0.02\times\sin20^\circ\sqrt{\frac{2}{900}\times10\times10^6}}\text{m}=0.32\times10^{-3}\text{m}$$

作用在阀芯上的稳态液动力

$$F_s=C_d\pi dx\sin2\alpha\Delta p=0.65\times3.14\times0.02\times0.32\times10^{-3}\times\sin40^\circ\times10\times10^6\text{N}=84\text{N}$$

**例 4-3**　有一开启压力为 0.04MPa 的单向阀。设阀座孔直径为 $d$，锥阀半锥角为 $\alpha$，阀口最大开度为 $x$，弹簧刚度为 $K$，阀口流量系数为 $C_d$，油液密度为 $\rho$，阀口出口压力为 $p_2$，进口压力为 $p_1$，进出口压差为 $\Delta p$，问阀开启通流后，其进口压力如何确定？

**解：** 单向阀开启通流后，阀口开度为 $x$，作用在阀芯上的液压作用力 $F_1=\frac{\pi d^2}{4}p_1$、$F_2=\frac{\pi d^2}{4}p_2$，弹簧力 $F_t=K(x_0+x)$ 和液动力 $F_s=C_d\pi dx\sin2\alpha\Delta p$。其中 $F_1$ 使阀口开启，其余的力使阀口关闭。若记通过阀口的流量为 $q$，则由阀口的压力流量特性方程求得阀口全开（开度为 $x_s$）时的压力损失

$$\Delta p_1=\left(\frac{q}{C_d\pi dx_s\sin\alpha}\right)^2\frac{\rho}{2}$$

另外，由阀芯受力平衡方程求得阀口全开时所需的阀芯两端最小压差

$$\Delta p_2=\frac{K(x_0+x_s)}{\frac{\pi d^2}{4}-C_d\pi dx_s\sin2\alpha}$$

比较所求得的 $\Delta p_1$ 和 $\Delta p_2$，若 $\Delta p_1>\Delta p_2$，则表明阀口液流的压力损失造成的压差足以使阀口全开，阀芯受力不平衡，阀进出口压差 $\Delta p=\Delta p_1$，阀的进口压力 $p_1=p_2+\Delta p_1$；若 $\Delta p_1<\Delta p_2$，则表明阀的实际开度 $x<x_s$，阀芯受力平衡，此时可联立阀芯受力平衡方程及阀口压力流量方程，求得阀实际的进出口压差 $\Delta p$ 及阀口开度 $x$，阀的进口压力 $p_1=p_2+\Delta p$，$\Delta p>p_k=Kx_0/\frac{\pi d^2}{4}$。

综上分析，无论什么情况，单向阀开启后进出口压差 $\Delta p$ 均大于 $p_k$，阀的进口压力等于出口压力加进出口压差。

**例 4-4**　图 4-3 所示的液压缸，已知 $A_1=20\text{cm}^2$，$A_2=15\text{cm}^2$，$W=42000\text{N}$。用液控单向阀锁紧，以防止活塞下滑。若不计活塞处的泄漏及摩擦力，试分析：

1）为保持重物 $W$ 不下滑，活塞下腔的闭锁压力 $p_1$ 至少为多少？

2）若采用无卸荷小阀芯的液控单向阀，其反向开启压力 $p_k$ 等于工作压力 $p_1$ 的 40%，求 $p_k$ 等于多少才能反向开启？开启前液压缸的下腔最高压力等于多少？

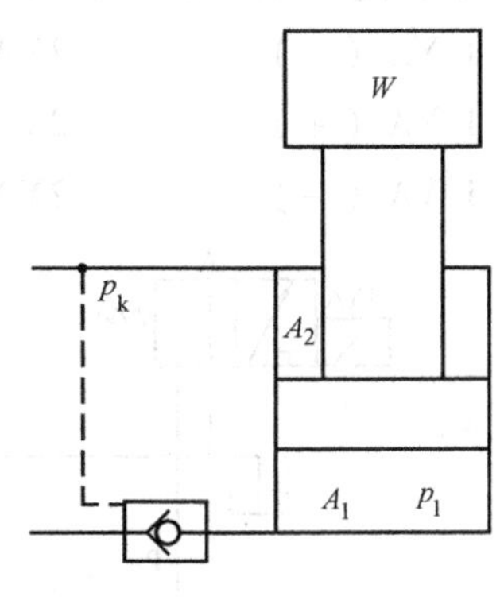

图 4-3　例 4-4 图

3）若采用有卸荷小阀芯的液控单向阀，其反向开启压力 $p_k$ 等于工作压力 $p_1$ 的 4.5%，求 $p_k$ 多大可反向开启？开启前液压缸的下腔最高压力等于多少？

**解：** 1）当液压缸上腔压力为零时，液压缸下腔的闭锁压力为防止重物下滑所需要的最小值

$$p_{1\min}=\frac{W}{A_1}=\frac{42000}{20\times10^{-4}}\text{Pa}=21\text{MPa}$$

2）采用无卸荷小阀芯的液控单向阀，反向开启时液压缸活塞的受力平衡方程为

$$W+p_kA_2=p_1A_1$$

代入 $p_k=0.4p_1$，求得反向开启时液压缸下腔最高压力

$$p_{1\max}=\frac{W}{A_1-0.4A_2}=\frac{42000}{20\times10^{-4}-0.4\times15\times10^{-4}}\text{Pa}=30\text{MPa}$$

故反向开启压力　　$p_k=0.4p_1=0.4\times30\text{MPa}=12\text{MPa}$

3）采用有卸荷小阀芯的液控单向阀，反向开启时液压缸活塞受力平衡方程仍为

$$W+p_kA_2=p_1A_1$$

但因 $p_k=0.045p_1$，代入得反向开启时液压缸下腔最高压力

$$p_{1\max}=\frac{W}{A_1-0.045A_2}=\frac{42000}{20\times10^{-4}-0.045\times15\times10^{-4}}\text{Pa}=21.73\text{MPa}$$

故反向开启压力

$$p_k=0.045p_1=0.045\times21.73\text{MPa}=0.98\text{MPa}$$

由计算结果可知，采用液控单向阀锁紧回路时，将导致反向开启时闭锁腔的压力增大，特别是采用无卸荷小阀芯的液控单向阀，将大大提高锁紧压力。为保证液压系统安全，须为此增大系统安全阀调定压力，提高强度要求。因此应选用带卸荷小阀芯的液控单向阀来锁紧回路，以减小影响。

**例 4-5**　能否用两个二位三通换向阀替代一个三位四通换向阀，绘出图形符号予以说明。

**解：** 能。如图 4-4 所示：

| | | |
|---|---|---|
| 1 YA（－） | 2YA（－） | P 不通，A、B、T 互通，中位机能为 Y 型 |
| 1 YA（＋） | 2YA（－） | P→A，B→T，左位 |
| 1 YA（－） | 2YA（＋） | P→B，A→T，右位 |

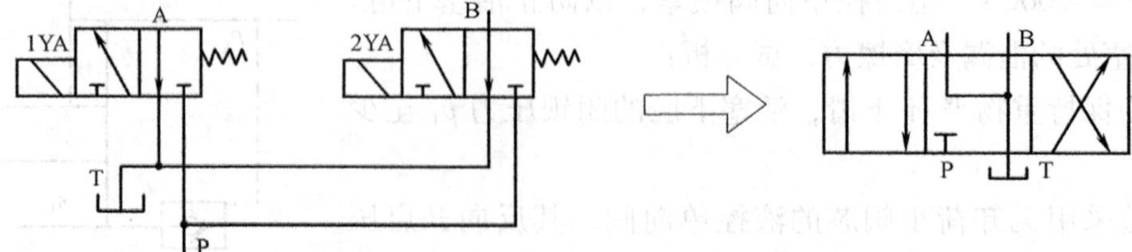


图 4-4　例 4-5 图

**例 4-6**　图 4-5 所示的外控内泄三位四通电液换向阀安装在某系统中，按通电按钮令先导电磁滑阀电磁铁得电后，发现液动换向阀不能换向，试分析原因并指出解决方法。

**解**：1）先检查外控油源，看压力 $p'$ 是否达到电液换向阀所要求的压力，如未达到，应将压力升高到要求值。

2）若外控压力 $p'$ 达到要求，则检查先导电磁滑阀的电磁铁得电后是否动作。若电磁铁未动作，可施加外力帮助。如果施加外力后，电磁铁吸合、电磁先导阀和液动换向阀先后换向，说明是阀芯暂时卡住了；如果施加外力时电磁滑阀阀芯动作，而外力失去后电磁滑阀阀芯随之复位，则说明电控系统有问题，按钮指令未使电磁铁得电。应检查电控系统，排除故障。

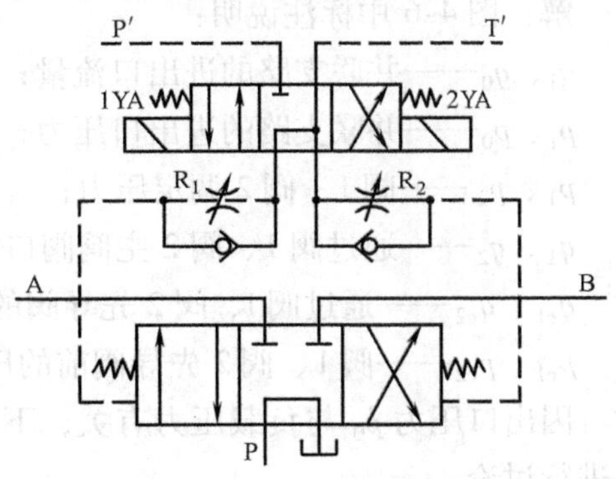


图 4-5　例 4-6 图

3）若外控压力和电控系统正常，则有可能是液动换向阀两端的液阻 $R_1$ 或 $R_2$ 处于关闭状态，检查并做调整。

**例 4-7**　有一滑阀直动式溢流阀。已知阀芯直径 $D=16\text{mm}$，调压弹簧刚度 $K=40\text{N/mm}$，预压缩量 $x_0=8\text{mm}$，阀口密封长度 $L=2\text{mm}$。若通流流量 $q=25\text{L/min}$，阀口流量系数 $C_d=0.8$，油液密度 $\rho=900\text{kg/m}^3$，求阀的进口压力 $p$ 及阀口开度 $x$。

**解**：直动式溢流阀工作时应同时满足阀芯受力平衡方程及阀口压力流量方程

$$p\frac{\pi D^2}{4}=K(x_0+L+x)+2C_d\pi Dx\cos\alpha p$$

$$q=C_d\pi Dx\sqrt{\frac{2}{\rho}p}$$

将已知参数代入得

$$\frac{3.14\times0.016^2}{4}p=40\times10^3\times(0.008+0.002+x)+2\times0.8\times3.14\times0.016xp\cos69°$$

$$\frac{25\times10^{-3}}{60}=0.8\times3.14\times0.016x\sqrt{\frac{2}{900}p}$$

化简为

$$2\times10^{-4}p-2.88\times10^{-2}xp-4\times10^4x-400=0 \tag{1}$$

$$p=\frac{4.836\times10^{-2}}{x^2} \tag{2}$$

将式（2）代入式（1）后整理得

$$4\times10^4x^3+400x^2+12.63\times10^{-4}x-8.772\times10^{-6}=0$$

求解此三次方程得阀口开度及其进口压力

$$x=0.1455\times10^{-3}\text{m}$$

$$p=22.85\times10^5\text{Pa}$$

**例 4-8**　在图 4-6 中，将两个规格相同、调定压力分别为 $p_1$ 和 $p_2$（$p_1 > p_2$）的定值减压阀并联使用。若进口压力为 $p_i$，不计管路损失，试分析出口压力 $p_0$ 如何确定。

**解**：图 4-6 中标注说明：

$q_i$、$q_0$——并联支路的进出口流量；

$p_i$、$p_0$——并联支路的进出口压力；

$p_1$、$p_2$——阀 1、阀 2 调定压力；

$q_1$、$q_2$——通过阀 1、阀 2 主阀阀口的流量；

$q_{c1}$、$q_{c2}$——通过阀 1、阀 2 先导阀的流量；

$p_{c1}$、$p_{c2}$——阀 1、阀 2 先导阀前的压力。

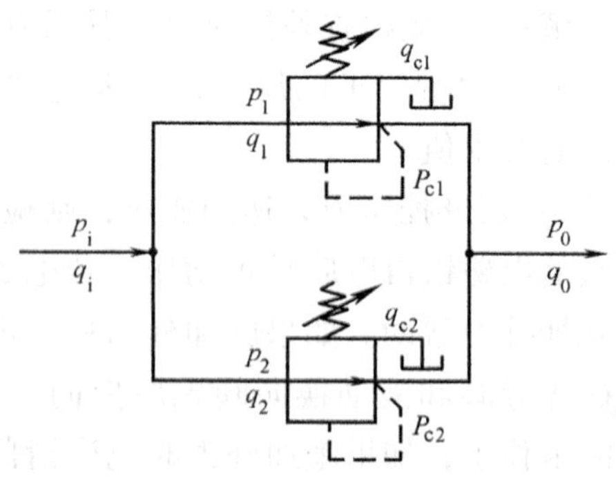

图 4-6　例 4-8 图

因出口压力 $p_0$ 与负载压力有关，下面分三种情况进行讨论：

1）若负载压力 $p_L < p_2$，则阀 1 和阀 2 的先导阀均关闭，$q_{c1}=0$，$q_{c2}=0$，主阀阀口全开，不起减压作用，$p_i = p_0 = p_L$，两支路的流量 $q_1 = q_2 = 0.5q_i$，而 $q_0 = q_i$。

2）若 $p_1 > p_L > p_2$，则阀 2 的先导阀开启，$q_{c2}>0$，主阀阀口关小，而处于另一支路的阀 1 的先导阀仍然关闭，$q_{c1}=0$，主阀阀口全开，不起减压作用，因此 $p_i = p_0 = p_L$，两支路的流量 $q_1 > q_2$。为保证阀 2 的出口压力大于调定压力 $p_2$，经其主阀阻尼孔流至先导阀的流量 $q_{c2}$应大于设计值，以形成足够的压力差 $\Delta p_2 = p_L - p_{c2}$使主阀阀芯上移至主阀阀口趋于关闭。

3）若 $p_L > p_1$，则两减压阀的先导阀均开启，主阀阀口同时起减压作用，$p_0 = p_1$。这样，阀 2 的出口压力与其先导阀前的压差值较第二种情况更大，为在阀 2 内部形成更大的压力损失，流经主阀阻尼孔至先导阀的流量 $q_{c2}$将更大，主阀阀芯进一步上移，主阀阀口完全关闭，流经阀 2 的流量 $q_2 = 0$。由于出口压力无法推动负载，故并联支路的出口流量 $q_0 = 0$，并联支路的进口流量仅满足两先导阀的流量需求，即 $q_i = q_1 = q_{c1} + q_{c2}$，而 $q_{c2} > q_{c1}$。

**例 4-9**　如果将调整压力分别为 10MPa 和 5MPa 的顺序阀 $F_1$ 和 $F_2$ 串联或并联使用，试分析进口压力为多少。

**解**：因顺序阀的调整压力是指阀的出口压力为零、阀口开通时阀的进口压力，因此按几种出口负载不同的工况分析。

两顺序阀串联：

1）若 $F_1$ 在前，$F_2$ 在后，且阀的出口接回油箱，如图 4-7a 所示。

因 $F_1$ 开启，其进口压力为 $p_1 = 10\text{MPa}$；$F_2$ 开启，其进口压力为 $p_2 = 5\text{MPa}$，所以总的进口压力为 $p_1 = 10\text{MPa}$，$F_1$ 阀芯受力平衡，阀口为某一开度，压力损失 $\Delta p_1 = p_1 - p_2 = (10-5)\text{MPa} = 5\text{MPa}$；$F_2$ 阀芯受力平衡，阀口为某一开度，压力损失 $\Delta p_2 = 5\text{MPa}$。

2）若 $F_2$ 在前，$F_1$ 在后，且阀的出口接回油箱，如图 4-7b 所示。

因 $F_1$ 阀的进口压力 $p_2 = 10\text{MPa}$，所以 $F_2$ 的进口压力（即总的进口压力）不再是 5MPa，而是 10MPa，于是 $F_2$ 阀口全开，作用在其阀芯上的液压力大于弹簧力和液动力之和，阀口压力损失 $\Delta p_1 = 0$；而 $F_1$ 开口较小，阀芯受力平衡，阀口压力损失 $\Delta p_2 = 10\text{MPa}$。

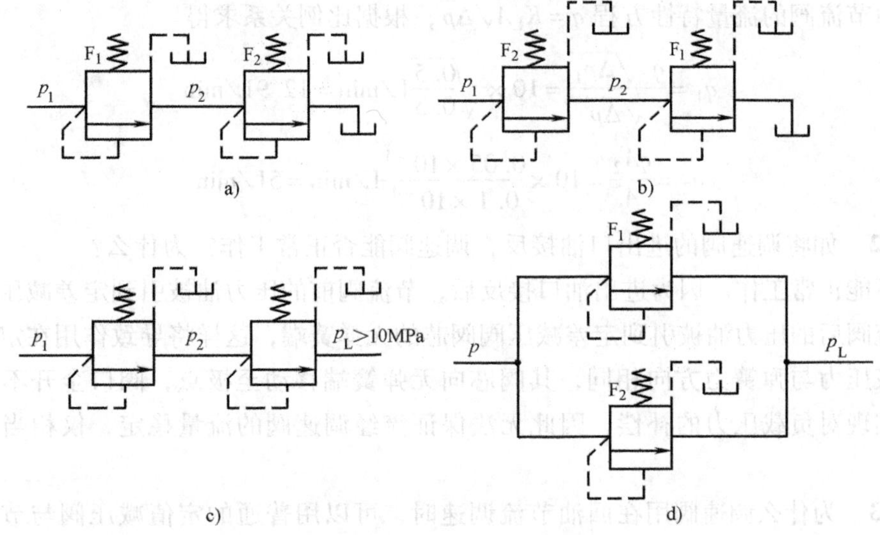


图 4-7 例 4-9 图

3）无论 $F_1$ 在前还是在后，若两阀串联后的出口负载压力 $p_L>10MPa$，则两串联阀总的进口压力 $p_1=p_L$，两阀阀口全开，压力损失近似为零，如图 4-7c 所示。

两顺序阀并联，如图 4-7d 所示：

1）若两并联阀的出口负载压力 $p_L<5MPa$，调整压力低的 $F_2$ 开启通流，$F_1$ 关闭，并联阀的进口压力 $p=5MPa$。此时，$F_2$ 阀芯受力平衡，阀口压力损失 $\Delta p=5MPa-p_L$。

2）若两并联阀的出口负载压力 $10MPa>p_L>5MPa$，并联阀的进口压力 $p=p_L$。此时 $F_1$ 关闭，$F_2$ 阀口全开，作用在 $F_2$ 阀芯上的液压力大于弹簧力与液动力之和，其阀口压力损失近似为零。

3）若两并联阀的出口负载压力 $p_L>10MPa$，并联阀的进口压力 $p=p_L$。此时，$F_1$、$F_2$ 均全开，阀口压力损失近似为零。

**例 4-10** 试比较溢流阀、减压阀、内控外泄式顺序阀三者之间的异同。

**解：** 溢流阀控制进口压力为一定值，阀口常闭，出口接回油箱，出口压力为零，弹簧腔泄漏油内部引到出口（内泄）。溢流阀旁接在液压泵的出口或执行元件的进口。

减压阀控制出口压力为一定值，阀口常开，出口油液去工作，压力不为零，弹簧腔泄漏油单独引到油箱（外泄）。减压阀串联在某一支路上，提供二次压力。

顺序阀利用进口压力控制开启，阀口常闭，出口油液去工作，压力不为零，弹簧腔泄漏油单独引到油箱（外泄）。内控外泄式顺序阀串联在执行元件的进口。

**例 4-11** 有一节流阀，当阀口前后压差 $\Delta p=0.3MPa$ 时，阀的开口面积 $A=0.1\times10^{-4}m^2$，通过阀的流量 $q=10L/min$，试求：

1）若开口面积 $A$ 不变，但阀前后压差 $\Delta p_1=0.5MPa$，通过阀的流量 $q_1$ 等于多少？

2）若阀前后压差 $\Delta p$ 不变，但开口面积减为 $A_2=0.05\times10^{-4}m^2$，通过阀的流量 $q_2$ 等于多少？

**解**：由节流阀的流量特性方程 $q=K_LA\sqrt{\Delta p}$，根据比例关系求得

1）
$$q_1=\frac{q\sqrt{\Delta p_1}}{\sqrt{\Delta p}}=10\times\sqrt{\frac{0.5}{0.3}}\text{L/min}=12.9\text{L/min}$$

2）
$$q_2=\frac{qA_2}{A}=10\times\frac{0.05\times10^{-4}}{0.1\times10^{-4}}\text{L/min}=5\text{L/min}$$

**例 4-12**　如将调速阀的进出口油接反，调速阀能否正常工作？为什么？

**解**：不能正常工作。因为进出油口接反后，节流阀前的压力油被引到定差减压阀阀芯弹簧端，节流阀后的压力油被引到定差减压阀阀芯的无弹簧端，这样将导致作用在定差减压阀阀芯上的液压力与弹簧力方向相同，其阀芯向无弹簧端移动至极点，阀口全开不起减压作用，无法实现对负载压力的补偿，因此无法保证流经调速阀的流量稳定，仅相当于普通节流阀。

**例 4-13**　为什么调速阀用在回油节流调速时，可以用普通的定值减压阀与节流阀串联来代替？

**解**：调速阀内的定差减压阀是用来对外负载变化引起的节流阀前后压差的变化实现压力补偿、保证节流阀前后压差一定、通流量一定的。当调速阀用于回油节流调速时，因其出口直接接回油箱，调速阀的出口即节流阀出口压力为零，因此只需在节流阀前串联一定值减压阀，保证其进口压力不随负载变化，即可保证节流阀前后压差一定，满足流量稳定要求。因此在回油节流调速时可以用普通的定值减压阀与节流阀串联来代替调速阀。

**例 4-14**　图 4-8 所示为装载机液压系统中的流量转换阀，用来保证驱动双泵的柴油机转速 $n=600\sim1500\text{r/min}$ 时支路 1 的流量基本不变，即 $q_1=600\ (V_1+V_2)=1500V_1$，$V_1$、$V_2$ 分别为两泵的排量。试分析其工作原理（提示：泵 1 输出的流量只在固定阻尼 $L_1$ 处产生压降、泵 2 汇入支路 1 的流量只在固定阻尼 $L_2$ 处产生压降。该阀的弹簧刚度很小，在阀芯处于受力平衡时，阀芯两端压差 $\Delta p=0.25\text{MPa}$）。

**解**：在图 4-8 中，串联在支路 I 上的阻尼 $L_1$ 和 $L_2$ 前后的压差反馈作用在流量转换阀阀芯两端，与阀芯右端弹簧力相比较，当阀芯处于受力平衡时，因弹簧刚度很小，而作用在阀芯上的液动力通过结构补偿接近于零，因此阀芯两端的压差 $\Delta p$ 基本保持不变，即阻尼 $L_1$ 和 $L_2$ 前后的压差不变，于是泵 1 和泵 2 通往支路 I 的流量 $q_{\text{I}}$ 稳定不变。这一点与调速阀的工作原理相似。

在实际工作中，若柴油机转速变化，如增加（大于 600r/min），则泵 1 和泵 2 排出的流量增大，从而导致阻尼孔 $L_1$ 和 $L_2$ 前后的压差 $\Delta p_1$ 及 $\Delta p_2$ 增大，即作用在流量转换阀两端的压差（$\Delta p=\Delta p_1+\Delta p_2$）增大。于是阀芯向弹簧端移动，改变阀口大小，使泵 2 通往支路 II 的流量增大，通往支路 I 的流量减小。这将使阻尼 $L_2$ 的压差 $\Delta p_2$ 在泵的转速增加时不仅不增加，反而减小，即在 $\Delta p_1$ 增大时，因 $\Delta p_2$ 减小，总的压差基本不变。因此泵 1 和泵 2 同时输往支路 I 的流量 $q_1$ 稳定，不随柴油机转速的变化而变化。

由此，流量转换阀又称为双路稳流阀。需要说明的是，流量稳定只是在一定的转速范围内，当柴油机转速达到上限（1500r/min）、泵 1 的流量等于支路 I 设定的稳定值、泵 2 的流

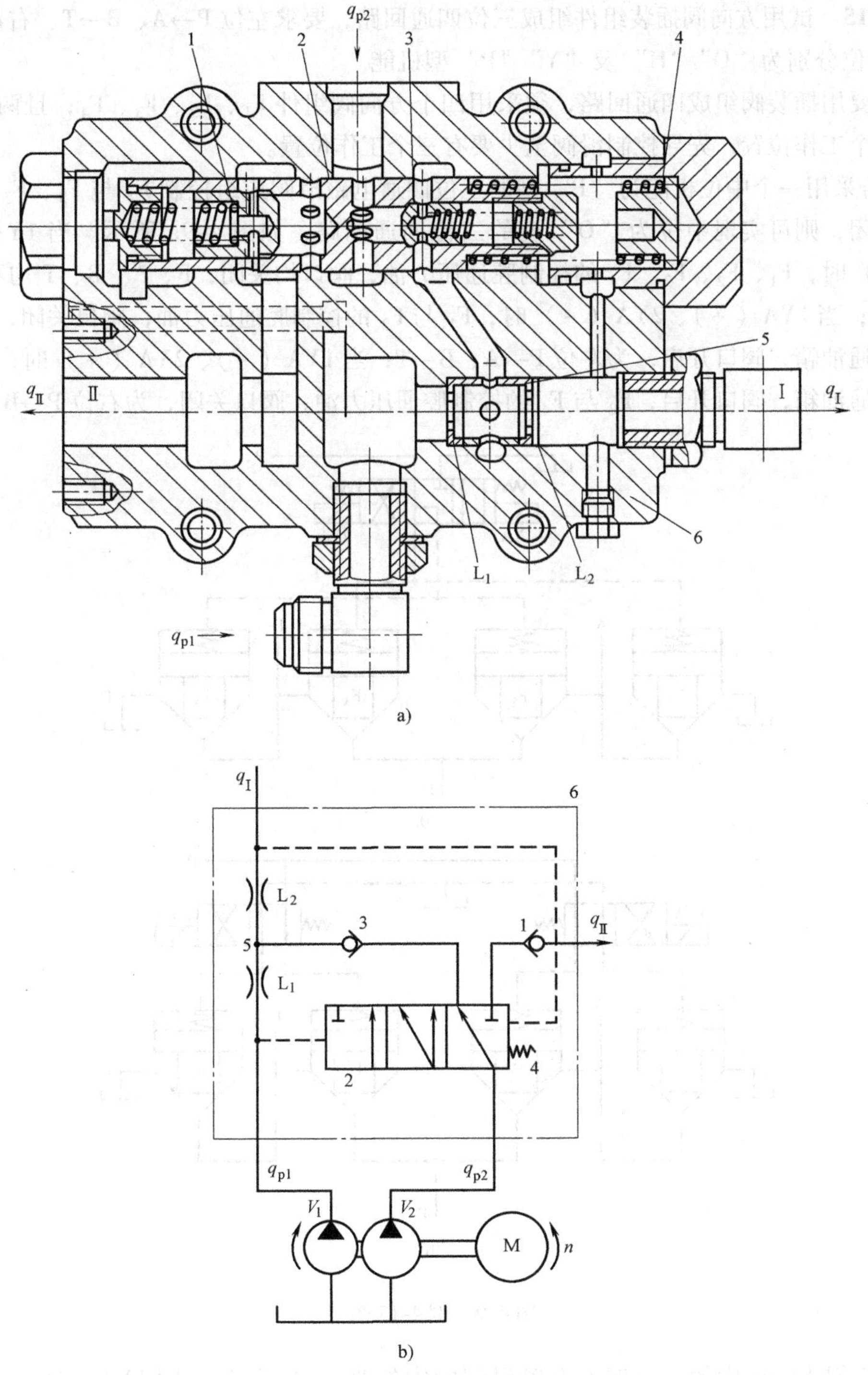


图 4-8　例 4-14 图

1—单向阀　2—流量转换阀阀芯　3—单向阀　4—弹簧　5—固定阻尼　6—阀体

量不再输往支路Ⅰ后，输往支路Ⅰ的流量（即泵 1 的流量）将随柴油机转速的继续增大而增大。

**例 4-15**　试用方向阀插装组件组成三位四通回路，要求左位 P→A、B→T、右位 P→B、A→T，中位分别为“O”“H”及“Y”“P”型机能。

**解：** 要用插装阀组成四通回路，须采用四个方向阀组件 $F_1$、$F_2$、$F_3$、$F_4$，且两两并联；要实现三个工作位置，先导控制滑阀至少要有三个工作位置。

1）若采用一个中位机能为“P”型的三位四通电磁滑阀成组控制 $F_1$ 与 $F_3$、$F_2$ 与 $F_4$ 的开启和关闭，则可实现中位为“O”型的三位四通回路，如图 4-9a 所示。当 1YA（－）、2YA（－）时，$F_1$、$F_2$、$F_3$、$F_4$ 的控制腔通压力油，阀口均关闭，P、A、B、T 均不通，为中位 O 型；当 1YA（＋）、2YA（－）时，$F_1$ 与 $F_3$ 的控制腔通压力油，阀口关闭，$F_2$ 与 $F_4$ 的控制腔通油箱，阀口开启，为左位 P→A、B→T；当 1YA（－）、2YA（＋）时，$F_1$ 与 $F_3$ 的控制腔通油箱，阀口开启，$F_2$ 与 $F_4$ 的控制腔通压力油，阀口关闭，为右位 P→B、A→T。

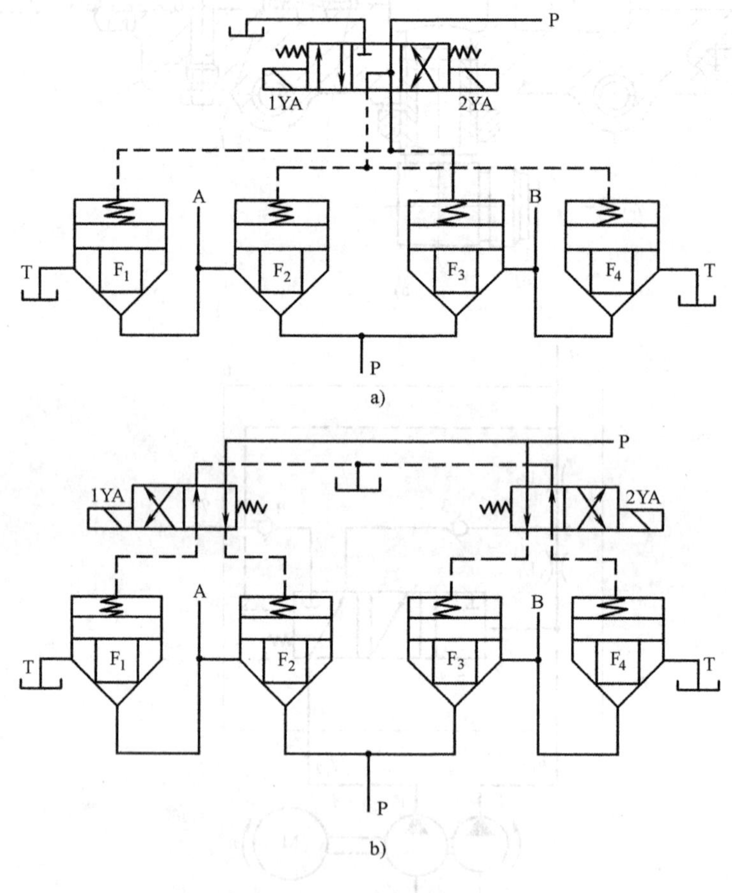


图 4-9　例 4-15 图

2）若将图 4-9a 中的三位四通电磁滑阀的中位改为“Y”型，则 1YA、2YA 均不得电时，$F_1$、$F_2$、$F_3$、$F_4$ 的控制腔同时通油箱，阀口均开启，四通回路的中位则变成“H”型。左位与右位如向上述。

3）若四通回路的中位要求实现“Y”型机能，即要求 $F_2$、$F_3$ 开启，$F_1$、$F_4$ 关闭，显然不能如图4-9a所示将四个插装组件成组控制，而应改为分别控制，先导滑阀则应改为两个二位四通电磁滑阀，如图4-9b所示；当1YA（-）、2YA（-）时，$F_2$、$F_3$的控制腔通压力油，阀口关闭，$F_1$、$F_4$的控制腔通油箱，阀口开启，主油路P不通，A、B、T互通，为中位Y型；当1YA（+）、2YA（-）时，$F_3$与$F_4$的控制腔通油情况不变，而$F_1$的控制腔通压力油，$F_2$的控制腔通油箱，因此$F_1$、$F_3$阀口关闭，$F_2$、$F_4$阀口开启，实现左位P→A、B→T；当1YA（-）、2YA（+）时，$F_2$与$F_4$的阀口关闭，$F_1$与$F_3$的阀口开启，实现右位P→B、A→T。

4）类似上面的分析，若将图4-9b中控制油路的压力油P与回油T互换，则可实现"P"型中位机能。

**例4-16** 图4-10所示为车床液压仿形装置，仿形液压缸为差动连接，两腔面积$A=2A_1$，活塞杆固定，缸体带动刀架沿着机床溜板上的斜导轨前后运动。液压系统为定量泵恒压系统，泵的出口压力由溢流阀调定为定值$p_s$。当仿形装置随车床溜板一起做纵向（向左）运动时，若仿形装置上的触销因样板的约束向上"爬坡"，试分析仿形装置上的刀架如何运动？

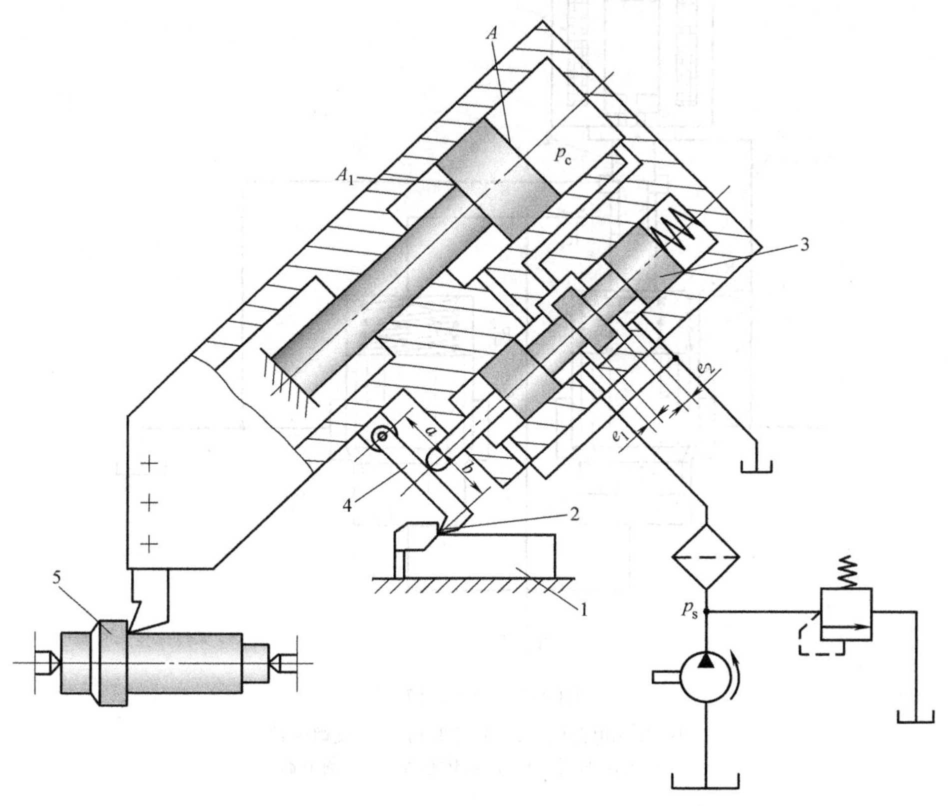


图4-10 采用三通控制阀的车床液压仿形刀架

1—样板 2—触销 3—阀芯 4—杠杆 5—工件

**解**：在图4-10所示的位置，三通伺服阀的两个控制阀口开度$e_1=e_2$。当泵的压力油经$e_1$和$e_2$流回油箱时，因两阀口液阻相等，液流在两阀口的压降相等。因此仿形液压缸无杆

腔的压力 $p_c$ 等于有杆腔压力即泵出口压力 $p_s$ 的1/2。由于无杆腔的面积 $A$ 为有杆腔面积 $A_1$ 的两倍，因此作用在缸体两腔的液压力平衡，缸体即仿形装置在溜板上的斜导轨上静止不动。

若触销因样板的约束出现向上“爬坡”时，杠杆将迫使伺服阀阀芯后退，导致阀口 $e_1$ 增大、液阻减小，阀口 $e_2$ 减小、液阻增大。于是两阀口之间的压力 $p_c$ 随之增大，但泵出口压力 $p_s$ 为恒压，因此液压缸两腔的受力平衡遭到破坏，缸体即仿形装置跟随后退。由于液压缸缸体与伺服阀阀体连成一体，缸体的后退刚性反馈使伺服阀的阀口 $e_1$ 减小，阀口 $e_2$ 增大。当两阀口开度重新相等时，无杆腔压力 $p_c$ 增大为泵出口压力 $p_s$ 的1/2，仿形装置停止后退。触销不断“爬坡”，仿形装置则不断跟随后退。刀架与触销的位移相等，仿形装置上的刀架走过的轨迹与样板的形状相同，实现仿形加工。

**例4-17** 图4-11所示为电液比例三通流量阀，与电液比例二通流量阀所不同的是调节器6与流量传感器5是并联布置的，试分析电液比例三通流量阀的工作原理及特点。

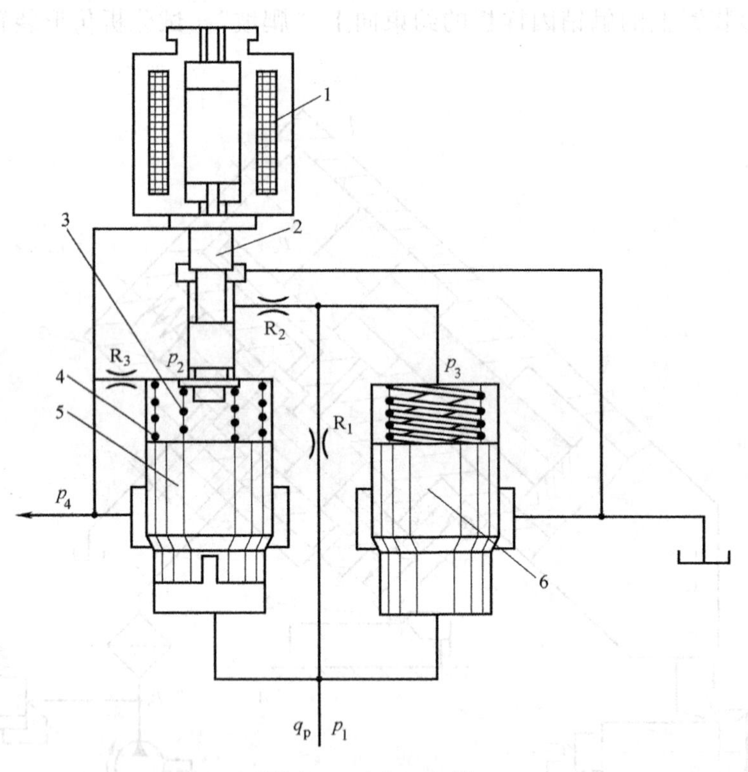


图4-11 例4-17图

1—比例电磁铁 2—先导滑阀 3—反馈弹簧
4—复位弹簧 5—流量传感器 6—调节器

**解：** 在图4-11中，当比例电磁铁1无信号输入时，先导滑阀2处于常开状态，泵来油经固定液阻 $R_1$、$R_2$、先导滑阀开口回油箱；由于液阻 $R_1$ 的阻尼作用，调节器6的阀芯两端出现压差（$p_1>p_3$），当压差所产生的液压力足以克服弹簧力时，调节器阀芯上移，阀口开启；因弹簧力很小，泵来油经调节器低压卸荷回油箱，泵的出口压力接近零，流量传感器5

在弹簧力的作用下关闭阀口，泵来油不会通向执行元件。

当比例电磁铁输入电信号后，电磁铁吸力将使先导滑阀阀芯下移，阀开口减小（液阻增大），调节器上腔压力 $p_3$ 增大，调节器阀芯下移，阀口减小（液阻增大），泵出口压力 $p_1$ 随之增大，作用在流量传感器阀芯下端的液压力增大，当其足以克服阀芯上端的弹簧力时，流量传感器阀芯上移开启阀口，泵的部分流量经流量传感器进入执行元件去克服负载；在流量传感器开启阀口时，阀芯的位移通过反馈弹簧 3 反馈作用在先导滑阀阀芯上，与电磁吸力相比较，先导滑阀和流量传感器的阀口大小与电信号大小成比例。由于流量传感器开启时，阀口前后压差 $\Delta p$ 由阀芯上端的弹簧力确定为定值（0.2～0.5MPa），因此流经流量传感器的流量不仅与输入电信号的大小成正比，而且不受负载压力变化的影响，为一稳定值。改变电信号的大小，即可调节流经流量传感器的负载流量，实现调速。此时泵多余的流量通过调节器流回油箱；调节器的阀口随电信号的增大而减小，起压力补偿作用。泵的出口压力随负载压力的变化而变化，即 $p_p = p_L + \Delta p$，系统为变压系统，与旁通式调速阀的调速系统类似。而电液比例二通流量阀与调速阀相似，用于调速时，系统为定压系统。

## 三、习题

4-1 试分析比较滑阀与锥阀的不同特点，并说明为什么普通液压控制阀中压力控制阀多为锥阀，而换向阀多用滑阀。

4-2 液压控制阀在液压系统中的作用是什么？通常分为几大类？

4-3 液压系统中液压泵的出口常装有单向阀，请说明其功用。

4-4 什么是液控单向阀？内泄式与外泄式液控单向阀有何不同？为什么液控单向阀阀芯不工作时，应使控制压力油通回油箱？

4-5 何谓换向阀的“位”与“通”？绘出图形符号举例说明。

4-6 手动换向滑阀分钢球定位和弹簧复位两种，它们有何差别？各用于什么场合？

4-7 换向阀按操作方式分为哪几种？各适用于什么场合？

4-8 为什么电磁换向阀通流量不能大于100L/min？

4-9 绘出电液换向阀的详细图形符号，按图说明工作原理及其内控与外控的区别。

4-10 说明电液换向阀主阀阀芯两端控制油路上的节流阀的功用。若无意中将此阀关闭，会出现什么不良后果？

4-11 何谓换向滑阀的中位机能？不同的中位机能是如何实现的？以三槽二台肩滑阀为例，分别绘出中位机能为“O”“H”“P”“Y”型的结构图。三槽二台肩滑阀能实现 M 型中位机能吗？

4-12 说明中位机能为“O”“H”“P”“Y”型的三位阀的特点及在液压系统中的应用。

4-13 弹簧对中型三位四通电液换向阀的先导阀应选用什么形式的中位机能？为什么？

4-14 何谓换向阀的换向可靠性？为什么同一通径、不同机能的电磁换向阀的工作性能极限曲线不同？

4-15 为什么电磁换向阀的阀芯在某一位置停留一段时间后，偶尔会出现通电后不能换向的故障？

4-16　换向阀的压力损失包括哪两部分？与哪些因素有关？通流量不同时，压力损失如何变化？

4-17　溢流阀在液压系统中起什么作用？一般安装在什么位置？直动式溢流阀与先导式溢流阀各用在什么场合？

4-18　如何确定直动式溢流阀的开启压力和额定压力？写出它们的数学表达式。

4-19　为什么溢流阀调压弹簧的弹簧腔泄漏油可以经阀体直接引到出口？若出口压力不为零，对其进口压力有何影响，如何影响？

4-20　将两个调定压力分别为 $p_1=10\text{MPa}$ 和 $p_2=5\text{MPa}$ 的溢流阀串联在液压泵出口，泵的最大工作压力为多少？若两溢流阀并联在液压泵出口，泵的最大工作压力又为多少？简单说明理由。

4-21　溢流阀调压弹簧一旦调定，进口压力是否不变？以直动式溢流阀为例说明其原因。

4-22　有一滑阀式直动式溢流阀，已知阀芯直径 $D=20\text{mm}$，调压弹簧刚度 $K=80\text{N/mm}$，预压缩量 $x_0=7\text{mm}$，阀口密封长度 $L=2\text{mm}$，阀口流量系数 $C_d=0.8$，油液密度 $\rho=900\text{kg/m}^3$，阀口开启后作用在阀芯上的稳态液动力不得忽略，求阀的开启压力 $p_k$ 及阀的进口压力 $p_s=2.5\text{MPa}$ 时阀的开口大小及通流量。

4-23　先导式溢流阀工作时，若主阀阀芯上的阻尼孔被污物堵塞，会出现什么故障？如何消除这一故障？

4-24　先导式溢流阀中主阀弹簧起何作用？若装配时漏装了主阀弹簧，使用时会出现什么故障？

4-25　举例说明先导式溢流阀遥控口的功用，绘出相应的图形符号。

4-26　比较三级同心先导式溢流阀与二级同心先导式溢流阀结构上的异同，实际使用时哪一种结构更方便维护？

4-27　为什么高压溢流阀一般采用四级调压？如何实现？

4-28　何谓溢流阀的压力流量特性？如何评价？

4-29　溢流阀的压力损失与卸载压力有何不同？为什么压力损失略高于卸载压力？

4-30　何谓溢流阀的动态特性？如何定义及限制压力超调量？

4-31　何谓减压阀？按其调节要求分为哪三种？哪一种又简称为减压阀且应用最广？

4-32　先导式减压阀与先导式溢流阀有何异同？保证减压阀出口压力稳定的条件是什么？

4-33　何谓顺序阀？按其控制及泄油方式不同分为哪四种？各用在什么场合？

4-34　用于实现顺序动作的顺序阀与溢流阀有何异同？如何区别系统中的溢流阀与内控内泄的顺序阀？

4-35　画出顺序阀和减压阀的图形符号，分析两者在结构和应用上的异同。

4-36　两调定压力分别为 10MPa 和 15MPa 的内控外泄顺序阀串联在液压泵与液压缸之间，液压泵出口旁接的溢流阀调定压力为 20MPa，问液压缸的负载压力分别为 8MPa、18MPa、28MPa 时，液压泵的出口压力为多少？

4-37　若将一调整压力为5MPa的顺序阀与调整压力为8MPa的溢流阀串联在液压泵的出口和油箱之间，顺序阀在前，溢流阀在后，泵的出口压力等于多少？若将两阀的串联位置互换，泵的出口压力又为多少？

4-38　简述压力继电器的工作原理及作用。

4-39　何谓流量控制阀？它是利用什么原理工作的？

4-40　写出节流阀的通用流量特性方程。为什么一般选用薄刃型孔口作为节流阀口？

4-41　何谓节流阀的刚性？节流阀的刚性大小与哪些因素有关？

4-42　何谓节流阀的堵塞性能？堵塞性能影响节流阀的什么性能参数？

4-43　在执行元件负载变化的情况下，采用节流阀或调速阀调速，哪种能保证其运动速度稳定？为什么？

4-44　求证调速阀调速稳定的条件是阀中节流阀进出口压差 $\Delta p > p_{t0} = \dfrac{Kx_0}{A}$，式中 $K$ 为定差减压阀的弹簧刚度；$x_0$ 为弹簧预压缩量；$A$ 为定差减压阀阀芯的作用面积。

4-45　调速阀与旁通型调速阀在结构原理上、使用性能上有何异同？为什么旁通型调速阀只能安装在执行元件的进油路，而不能用于回油路？

4-46　什么是分流阀？它是如何保证两个执行元件同步的？阀中两固定节流孔起何作用？

4-47　插装阀的基本组件有哪三种？分别画出它们的图形符号，并说明其结构特点。

4-48　试根据阀芯受力情况，分析说明二通插装阀阀口开启接通油路的条件。

4-49　二通插装阀作为单向阀用时，有哪两种油路连接方式？哪一种较好？

4-50　比较图4-12所示的二通阀与普通液控单向阀，说明两者的工作原理和用途有何异同。

4-51　试将图4-13a所示的三通阀改为三位三通阀，要求机能等效于图4-13b所示的三位三通滑阀。

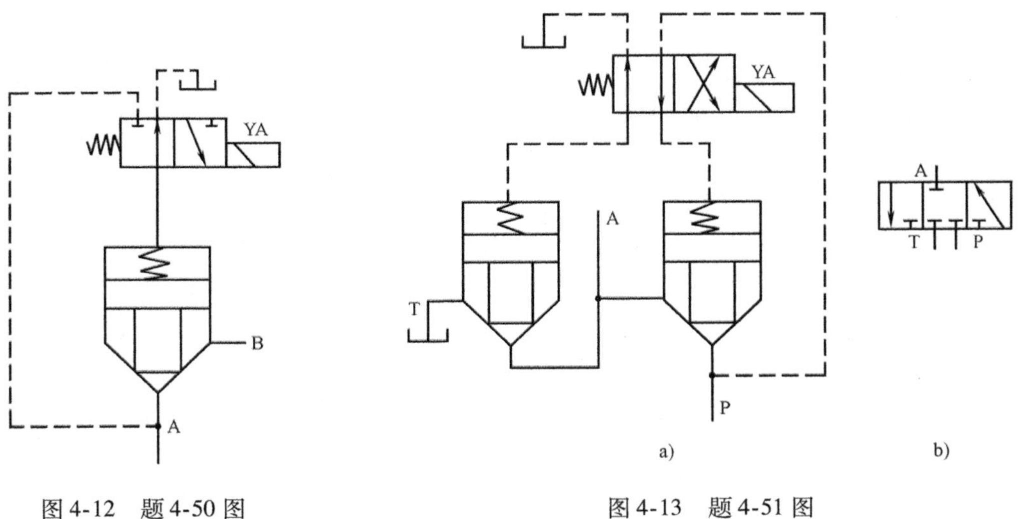


图4-12　题4-50图　　图4-13　题4-51图

4-52　请设计插装阀的三位四通回路，要求中位机能为C型。

4-53　试用插装阀的压力阀组件与远程调压阀、电磁滑阀组成两级调压且卸荷的调压回路，绘出图形符号并简述工作原理。

4-54　电液伺服阀由哪三部分组成？说明各部分的功用。

4-55　反馈在伺服阀中起什么作用？反馈有哪几种形式？

4-56　伺服滑阀按控制边数分哪三种形式？各有什么特点？

4-57　伺服滑阀根据其阀芯中位的开口量的不同分为哪三种形式？各有什么特点？

4-58　何谓伺服阀的静特性？怎么评价伺服阀的性能？

4-59　比较电液比例阀与伺服阀，两者有何异同？

4-60　与普通压力先导阀的弹簧相比较，电液比例压力先导阀的弹簧作用有什么不同？

4-61　简述电液比例二通流量阀的工作原理。与电液比例节流阀相比较，为什么其流量稳定性好得多？

4-62　电液比例换向阀由哪三部分组成？当改变输入比例电磁铁的电流时，它是如何实现换向和节流调速的？

4-63　简述电液数字阀的工作原理。常用的电液数字阀有哪两种？

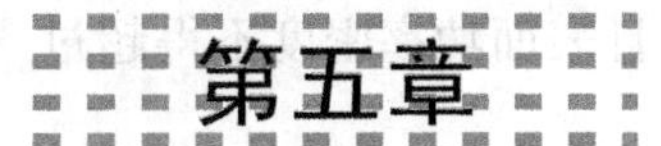

# 第五章

# 液压辅件

## 一、学习要点

液压辅件是液压系统的重要组成部分，它的合理选用与设计将在很大程度上影响液压系统的效率及可靠性。由于教学学时有限，一般安排本章内容自学。

1）蓄能器是一种储存油液压力能的装置，它在液压系统中的功用主要有：作为辅助动力源或紧急动力源；保压和补充泄漏；吸收压力冲击和消除压力脉动。根据液体加载的方式不同，蓄能器有弹簧式重锤式和充气式三类。常用的充气式蓄能器，根据液体与气体隔离的方式不同，又分为活塞式、囊式和气瓶式。实际应用时应按不同用途选用不同类型的蓄能器，并计算所需的容量。

安装时尤其要注意：为方便检修，在蓄能器与管道之间应安装截止阀；为防止液压泵停车或卸荷时蓄能器内的液体倒流回泵，在蓄能器与液压泵之间应安装单向阀。蓄能器的安装位置要视在液压系统中的作用而定。

2）液压油液的污染是直接影响液压元件和系统正常工作及可靠性的重要因素，为此一方面应减少污染源，另一方面应采取适当的过滤措施。过滤器就是用于滤去油液杂质、维护油液清洁、保证系统正常工作的元件。根据滤除杂质颗粒度的大小不同，过滤器的过滤精度分为粗（$d \geqslant 0.1\text{mm}$）、普通（$d \geqslant 0.01\text{mm}$）、精（$d \geqslant 0.005\text{mm}$）、特精（$d \geqslant 0.001\text{mm}$）四个等级，不同的液压系统，应根据其工作压力和对过滤精度的要求，选用相应的过滤器。一般粗滤用网式或线隙式过滤器，普滤用烧结式过滤器，精滤用纸芯式过滤器，若需滤除磁性金属颗粒，则用磁性过滤器。过滤器可以安装在液压泵的吸油口、液压泵的排油口、系统的回油路或旁油路上，也可以专门设置一个过滤系统。安装在泵的吸油口的过滤器，一定要有足够大的通流能力，以防止泵产生空穴现象；安装在泵的排油口的过滤器，应具有一定的机械强度，不至于因压力高而遭破坏；此外还应考虑滤芯堵塞报警装置和不停机更换滤芯等问题。

3）油箱主要用于储存系统所需的油液、散发油液热量、分离溶入油液中的空气和沉淀油液中的杂质。它一般由钢板焊接而成，其容量大小和具体结构需要根据液压系统的实际要求专门设计制造。设计时尤其要注意用隔板将泵的吸油管与系统的回油管分开，以使油液有足够的时间冷却、分离气泡和沉淀杂质。

4）热交换器包括冷却器和加热器。冷却器要求有足够的散热面积、较高的散热效率和较小的压力损失，根据冷却介质不同，有水冷式、风冷式和冷媒式三种。固定液压设备常在系统回油管路上安装水冷式的冷却器。油液加热有热水加热、蒸汽加热和电加热等方式，常用电加热器。安装时应注意将其发热部位完全浸在油液的流动处，且表面功率密度不得超过 $3W/cm^2$，以免油液局部温度过高而变质。

5）压力表辅件包括压力表及压力表开关。液压系统各工作点压力一般由压力表观测，考虑到测量仪表的线性度，选用压力表量程应约为系统最高工作压力的 1.5 倍。压力表的精度等级越高，测量误差越小。压力表开关用于接通或切断压力表的油路，可防止系统压力突变损坏压力表。使用时有一点和多点压力表开关可供选择。

6）管件用来连接液压元件、输送液压油液，要求有足够的强度、良好的密封性能、较小的压力损失且方便装拆。常用的油管有钢管、铜管、橡胶管、塑料管、尼龙管等，应根据液压系统的工作压力来选择油管的种类和壁厚，根据系统的通流量来确定油管的内径。对于不同的油管，应选用不同的管接头：焊接式、卡套式、扩口式、橡胶软管式、快换式等。安装米制管接头时尤其要注意在管接头与液压元件之间要采用组合密封垫圈，以防油液泄漏。

7）密封装置用来防止液压系统的内、外泄漏及外界异物的侵入，保证系统建立必要的压力。要求密封装置在一定的工作压力和温度范围内具有良好的密封性能，且耐磨性好，磨损后在一定程度上能自动补偿。根据密封原理不同，有间隙密封、O 形（Y 形、$Y_x$ 型、V 形等）密封、唇形密封、组合密封等多种密封形式。静密封多采用 O 形密封圈或组合密封垫圈；动密封可采用 O 形密封圈、Y 形密封圈、$Y_x$ 型密封圈及橡塑组合密封装置，$Y_x$ 形密封圈及橡塑组合密封装置要注意孔用和轴用的区别。安装密封圈的密封圈槽一定要按相应的公差和表面粗糙度要求加工。

## 二、例题

**例 5-1**　某囊式蓄能器用作动力源，其容积为 4L，充气压力 $p_0=3.2\text{MPa}$，系统的最高工作压力和最低工作压力分别为 $p_1=8\text{MPa}$ 和 $p_2=5\text{MPa}$，试求蓄能器能排出的最大油液体积（蓄能器的工作状态为等温过程）。

**解：** 设最高工作压力和最低工作压力下皮囊容积分别为 $V_1$ 和 $V_2$。

则由等温过程气体状态方程

$$p_0V_0=p_1V_1=p_2V_2$$

求得

$$V_1=\frac{p_0V_0}{p_1}=\frac{3.2\times4}{8}\text{L}=1.6\text{L}$$

$$V_2=\frac{p_0V_0}{p_2}=\frac{3.2\times4}{5}\text{L}=2.56\text{L}$$

蓄能器能排出的最大油液体积

$$\Delta V=V_2-V_1=(2.56-1.6)\text{L}=0.96\text{L}$$

**例 5-2**　图 5-1 所示为过滤器综合布置图。已知液压泵的流量 $q_p$，液压缸两腔面积 $A_1$ 和 $A_2$，试确定图中各过滤器的类型及最大通流流量 $q_{max}$。

**解：** 过滤器 1——液压泵吸油过滤，防止大颗粒杂质进入泵内，保护液压泵的运动部件不被磨损。可选用网式或线隙式过滤器，最大通流流量 $q_{1max}=q_p$。

过滤器 2——液压泵排油过滤，保护泵和溢流阀以外的元件。应选用耐高压的纸芯式过滤器，最大通流流量 $q_{2max}=q_p$。

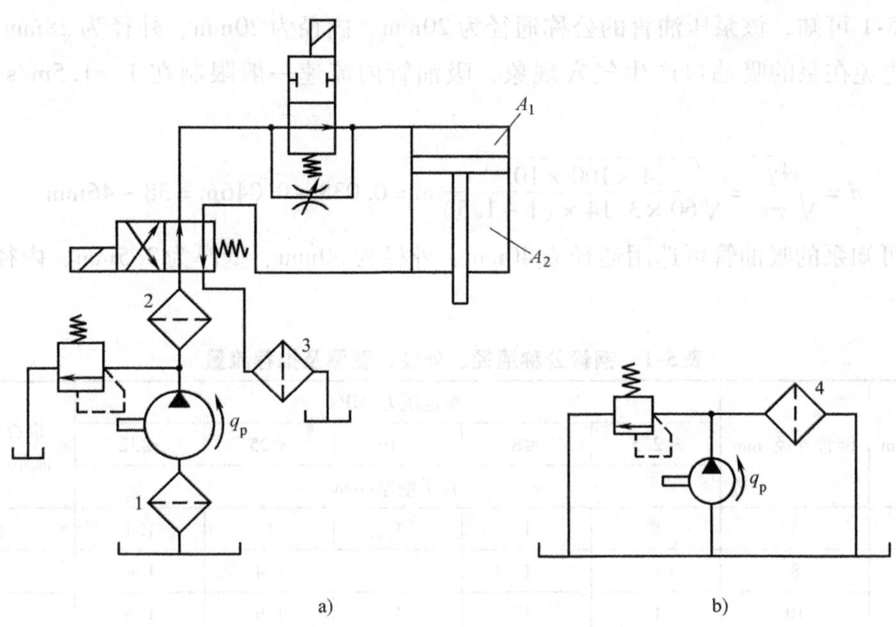


图5-1 例5-2图

过滤器3——系统回油过滤，滤除油液回油箱前侵入系统或系统生成的污物。可选用强度较低的纸芯式过滤器及磁性过滤器，最大通流流量 $q_{3\max}=q_pA_1/A_2$。

过滤器4——独立过滤系统，用于大型液压系统，专门滤去系统油箱中的污物。可选用低压过滤器，其通流能力与泵的流量相适应。

**例5-3** 简述油箱的功用及设计时应注意的问题。

**解：** 油箱在液压系统中的功用及设计时应注意的问题：

（1）储存液压系统所需的油液　为此一般油箱的容积为泵每分钟流量的3～8倍，油面高度不超过油箱高度的80%。为监测油箱的油面高度，油箱侧壁应安装油位指示计。为保证油箱液面为大气压，油箱顶面应安装空气过滤器，其通气量应大于泵流量的1.5倍。

（2）散发油液中的热量　为提高散热效果，系统回油管应尽可能远离液压泵吸油管，且之间设置隔板，以增加油液的循环路线；同时将系统回油管排油口切成45°，面向箱壁。

（3）分离油液中的气体及沉淀杂质　增加油液循环路线，除有利于散热外，还可以使油液有足够的时间分离气泡、沉淀杂质。为防止沉淀在油箱底面的杂质被冲起，系统回油管及液压泵吸油管应距油箱底面有足够距离；为便于换油清洗，油箱应设置清洗窗口；油箱底面应做成斜面，且在最低点设置放油塞。

另外，为保证油液清洁，油箱内壁面应经喷丸、酸洗处理，再涂一层塑料薄膜或耐油清漆，起防锈、防凝水作用。

**例5-4** 有一轴向柱塞泵，额定流量 $q_s=100\text{L/min}$，额定压力为32MPa，试确定泵的吸油管与压油管的内径和壁厚。

**解：** 因轴向柱塞泵的额定压力为32MPa，故选用钢管。由液压设计手册查得钢管公称通径、外径、壁厚及推荐流量，见表5-1。

由表5-1可知，该泵压油管的公称通径为20mm、内径为20mm、外径为28mm、壁厚为4mm。为避免在泵的吸油口产生气穴现象，吸油管内流速一般限制在1～1.5m/s，由此可求得

$$d=\sqrt{\frac{4q_s}{\pi v}}=\sqrt{\frac{4\times100\times10^{-3}}{60\times3.14\times(1\sim1.5)}}\text{m}=0.038\sim0.046\text{m}=38\sim46\text{mm}$$

查表可知泵的吸油管可选用通径为40mm、外径为50mm、壁厚为2.5mm、内径为45mm的钢管。

**表5-1　钢管公称通径、外径、壁厚及推荐流量**

| 公称通径/mm | 钢管外径/mm | 额定压力/MPa | | | | | 推荐管路通过流量/L·min⁻¹ |
|---|---|---|---|---|---|---|---|
| | | ≤2.5 | ≤8 | ≤16 | ≤25 | ≤32 | |
| | | 管子壁厚/mm | | | | | |
| 3 | 6 | 1 | 1 | 1 | 1 | 1.4 | 0.63 |
| 4 | 8 | 1 | 1 | 1 | 1.4 | 1.4 | 2.5 |
| 5、6 | 10 | 1 | 1 | 1 | 1.6 | 1.6 | 6.3 |
| 8 | 14 | 1 | 1 | 1.6 | 2 | 2 | 25 |
| 10、12 | 18 | 1 | 1.6 | 1.6 | 2 | 2.5 | 40 |
| 15 | 22 | 1.6 | 1.6 | 2 | 2.5 | 3 | 63 |
| 20 | 28 | 1.6 | 2 | 2.5 | 3.5 | 4 | 100 |
| 25 | 34 | 2 | 2 | 3 | 4.5 | 5 | 160 |
| 32 | 42 | 2 | 2.5 | 4 | 5 | 6 | 250 |
| 40 | 50 | 2.5 | 3 | 4.5 | 5.5 | 7 | 400 |
| 50 | 63 | 3 | 3.5 | 5 | 6.5 | 8.5 | 630 |
| 65 | 75 | 3.5 | 4 | 6 | 8 | 10 | 1000 |
| 80 | 90 | 4 | 5 | 7 | 10 | 12 | 1250 |
| 100 | 120 | 5 | 6 | 8.5 | | | 2500 |

**例5-5**　说明O形密封圈的密封原理，使用时如何保证其密封效果？

**解：** O形密封圈是依靠O形密封圈的预压缩来消除两零件之间的间隙而实现密封的，无论是安装在轴上（轴用）还是安装在孔内（孔用），其预压缩量都是通过沟槽尺寸及表面粗糙度要求来保证的，而沟槽的深度 $H$ 及宽度 $B$ 除与O形密封圈的截面直径 $d$ 有关外，还与密封形式有关：是径向密封还是轴向密封，是动密封还是静密封。为保证密封效果，密封圈沟槽必须按照相应标准设计加工。

**例5-6**　比较Y形密封圈与 $Y_x$ 型密封圈，使用时应注意些什么？

**解：** Y形密封圈是用耐油橡胶压制而成，$Y_x$ 型密封圈是用聚氨酯材料压制而成，同属唇形密封，即依靠密封圈的唇口受液压力作用变形，唇边紧贴零件表面实现密封，工作时唇口对着压力高的一侧。

使用Y形密封圈时，若压力高于14MPa或压力波动较大、滑动速度较高，密封圈易翻

转，为防止密封圈翻转，应加支承环予以固定。$Y_x$ 型密封圈的断面高度与宽度比大于2，因而不易翻转，工作稳定性好，工作压力高（32MPa），使用时要注意孔用和轴用两种形式的区别，保证短唇边为密封边，长唇边与非滑动表面相接触。

## 三、习题

5-1 蓄能器有哪些功用？常用的蓄能器有哪些类型？

5-2 某蓄能器的充气压力 $p_0=9\text{MPa}$，用流量为 5L/min 的液压泵充油，升压到 $p_1=20\text{MPa}$ 时，快速向系统排油，压力降至 $p_2=10\text{MPa}$ 时，排出油的体积为 5L，试确定蓄能器的体积（提示：充油为等温过程，排油为绝热过程）。

5-3 图 5-2 所示为一机器在一个工作循环中所需油液的流量，为节约能量，液压系统采用一蓄能器与液压泵并联。试求液压泵的合理流量及蓄能器应有的工作容积。

5-4 蓄能器在安装使用中应注意哪些问题？

5-5 过滤器有哪些类型？各用在什么场合？如何选用？

5-6 过滤器的过滤精度等级是如何划分的？不同的液压系统对过滤精度有何要求？

5-7 如图 5-3 所示，回路中的过滤器安装是否正确？如有错误请更正。

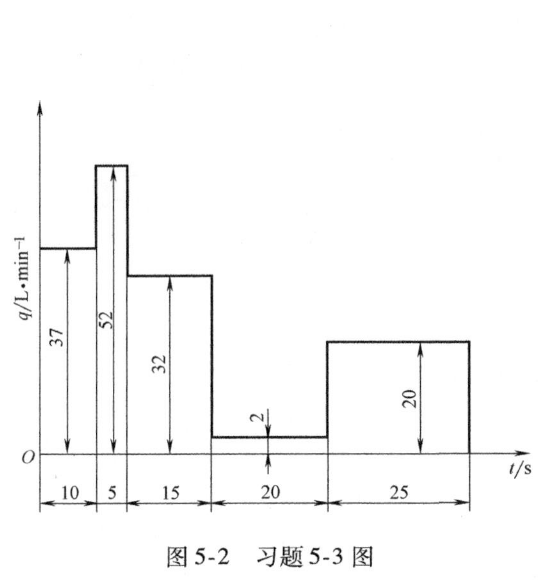


图 5-2 习题 5-3 图

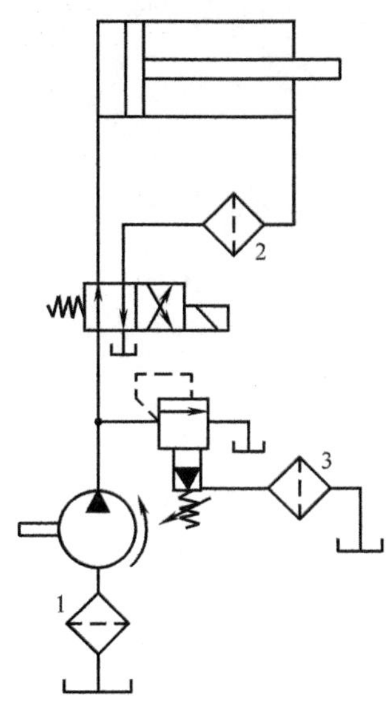


图 5-3 习题 5-7 图

5-8 为了保证伺服阀不受污染，常在其进口安装一精过滤器，有人为使过滤器不致因堵塞而遭破坏，又在过滤器旁并联了一安全阀。这种设计是否恰当？为什么？

5-9 试述油箱的结构及功用。如何确定油箱的容量？

5-10 为什么有些液压系统要安装冷却器？冷却器有哪些类型可供选择？

5-11 安装加热器要注意哪些问题？

5-12 如何选用压力表的量程？如何保护压力表不因压力冲击而损坏？

5-13　如何确定油管的尺寸？简述各种油管的特点及适用场合。

5-14　如何选用管接头？不同形式的管接头分别用于什么场合？

5-15　液压系统对密封装置有哪些要求？常用的密封装置有哪些？如何选用？

5-16　有一液压缸，活塞与缸筒之间选用间隙密封，缸筒内径 $D_0=120\text{mm}$，活塞外径 $D=119.90\text{mm}$，活塞长度 $L=120\text{mm}$。活塞外圆开有 10 个均压槽，槽宽与槽深均为 1mm，活塞两端压差 $\Delta p=10\text{MPa}$，液压油液动力黏度 $\mu=41\times10^{-3}\text{Pa}\cdot\text{s}$，求活塞静止时的内泄漏量。

# 液压基本回路

## 一、学习要点

液压基本回路是指能实现某种功能的液压元件的集合。按其功能不同可分为压力控制回路、速度控制回路、方向控制回路和多执行元件控制回路，要求掌握各种基本回路的功能、组成及应用场合。这一章实际上是对各种液压控制阀的结构原理进行综合和提高，也是为分析和设计液压系统打基础。

### 1. 压力控制回路

压力控制回路是为满足执行元件对力或力矩的要求，利用压力控制阀来控制整个液压系统或局部油路压力的回路。

1）调压回路是每个液压系统必不可少的基本回路。系统中溢流阀要么作安全阀，要么作稳压阀。在系统工作过程中，若不同工作阶段的工作压力相差较大，则应采用多级调压或无级调压（电液比例系统），此时的溢流阀应是先导式溢流阀，利用其遥控口及远程调压阀来实现。

2）卸荷回路也是每个液压系统必不可少的回路，系统一般采用压力卸荷，变量泵系统还可以采用流量卸荷。当用电液换向阀中位机能（M 型、H 型、K 型）卸荷时，如系统中液动主阀采用内控，则一定要保持最低控制压力。采用先导式溢流阀卸荷，为防止降压或升压产生的压力冲击，往往在溢流阀的遥控口与电磁滑阀之间设置阻尼。

3）减压回路多用于工件的夹紧、导轨的润滑及系统的控制油路。减压支路的压力稳定在减压阀调定压力下的条件是支路负载压力大于或等于其调定压力、先导阀开启、主阀阀口关小。为了使减压支路压力不受主油路压力的影响，在减压阀与液压缸之间应串联一个单向阀。

4）增压回路用于系统中局部油路压力要求高于系统压力且流量不大的场合。实现压力放大的关键元件是增压器，增压比为增压器大小活塞的作用面积之比。单作用增压器只能用于行程小、作业时间短的场合，对于增压行程长的地方应采用双作用增压器。双作用增压器必须配备四个单向阀，以隔断高低压油路。要注意压力放大是以降低流量为代价的。

5）平衡回路是具有重力负载的系统必须考虑的问题。若重力负载变化不大，可用单向顺序阀（内控外泄式）的平衡回路；若重力负载变化较大，为降低系统功率消耗，应采用远控平衡阀（结构独特的外控外泄式顺序阀，又称为限速锁）的平衡回路。若要执行元件在行程中长时间停留在任一位置，则需安装液控单向阀实现锁紧。

6）保压回路和卸压回路是压力加工机械液压系统必须考虑的问题。最简单的方法是采用单向阀保压，若要求保压时间长、压力稳定性高，则可用蓄能器或开泵（主泵或控制泵）补充泄漏，泵的起动与停机利用电器（电接触式压力表或压力继电器）自动控制。为降低液压缸保压后高压腔转为回程时的低压腔而引起的压力冲击，应延缓换向阀的切换时间，或采用顺序阀的卸压回路。

**2. 速度控制回路**

速度控制回路是调节和变换执行元件的速度的回路，又称为调速回路。

执行元件的运动速度能实现无级调节是液压传动的最大优点之一，因此在“调速回路”中重点要求掌握：液压传动有哪些调速方式；每种调速回路的结构组成及其调速原理；各种调速方式的特点比较；节流调速回路及容积调速回路的性能参数计算（泵的工作压力、活塞运动速度或马达转速、活塞输出推力或马达输出转矩、电动机驱动功率、回路效率等）。

1）节流调速回路按流量控制阀安装的位置不同分为进油节流、回油节流和旁路节流。

它们都由定量泵、流量控制阀、溢流阀和执行元件组成。在流量控制阀调速过程中，进油节流和回油节流调速回路的溢流阀开启，起压力补偿作用，并分流定量泵的多余流量，而旁路节流调速回路的溢流阀不开启，起安全保护作用。因此在同样元件组成的条件下，旁路节流调速回路的功率损失小、效率高，但速度稳定性差。它们的速度负载特性均可通过方程组（泵的流量连续性方程、活塞受力平衡方程及节流阀的流量特性方程）求解得出。因进、回油节流调速回路既有节流损失，又有溢流损失，故回路效率较低，多用于小功率（$P<3\text{kW}$）场合。表6-1为进油节流、回油节流、旁路节流调速回路的比较。

**表6-1　进油节流、回油节流、旁路节流调速回路的比较**

| 特　性 | 进油节流调速 | 回油节流调速 | 旁路节流调速 |
|---|---|---|---|
| 回路结构 | 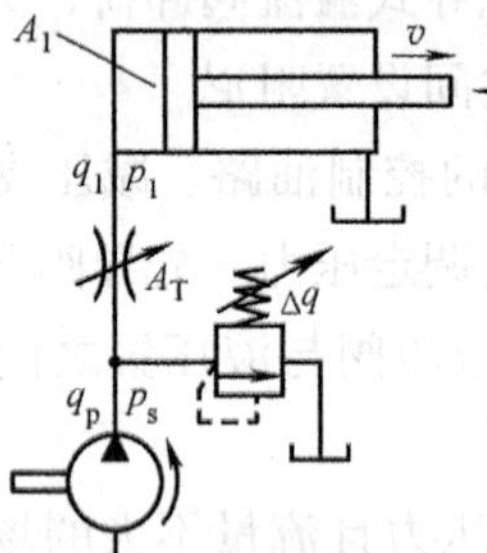 $A_1$, $v$, $F_L$, $q_1$, $p_1$, $A_T$, $\Delta q$, $q_p$, $p_s$ | 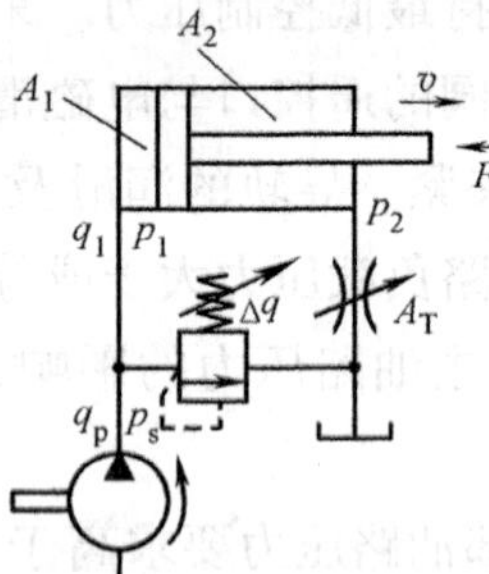 $A_2$, $A_1$, $v$, $F_L$, $p_2$, $q_1$, $p_1$, $\Delta q$, $A_T$, $q_p$, $p_s$ | 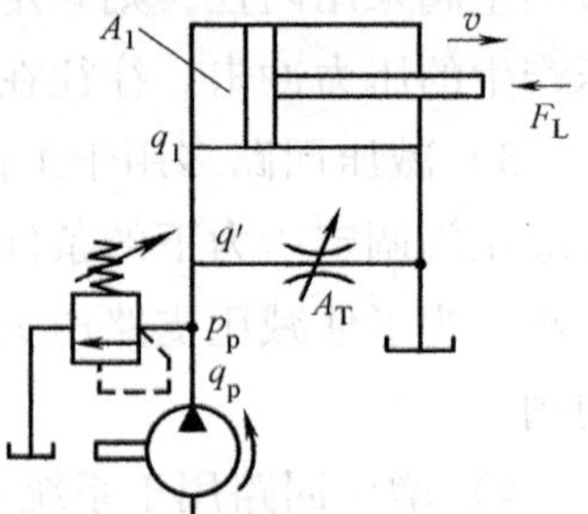 $A_1$, $v$, $F_L$, $q_1$, $q'$, $A_T$, $p_p$, $q_p$ |
| 流量连续性方程 | $q_p=q_1+\Delta q$<br>溢流阀作稳压阀 | $q_p=q_1+\Delta q$<br>溢流阀作稳压阀 | $q_p=q_1+q'$<br>溢流阀作安全阀 |
| 活塞受力平衡方程 | $p_1A_1=F_L$ | $p_sA_1=p_2A_2+F_L$ | $p_pA_1=F_L$ |
| 节流阀流量特性方程 | $q_1=KA_T\ (p_s-p_1)^{1/2}$ | $q_2=KA_Tp_2^{1/2}$ | $q'=KA_Tpp^{1/2}$ |

（续）

| 特　　性 | 进油节流调速 | 回油节流调速 | 旁路节流调速 |
|---|---|---|---|
| 速度－负载特性方程及特性曲线 | $v=\dfrac{q_1}{A_1}$<br>$=\dfrac{KA_T\ (p_sA_1-F_L)}{A_1^{3/2}}$<br>（曲线：v、O、F，调速阀，$A_{T1}$，$A_{T2}$，$A_{T3}$，节流阀，$A_{T1}>A_{T2}>A_{T3}$，$F_{max}=p_pA_1$） | $v=\dfrac{q_1}{A_1}=\dfrac{q_2}{A_2}$<br>$=\dfrac{KA_T\ (p_sA_2-F_L)}{A_2^{3/2}}$<br>回油节流调速回路的速度－负载特性曲线，与进油节流调速相似，最大承载能力 $F_{max}$ 相同 | $v=\dfrac{q_p-q'}{A_1}$<br>$=\dfrac{q_{pt}-\lambda_p\dfrac{F_L}{A_1}-KA_T\left(\dfrac{F_L}{A_1}\right)^{1/2}}{A_1}$<br>（曲线：v、O、F，$q_t/A_1$，调速阀，$A_{T1}>A_{T2}>A_{T3}$，$A_{T1}$，$A_{T2}$，$A_{T3}$） |
| 最高速度 | $v_{max}=q_p/A_1$ | $v_{max}=q_p/A_1$ | $v_{max}=q_p/A_1$ |
| 最大承载能力 | $F_{Lmax}=p_sA_1$ | $F_{Lmax}=p_sA_1$ | $F_{Lmax}=\left(\dfrac{q_p}{KA_T}\right)^2A_1$ |
| 速度刚性 | $K_V=\dfrac{2\ (p_sA_1-F_L)}{v}$ | $K_V=\dfrac{2\ (p_sA_1-F_L)}{v}$ | $K_V=\dfrac{2A_1F_L}{\lambda_p\dfrac{F_L}{A_1}+q_{pt}-A_1v}$ |
| 功率损失 | $\Delta P=p_s\Delta q+\Delta pq_1$<br>既有溢流损失，又有节流损失 | $\Delta P=p_s\Delta q+\Delta pq_2$<br>既有溢流损失，又有节流损失 | $\Delta P=p_pq'$<br>仅有节流损失 |
| 回路效率 | $\eta=\dfrac{p_1q_1}{p_sq_p}$ | $\eta=\dfrac{p_sq_1-p_2q_2}{p_sq_p}$ | $\eta=\dfrac{p_p\ (q_p-q')}{p_pq_p}=\dfrac{q_1}{q_p}$ |
| 其他性能 | 运动平稳性较差，不能承受负值负载，若需承受负值负载，需在回油路上安装背压阀 | 运动平稳性较好，能承受负值负载 | 运动平稳性较差，不能承受负值负载 |

为提高节流调速回路的速度刚性，可采用调速阀的调速回路，如同节流阀的调速回路一样，也有调速阀的进油、回油和旁路节流调速回路，要知道回路速度刚性的提高是增大功率损失（调速阀中定差减压阀的损失）换得的。旁通型调速阀（溢流节流阀）只能用于进油节流调速，相对调速阀调速，回路效率较高，但速度稳定性较差。

2）变量泵（变量马达）系统采取改变泵（或马达）的排量来实现调速的方法，常称为容积调速回路。常见的泵－马达闭式回路是典型的容积调速。泵－马达闭式回路常用计算公式（忽略管道损失）

$$n_M=\frac{q_M\eta_{MV}}{V_M}=\frac{n_pV_p\eta_{pV}\eta_{MV}}{V_M}\quad(n_M\propto V_p\quad n_M\propto 1/V_M)$$

$$T_M=\frac{1}{2\pi}\Delta pV_M\eta_{Mm}\quad(T_M\propto V_M)$$

式中　$n_M$——液压马达转速；

$q_{\mathrm{M}}$——液压马达输入流量；

$V_{\mathrm{M}}$——液压马达排量；

$n_{\mathrm{p}}$——液压泵转速；

$V_{\mathrm{p}}$——液压泵排量；

$\eta_{\mathrm{M}V}$、$\eta_{\mathrm{Mm}}$——液压马达的容积效率和机械效率；

$\eta_{\mathrm{p}V}$——液压泵的容积效率；

$T_{\mathrm{M}}$——液压马达输出转矩；

$\Delta p$——液压马达前后压差。

闭式回路中溢流阀为系统安全阀，泵的供油全部进入马达，回路既无节流损失，又无溢流损失，回路效率高，用于大功率场合（$P>5\mathrm{kW}$）。但负载变化会引起泵和马达的泄漏量变化，故回路速度刚性较差。变量泵－定量马达调速回路为恒转矩调节，定量泵－变量马达调速回路为恒功率调节，变量泵－变量马达调速回路往往在低速段将马达置于最大排量来调节泵的排量，在高速段，泵为最大排量，将马达排量往小调。

3）既要求系统速度刚性好，又要求功率损失小的中小功率场合（$5\mathrm{kW}>P>3\mathrm{kW}$）应采用容积节流调速：用流量控制阀调节进入执行元件或由执行元件流出的流量，由变量泵提供相应的流量。限压式变量泵与调速阀组成的调速回路和差压式变量泵与节流阀的调速回路属于这种调速方式，它们都是流量适应回路，无溢流损失。容积节流调速回路中节流阀前后压差不因负载变化而变化，故执行元件速度稳定性好。

**3. 快速运动回路及速度换接回路**

为了提高生产率，使执行元件获得尽可能大的工作速度，要采用快速运动回路。执行元件工作过程中往往需要两种以上的速度，此种情况下需要速度换接回路。

1）常用的快速运动回路有液压缸差动连接、双泵供油、利用自重充液、利用增速缸或辅助缸等。

采用二位三通换向阀或三位五通换向阀均可实现液压缸差动连接，此时对泵的流量和缸的小腔回油汇合流过的阀及管道应按合成流量来选择规格，否则会导致空载时泵的供油压力过高。

在执行元件不同工作阶段的速度要求相差很远时，应考虑采用双联泵供油，快进时用双泵同时供油；工进时大泵卸荷，小泵供油，再配以流量控制阀来实现调速。

立式液压缸可利用运动部件的自重由充液油箱通过液控单向阀（充液阀）来补充泵的供油不足，实现活塞的快进；而卧式液压缸则可采用增速缸或辅助缸来实现活塞的快进，与此同时相应的油腔也需要通过充液阀补充油液。

2）速度换接回路应具有较高的换接平稳性和换接精度。快、慢速的换接有压力控制和行程控制两种，双泵供油及充液增速回路依靠压力自动控制实现快、慢速换接，行程控制则是利用行程阀或电磁阀来实现的，采用行程阀的回路换接平稳且换接精度高，采用电磁阀则安装方便。两主轴刚性连接的液压马达高、低速换接是将它们串联或并联，串联时为高速，并联时为低速，两种工况下回路输出功率相同。

两种慢速的换接是利用调速阀的串、并联来实现的。调速阀的串联回路，要求第二进给速度小于第一进给速度，调速阀的并联回路两次进给速度虽然互不影响，可以分别调整，但因调速阀的定差减压阀在速度转换瞬间存在滞后，不宜用在同一行程两次进给速度的转换上，只能用在速度的预选上。

**4. 方向控制回路**

方向控制回路是控制执行元件的起动、停止或改变运动方向的回路，有换向、锁紧和制动等回路。

1）所有的执行元件都需有换向回路，二位换向阀使执行元件具有两种状态，三位换向阀使执行元件具有三种状态，不同的中位机能可使系统获得不同的性能。单作用缸只需采用三通阀实现换向，双作用缸必须采用四通或五通阀换向。

电磁阀、电液阀易实现自动控制，但不宜频繁换向；机动阀的换向频率不受限制，但当执行元件速度很低时，会出现换向死点。对频繁连续往复运动的执行元件，多采用机液阀换向。机液阀的换向回路按照制动原理不同分为时间控制制动式和行程控制制动式，时间控制制动式的特点是运动部件的制动时间基本不变，多用于运动速度较大、换向频率高、换向精度要求不高的平面磨床液压系统；行程控制制动式的特点是运动部件的制动行程基本不变，多用于工作部件运动速度不大但换向精度要求高的外圆磨床液压系统。

双向变量泵供油系统可直接变换泵的变量机构来实现执行元件的换向，但系统中必须安装补偿泵吸、排油流量差值的元器件。

2）对于要求执行元件可靠地停在任意位置的系统，尤其是重力负载系统，必须考虑锁紧回路。最常用的方法是采用液控单向阀锁紧，为保证锁紧迅速、可靠，在执行元件锁紧时，其控制油必须接回油箱，如系统换向阀的中位机能选用H型、Y型等。

在切断液压马达的进出油口的同时，液压马达的锁紧还必须配置液压制动器。

3）要求执行元件平稳、尽快地由运动状态转为静止状态，需采用制动回路。回路中用溢流阀与单向阀的组合对油路中因执行元件的惯性而引起的异常高压和负压做出反应，起到缓冲和补油的作用。这里的溢流阀和单向阀均可选取小规格的阀，溢流阀的调定压力比主溢流阀的调定压力高5%～10%。

**5. 多执行元件控制回路**

多执行元件控制回路包括顺序动作回路、同步回路、互不干扰回路及多路换向阀控制回路。

1）顺序动作回路有压力控制、行程控制和时间控制三种控制方式。

利用油路的压力变化，通过内控顺序阀或压力继电器自动控制顺序动作，是液压传动的特色。为保证顺序动作可靠，压力控制元件的调定压力应大于前一动作执行元件最高工作压力的10%～15%。这种回路只适用于执行元件不多、负载变化不大的场合。

采用行程阀或行程开关的顺序动作回路，动作可靠，尤其是采用行程开关控制电磁阀，因方便灵活而应用广泛。

时间控制的顺序动作回路因调节不准确，且不如时间继电器控制电磁阀方便，一般用得不多。

2）要求两个执行元件以相同的速度或相同的位移运动应采用同步回路，同步回路多数采用速度同步，严格地做到每个瞬间速度都同步就能保证位置同步。同步回路有流量控制、容积控制和伺服控制三种控制方式。

流量控制同步回路是通过流量控制阀控制进入或流出执行元件的流量，来实现速度同步的。其中采用调速阀的同步回路结构简单，但调整麻烦，且同步精度不高；采用分流集流阀（同步阀）的同步回路同步精度高，但压力损失大，不宜用在低压系统中。

容积控制同步回路是将两相等容积的油液分配到尺寸相同的两执行元件，来实现位移同步的。将两活塞有效面积相同的液压缸串联起来的同步回路允许较大偏载，回路同步精度和效率都较高，但因制造误差、内泄漏等因素的影响，多次行程后会出现位置误差，需采取补偿措施。通过同步缸或同步马达进行流量分配来实现两执行元件同步的回路需专用的配流元件，系统复杂、制作成本高。

采用比例阀或伺服阀的同步回路用在同步精度要求很高的系统；系统为闭环控制，通过检测装置检测活塞位移信号，放大、反馈给比例阀或伺服阀来控制两缸的流量，从而实现同步运动。系统的复杂程度和造价更高。

3）在有多个执行元件的系统中，若需执行机构同时动作而互不影响，则需考虑采取互不干扰措施。采用双泵分别供给快进和工进所需的油液，可使多缸快、慢速互不干扰。用单向阀保压（保压时间短）、蓄能器保压（保压时间长）、节流阀等也可达到防干扰的目的。

4）工程机械的液压系统一般有多个执行元件，常用多路换向阀控制。根据多路换向阀的连接方式不同分为串联、并联、串并联三种基本油路。无论哪种连接方式，在各执行元件都处于停止位置时，液压泵通过各连换向阀的中位卸荷。

串联油路可实现两个以上执行元件的复合动作，此时泵的工作压力应为同时工作的执行元件负载压力之和；并联油路在各执行元件的负载相差很大时，只能是按负载小、大而先后动作；串并联油路中各连接滑阀之间具有互锁功能，各执行元件只能实现单动。

## 二、例题

**例 6-1**　试用一个先导式溢流阀、两个远程调压阀和两个二位电磁滑阀组成一个三级调压且能卸荷的回路，画出回路图并简述工作原理。

**解**：在图 6-1 中，将先导式溢流阀 5 并联在液压泵的出口，两个远程调压阀 1、2 串联在先导式溢流阀的遥控口，每个远程调压阀并联一个二位二通电磁滑阀。三级调压且能卸荷回路的原理如下：

当电磁铁 1YA（－）、2YA（－）时，阀 5 遥控口经阀 3、阀 4 常位直通回油箱，液压泵卸荷。

当电磁铁 1YA（＋）、2YA（－）时，阀 5 遥控口接远程调压阀 1，泵的出口压力由阀 1 调定为 $p_1$。

当电磁铁 1YA（－）、2YA（＋）时，阀 5 遥控口接远程调压阀 2，泵的出口压力由阀 2 调定为 $p_2$。

当电磁铁 1YA（＋）、2YA（＋）时，远程调压阀 1、2 串联在阀 5 的遥控口；由于阀 2

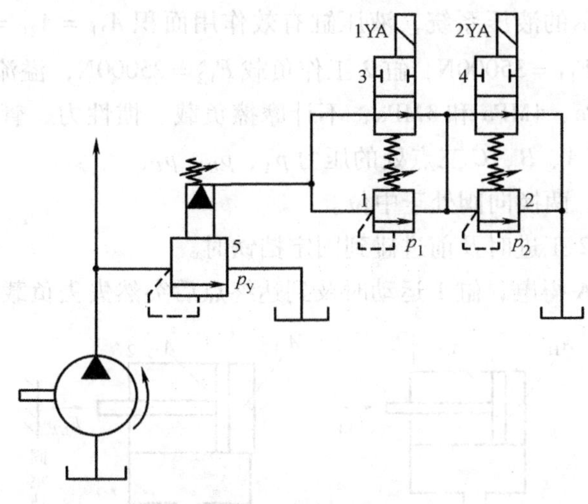


图6-1　例6-1图

的进口压力 $p_2$ 经阀1的弹簧腔泄油通道反馈作用在阀1的弹簧端，因此阀1的进口压力增大为（$p_1+p_2$），泵的出口压力由阀1、阀2共同调定。

需要指出：①阀5的先导阀调整压力 $p_y$ 应大于（$p_1+p_2$），$p_y$ 为回路最高安全压力；②第三级压力不能随意调节，只能由阀1和阀2共同调定。如果对电磁滑阀没有具体规定，答案将有多种形式。

**例6-2**　图6-2所示为采用换向阀中位机能卸荷的回路，实用时发现电磁铁得电后液压缸不动作，请分析原因，并提出改进措施。

**解：**一般说来若系统采用中位机能为M型、H型或K型的三位换向阀，当阀处于中位时，均能达到卸荷的目的。但对于电液换向阀的卸荷回路，还必须考虑是否保证了最低控制压力，有足够的液压力操作主阀阀芯实现换向。图示换向阀为内控、M型中位机能的电液换向阀，因中位泵卸荷，控制压力为零，即便电磁铁得电，先导阀换向，主阀阀芯也不会换向，液压缸不能动作。改进措施如下：

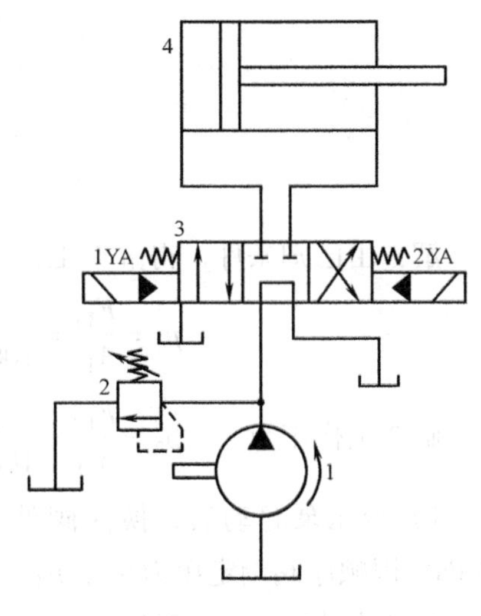


图6-2　例6-2图

1）当换向阀处于中位时，在液压泵卸荷的油路上串联一个预控压力阀或背压阀（串联在泵与换向阀之间的称为预控压力阀，串联在换向阀与油箱之间的称为背压阀，它们可以是顺序阀，也可以是装有硬弹簧的单向阀），使泵处于低压卸荷状况，以保证足够的液压力操作主阀阀芯换向。

2）改内控、M型中位机能的电液换向阀为内控、O型中位机能的电液换向阀，液压泵则采用先导式溢流阀的卸荷回路卸荷。

3）改内控电液换向阀为外控电液换向阀，这样就只需要一个低压小流量的控制泵。

**例 6-3** 图 6-3 所示的液压系统，液压缸有效作用面积 $A_{11}=A_{21}=100\text{cm}^2$，$A_{12}=A_{22}=50\text{cm}^2$，缸 1 工作负载 $F_{L1}=35000\text{N}$，缸 2 工作负载 $F_{L2}=25000\text{N}$，溢流阀、顺序阀和减压阀的调整压力分别为 5MPa、4MPa 和 3MPa，不计摩擦负载、惯性力、管路及换向阀的压力损失，求下列三种工况下 $A$、$B$、$C$ 三点处的压力 $p_A$、$p_B$、$p_C$。

1）液压泵起动后，两换向阀处于中位。

2）2YA 得电，缸 2 工进时及前进碰到固定挡铁时。

3）2YA 失电、1YA 得电，缸 1 运动时及到达终点后突然失去负载时。

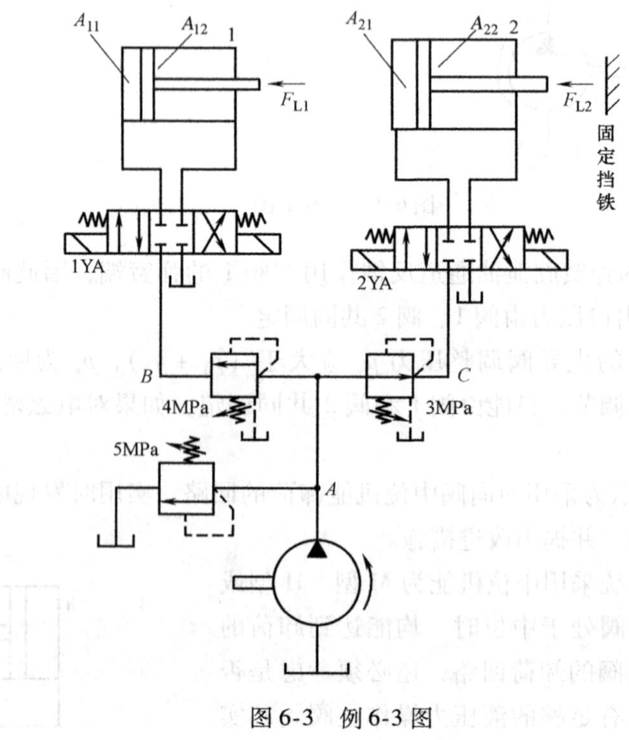


图 6-3 例 6-3 图

**解：** 由已知条件，得缸 1 工作压力

$$p_1=\frac{F_{L1}}{A_{11}}=\frac{35000}{100\times10^{-4}}\text{Pa}=3.5\times10^6\text{Pa}=3.5\text{MPa}$$

缸 2 工作压力

$$p_2=\frac{F_{L2}}{A_{21}}=\frac{25000}{100\times10^{-4}}\text{Pa}=2.5\times10^6\text{Pa}=2.5\text{MPa}$$

1）液压泵起动后，换向阀处于中位，液压泵的油液只能从溢流阀回油箱，故 $p_A=5\text{MPa}$。因顺序阀调定压力小于 $p_A$，顺序阀开启 $p_B=p_A=5\text{MPa}$。由于减压阀先导阀开启，减压开口关小减压，$p_C=3\text{MPa}$。

2）2YA 得电，缸 2 工进时，由于减压阀出口工作压力小于调定压力，减压阀不起减压作用，$p_C=2.5\text{MPa}$。溢流阀不开启，$p_A=p_C=2.5\text{MPa}$。由于顺序阀调定压力大于 $p_C$，顺序阀不开启。

缸 2 前进碰到死挡铁时，缸 2 负载可视为无穷大，减压阀先导阀开启，减压开口关小，起减压稳压作用，$p_C=3\text{MPa}$。液压泵的绝大部分油液将从溢流阀回油箱，故 $p_A=5\text{MPa}$。顺序阀开启，$p_B=p_A=5\text{MPa}$。

3）2YA 失电、1YA 得电，缸 1 运动时，顺序阀出口压力取决于负载，$p_B=3.5\text{MPa}$。顺序阀必须开启，$p_A=4\text{MPa}$。由于减压阀的作用，$p_C=3\text{MPa}$。

缸 1 运动到终点突然失去负载，$p_B=0$。由于顺序阀开启，$p_A=4\text{MPa}$。同前，$p_C=3\text{MPa}$。

这里要注意：减压阀的出口压力与出口工作负载有关，在出口的负载压力大于调定压力时，减压阀的先导阀开启，起减压稳压作用；内控外泄顺序阀的进口压力必须大于或等于其调定压力，而出口压力将取决于负载，当负载压力大于调定压力时，其进口压力等于负载压力。

**例 6-4** 图 6-4 所示为使用增压缸的增压回路。其液压缸动作过程如下：工作缸向右快进→压力继电器发信、增压缸增压、工作缸工进→增压缸左退→工作缸退回原位。已知泵的额定压力 $p=25\times10^5\text{Pa}$，额定流量 $q=40\text{L/min}$，工作缸直径 $D_1=140\text{mm}$，增压缸大直径 $D_2=100\text{mm}$，小直径 $d=50\text{mm}$，试填写系统电磁铁动作循环表，并计算工作缸的最大压紧力 $F$，快进和工进时的速度 $v_k$、$v_g$。

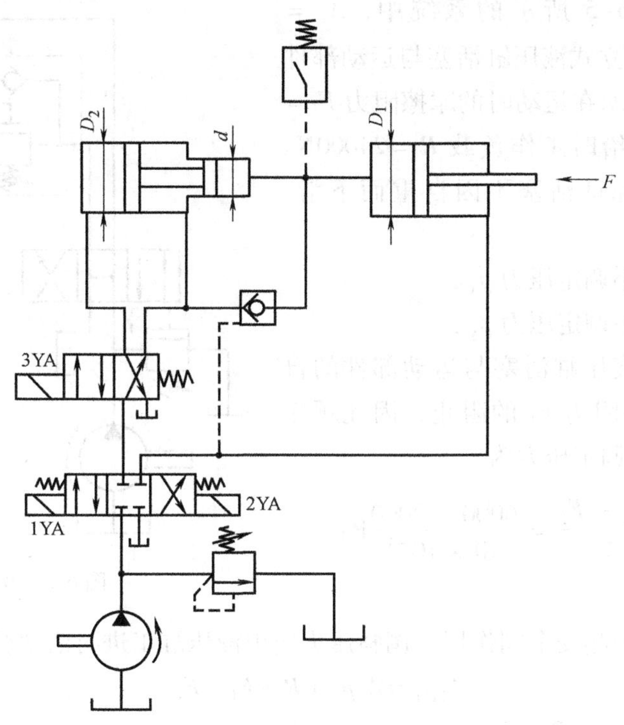


图 6-4 例 6-4 图

**解：** 表 6-2 为增压回路电磁铁动作循环表。

增压缸输出压力
$$p_3=\frac{A_2p}{A_3}=\frac{D_2^2p}{d^2}=\frac{0.1^2}{0.05^2}\times25\times10^5\text{Pa}$$
$$=100\times10^5\text{Pa}$$

表 6-2　增压回路电磁铁动作循环表

| 动作名称 | 电磁铁 | | |
|---|---|---|---|
| | 1YA | 2YA | 3YA |
| 工作缸向右快进 | + | − | − |
| 增压缸增压、工作缸工进 | + | − | + |
| 增压缸左退 | + | − | − |
| 工作缸退回原位 | − | + | − |

工作缸最大压紧力　$F = p_3 A_1 = \frac{p_3 \pi D_1^2}{4} = 100 \times 10^5 \times \frac{3.14 \times 0.14^2}{4} \text{N} = 1.54 \times 10^5 \text{N}$

工作缸快进速度　$v_k = \frac{q}{A_1} = \frac{4q}{\pi D_1^2} = \frac{4 \times 40 \times 10^{-3}}{3.14 \times 0.14^2} \text{m/min} = 2.6 \text{m/min}$

工作缸工进速度　$v_g = \frac{q}{A_1} \frac{A_3}{A_2} = \frac{4 \times 40 \times 10^{-3}}{3.14 \times 0.14^2} \times \frac{0.05^2}{0.1^2} \text{m/min} = 0.65 \text{m/min}$

计算结果表明增压缸的作用使工作缸的工作压力增大四倍，而速度减小为四分之一。

**例 6-5**　在图 6-5 所示的系统中，$A_1 = 80\text{cm}^2$，$A_2 = 40\text{cm}^2$，立式液压缸活塞与运动部件自重 $F_G = 6000\text{N}$，活塞在运动时的摩擦阻力 $F_f = 2000\text{N}$，向下工作进给时工作负载 $R = 24000\text{N}$。系统停止工作时应保证活塞不因自重而下滑。试求：

1）顺序阀的最小调定压力 $p_x$。

2）溢流阀的最小调定压力 $p_y$。

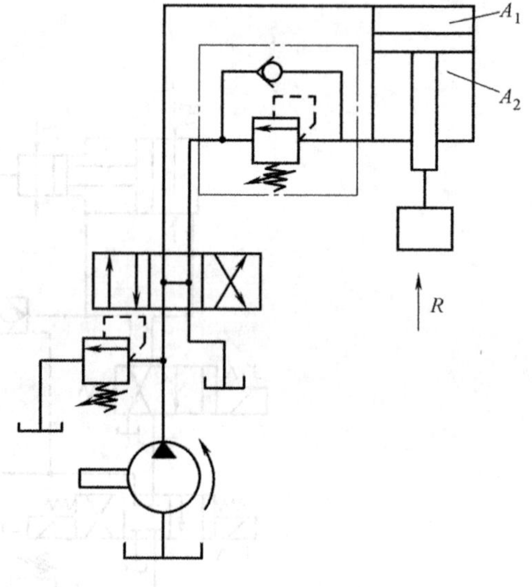


图 6-5　例 6-5 图

**解：** 1）因立式液压缸活塞与运动部件的自重形成的下滑受摩擦阻力 $F_f$ 的阻止，因此顺序阀的开启压力即最小调定压力为

$$p_x = \frac{\sum F}{A_2} = \frac{F_G - F_f}{A_2} = \frac{6000 - 2000}{40 \times 10^{-4}} \text{Pa} = 10 \times 10^5 \text{Pa}$$

2）系统中溢流阀起安全阀作用，调整压力应由液压缸工进时活塞受力平衡方程求得

$$A_1 p_1 = A_2 p_x + R + F_f - F_G$$

$$p_1 = \frac{A_2 p_x + R + F_f - F_G}{A_1} = \frac{40 \times 10^{-4} \times 10 \times 10^5 + 24000 + 2000 - 6000}{80 \times 10^{-4}} \text{Pa} = 30 \times 10^5 \text{Pa}$$

溢流阀的最小调定压力

$$p_y = p_1 = 30 \times 10^5 \text{Pa}$$

**例 6-6**　图 6-6 所示为大吨位液压机系统。其特点有：①活塞向下先快速下行，接触工

件后转为工进行程；②工进行程结束时，换向阀可直接切换到右位使活塞回程。试分析回路，并回答：

1）回路的工作原理。

2）液控单向阀4的功能。

3）换向阀1中位机能的作用。

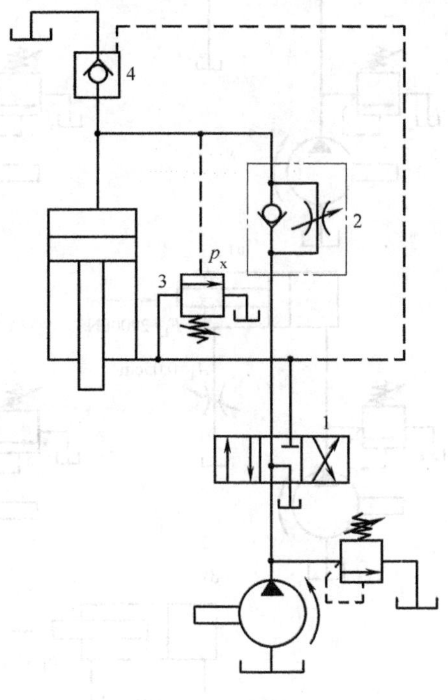

图6-6　例6-6图

**解**：1）回路的工作原理：换向阀左位，液压泵的供油经单向阀进入液压缸上腔，因运动部件自重活塞快速下降，泵供油不足使液压缸上腔出现真空，充液油箱通过液控单向阀4（充液阀）向缸的上腔补油，缸下腔油液则经换向阀回油箱，实现活塞快速下行。当运动部件接触工件负载压力增加时，充液阀4关闭，只靠液压泵供油，活塞速度降低实现工进行程。工进行程结束后，换向阀切换至右位，泵来油试图进入下腔，使上腔压力升高，当缸上腔压力高于顺序阀3调定压力 $p_x$ 时，阀3开启，泵的来油通过阀3回油箱。与此同时，上腔高压油通过节流阀和换向阀卸压回油箱。当缸的上腔压力卸压到低于 $p_x$ 时，顺序阀关闭，缸下腔压力才升高打开液控单向阀4，泵的来油进入缸的下腔，缸上腔油液经阀4排回充液油箱，实现活塞回程。

2）阀4是一个结构特殊的液控单向阀，又称充液阀，主阀阀芯开启时的面积梯度特别大。当活塞利用自重快速下行时，液压缸上腔出现真空，阀4自行开启，充液油箱里的油液直接吸入缸的上腔，起到补充泵供油不足的作用；而当液压缸回程时，缸上腔油液通过阀4排出，避免了通过单向节流阀2产生很大的回油背压。

3）换向阀1为K型中位机能，用于活塞回程上升到终点时，滑块不致因其自重而下滑，并使液压泵卸荷。

**例6-7**　图6-7所示有八种回路。已知：液压泵流量 $q_p=10\text{L/min}$，液压缸活塞面积 $A_1=100\text{cm}^2$，$A_2=50\text{cm}^2$，溢流阀调定压力 $p_s=2.4\text{MPa}$，负载及节流阀开口面积见图中标注，节流阀为薄壁小孔。设 $C_d=0.62$，$\rho=900\text{kg/m}^3$，试分别计算这八种回路中活塞的运动速度和液压泵的工作压力。

**解**：1）由图6-7a，列活塞受力平衡方程 $p_1A_1=F_L$，得

$$p_1=\frac{F_L}{A_1}=\frac{20000}{100\times10^{-4}}\text{Pa}=2\times10^6\text{Pa}=2\text{MPa}<p_s$$

溢流阀不开启，液压泵的流量全部进入液压缸。活塞运动速度

$$v=\frac{q_p}{A_1}=\frac{10\times10^3}{100}\text{cm/min}=100\text{cm/min}$$

液压泵的工作压力　　$p_p=p_1=2\text{MPa}$

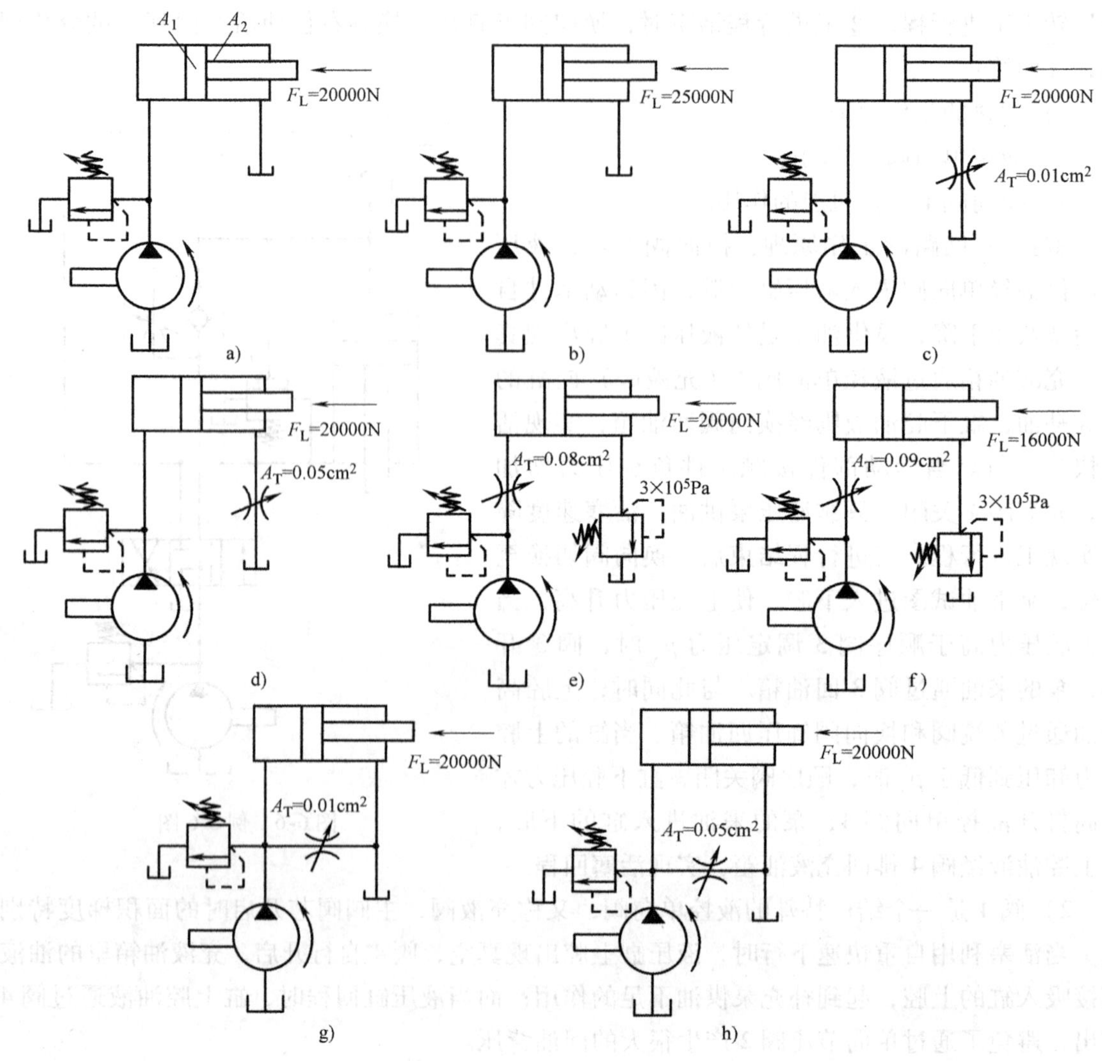


图 6-7　例 6-7 图

2）同理由图 6-7b 得　$p_1 = \dfrac{F_L}{A_1} = \dfrac{25000}{100 \times 10^{-4}}\text{Pa} = 2.5 \times 10^6\text{Pa} = 2.5\text{MPa} > p_s$

溢流阀开启，液压泵的流量全部从溢流阀回油箱，活塞运动速度 $v = 0$

液压泵的工作压力　$p_p = p_s = 2.4\text{MPa}$

3）图 6-7c 所示为回油节流调速回路，设溢流阀开启。

由活塞受力平衡方程　$p_s A_1 = p_2 A_2 + F_L$

得　$p_2 = \dfrac{p_s A_1 - F_L}{A_2} = \dfrac{2.4 \times 10^6 \times 100 \times 10^{-4} - 20000}{50 \times 10^{-4}}\text{Pa} = 0.8 \times 10^6\text{Pa} = 0.8\text{MPa}$

由节流阀压力流量方程得

$$q_2 = C_d A_T \sqrt{\frac{2}{\rho} p_2} = 0.62 \times 0.01 \times 10^{-4} \times \sqrt{\frac{2}{900} \times 8 \times 10^5}\ \text{m}^3/\text{s}$$

$$=26.14\times10^{-6}\text{m}^3/\text{s}=1568.4\text{cm}^3/\text{min}$$

$q_2<q_pA_2/A_1$，说明溢流阀开启的假设成立。活塞的运动速度

$$v=\frac{q_2}{A_2}=\frac{1568.4}{50}=31.37\text{cm/min}$$

液压泵的工作压力

$$p_p=p_s=2.4\text{MPa}$$

4）图6-7d所示为回油节流调速回路，仍假设溢流阀开启。

由活塞受力平衡方程得 $p_2=0.8\text{MPa}$

由节流阀压力流量方程得

$$q_2=C_dA_T\sqrt{\frac{2}{\rho}p_2}=0.62\times0.05\times10^{-4}\times\sqrt{\frac{2}{900}}\times8\times10^5\text{m}^3/\text{s}$$

$$=1.307\times10^{-4}\text{m}^3/\text{s}=7842\text{cm}^3/\text{min}$$

计算结果 $q_2>q_pA_2/A_1$ 是不可能的，故溢流阀开启的假设不成立。此时节流阀开口面积太大，不起节流作用。溢流阀关闭，作安全阀。液压泵流量全部进入液压缸，活塞运动速度为

$$v=\frac{q_p}{A_1}=\frac{10\times10^3}{100}\text{cm/min}=100\text{cm/min}$$

通过节流阀的流量

$$q_2=vA_2=100\times50\text{cm}^3/\text{min}=5000\text{cm}^3/\text{min}=5\text{L/min}$$

由节流阀压力流量方程得节流阀前后压差

$$\Delta p=\left(\frac{q_2}{C_dA_T}\right)^2\frac{\rho}{2}=\left(\frac{5\times10^{-3}}{0.62\times0.05\times10^{-4}\times60}\right)^2\times\frac{900}{2}\text{Pa}=3.25\times10^5\text{Pa}$$

由活塞受力平衡方程得液压泵实际工作压力

$$p_p=\frac{F_L+\Delta pA_2}{A_1}=\frac{20000+3.25\times10^5\times50\times10^{-4}}{100\times10^{-4}}\text{Pa}=2.16\times10^6\text{Pa}=2.16\text{MPa}$$

5）图6-7e所示为进油节流加背压阀的调速回路，设溢流阀开启。

由活塞受力平衡方程 $p_1A_1=p_2A_2+F_L$

得 $$p_1=\frac{p_2A_2+F_L}{A_1}=\frac{3\times10^5\times50\times10^{-4}+20000}{100\times10^{-4}}\text{Pa}=2.15\times10^6\text{Pa}=2.15\text{MPa}$$

于是，节流阀前后压差

$$\Delta p=p_s-p_1=(2.4-2.15)\text{MPa}=0.25\text{MPa}$$

由节流阀压力流量方程得通过节流阀的流量

$$q_1=C_dA_T\sqrt{\frac{2}{\rho}\Delta p}=0.62\times0.08\times10^{-4}\times\sqrt{\frac{2}{900}}\times0.25\times10^6\text{m}^3/\text{s}$$

$$=1.17\times10^{-4}\text{m}^3/\text{s}=7.02\text{L/min}$$

因 $q_1<q_p$，故溢流阀开启假设成立。活塞运动速度

$$v=\frac{q_1}{A_1}=\frac{7.02\times10^3}{100}\text{cm/min}=70.2\text{cm/min}$$

液压泵的工作压力

$$p_p = p_s = 2.4\text{MPa}$$

6）图 6-7f 所示为进油节流加背压阀调速回路，仍假设溢流阀开启。

由活塞受力平衡方程得

$$p_1 = \frac{p_2 A_2 + F_L}{A_1} = \frac{3 \times 10^5 \times 50 \times 10^{-4} + 16000}{100 \times 10^{-4}}\text{Pa} = 1.75 \times 10^6\text{Pa} = 1.75\text{MPa}$$

于是，节流阀前后压差

$$\Delta p = p_s - p_1 = (2.4 - 1.75)\text{MPa} = 0.65\text{MPa}$$

通过节流阀的流量

$$\begin{aligned} q_1 &= C_d A_T \sqrt{\frac{2}{\rho}\Delta p} = 0.62 \times 0.09 \times 10^{-4} \times \sqrt{\frac{2}{900} \times 0.65 \times 10^6}\text{m}^3/\text{s} \\ &= 2.12 \times 10^{-4}\text{m}^3/\text{s} = 12.72\text{L/min} \end{aligned}$$

计算值 $q_1 > q_p$ 是不可能的，溢流阀开启的假设不成立。此时节流阀开口面积太大，不起节流作用。溢流阀关闭，作安全阀。液压泵的流量全部进入液压缸，活塞运动速度

$$v = \frac{q_p}{A_1} = \frac{10 \times 10^3}{100}\text{cm/min} = 100\text{cm/min}$$

由节流阀压力流量方程得节流阀前后压差

$$\Delta p = \left(\frac{q_p}{C_d A_T}\right)^2 \frac{\rho}{2} = \left(\frac{10 \times 10^{-3}}{0.62 \times 0.09 \times 10^{-4} \times 60}\right)^2 \frac{900}{2}\text{Pa} = 0.4 \times 10^6\text{Pa} = 0.4\text{MPa}$$

液压泵的工作压力

$$p_p = p_1 + \Delta p = (1.75 + 0.4)\text{MPa} = 2.15\text{MPa}$$

7）图 6-7g 所示为旁路节流调速回路，溢流阀作安全阀。

由活塞受力平衡方程得

$$p_1 = \frac{F_L}{A_1} = \frac{20000}{100 \times 10^{-4}}\text{Pa} = 2.0 \times 10^6\text{Pa} = 2.0\text{MPa}$$

通过节流阀的流量

$$\begin{aligned} q &= C_d A_T \sqrt{\frac{2}{\rho}\Delta p} = 0.62 \times 0.01 \times 10^{-4} \times \sqrt{\frac{2}{900} \times 2 \times 10^6}\text{m}^3/\text{s} \\ &= 0.413 \times 10^{-4}\text{m}^3/\text{s} = 2.48\text{L/min} \end{aligned}$$

因 $q < q_p$，故活塞运动速度

$$v = \frac{q_p - q}{A_1} = \frac{(10 - 2.48) \times 10^3}{100}\text{cm/min} = 75.2\text{cm/min}$$

液压泵的工作压力

$$p_p = p_1 = 2.0\text{MPa}$$

8）图 6-7h 所示为旁路节流调速回路，溢流阀作安全阀。

由活塞受力平衡方程得

$$p_1 = \frac{F_L}{A_1} = \frac{20000}{100 \times 10^{-4}}\text{Pa} = 2.0 \times 10^6\text{Pa} = 2.0\text{MPa}$$

通过节流阀的流量

$$q = C_d A_T \sqrt{\frac{2}{\rho}\Delta p} = 0.62 \times 0.05 \times 10^{-4} \times \sqrt{\frac{2}{900} \times 2 \times 10^6}\,\mathrm{m^3/s}$$

$$= 2.07 \times 10^{-4}\,\mathrm{m^3/s} = 12.4\,\mathrm{L/min}$$

计算值 $q > q_p$ 是不可能的，说明节流阀开口太大，不起节流作用。液压泵的流量全部从节流阀回油箱了，故活塞运动速度 $v = 0$。

节流阀前后压差

$$\Delta p = \left(\frac{q_p}{C_d A_T}\right)^2 \frac{\rho}{2} = \left(\frac{10 \times 10^{-3}}{0.62 \times 0.05 \times 10^{-4} \times 60}\right)^2 \frac{900}{2}\,\mathrm{Pa} = 1.3 \times 10^6\,\mathrm{Pa} = 1.3\,\mathrm{MPa}$$

液压泵工作压力

$$p_p = \Delta p = 1.3\,\mathrm{MPa}$$

**例 6-8**　在变量泵－定量马达回路中，已知变量泵转速 $n_p = 1500\mathrm{r/min}$，排量 $V_{pmax} = 8\mathrm{mL/r}$，定量马达排量 $V_M = 10\mathrm{mL/r}$，安全阀调整压力 $p_Y = 40 \times 10^5\mathrm{Pa}$。设泵和马达的容积效率和机械效率 $\eta_{pV} = \eta_{pm} = \eta_{MV} = \eta_{Mm} = 0.95$，试求：

1）马达转速 $n_M = 1000\mathrm{r/min}$ 时泵的排量。

2）马达负载转矩 $T_M = 8\mathrm{N \cdot m}$ 时马达的转速 $n_M$。

3）泵的最大输出功率。

**解：** 1）由马达转速　$n_M = \dfrac{q_M \eta_{MV}}{V_M} = \dfrac{q_p \eta_{MV}}{V_M} = \dfrac{V_p n_p \eta_{pV} \eta_{MV}}{V_M}$

得马达转速 $n_M = 1000\mathrm{r/min}$ 时泵的排量

$$V_p = \frac{n_M V_M}{n_p \eta_{pV} \eta_{MV}} = \frac{1000 \times 10}{1500 \times 0.95 \times 0.95}\,\mathrm{mL/r} = 7.39\,\mathrm{mL/r}$$

2）由马达转矩　$T_M = \dfrac{1}{2\pi}\Delta p V_M \eta_{Mm}$

得马达前后压差　$\Delta p = \dfrac{2\pi T_M}{V_M \eta_{Mm}} = \dfrac{2 \times 3.14 \times 8}{10 \times 10^{-6} \times 0.95}\,\mathrm{Pa} = 52.88 \times 10^5\,\mathrm{Pa}$

因为　$\Delta p = 52.88 \times 10^5\,\mathrm{Pa} > p_Y = 40 \times 10^5\,\mathrm{Pa}$

故安全阀开启，泵输出油液从安全阀流回泵的进口，马达转速 $n_M = 0$。

3）泵的最大输出功率

$$P_{pmax} = p_Y V_{pmax} n_p \eta_{pV} = 40 \times 10^5 \times 8 \times 10^{-6} \times \frac{1500}{60} \times 0.95\,\mathrm{W} = 760\,\mathrm{W}$$

**例 6-9**　图 6-8a 为限压式变量泵与调速阀组成的容积节流调速回路，图 6-8b 为限压式变量泵的流量－压力特性曲线 $ABC$。已知变量泵 $q_{pmax} = 10\mathrm{L/min}$，$p_{pC} = 24 \times 10^5\mathrm{Pa}$，$p_{pB} = 20 \times 10^5\mathrm{Pa}$，液压缸 $A_1 = 50\mathrm{cm^2}$，$A_2 = 25\mathrm{cm^2}$，溢流阀调定压力 $p_y = 30 \times 10^5\mathrm{Pa}$，试求：

1）负载阻力 $F_1 = 9000\mathrm{N}$、调速阀调定流量 $q_2 = 2.5\mathrm{L/min}$ 时，泵的工作压力。

2）若调速阀开口不变、负载从 9000N 减小到 1000N 时，泵的工作压力。

3）若负载保持 9000N、调速阀开口变小时，泵的工作压力。

4）分别计算 $F_1=9000\text{N}$ 和 $F_2=1000\text{N}$ 时回路的效率。

**解：**1）限压式变量泵与调速阀的调速回路是流量适应回路，对应于调速阀一定的开度，泵将输出一定的流量，且全部进入液压缸。因调速阀安装在回油路上，对应于调速阀调定流量 $q_2=2.5\text{L/min}$，泵的输出流量

$$q_p=\frac{A_1}{A_2}q_2=\frac{50}{25}\times 2.5\text{L/min}=5\text{L/min}$$

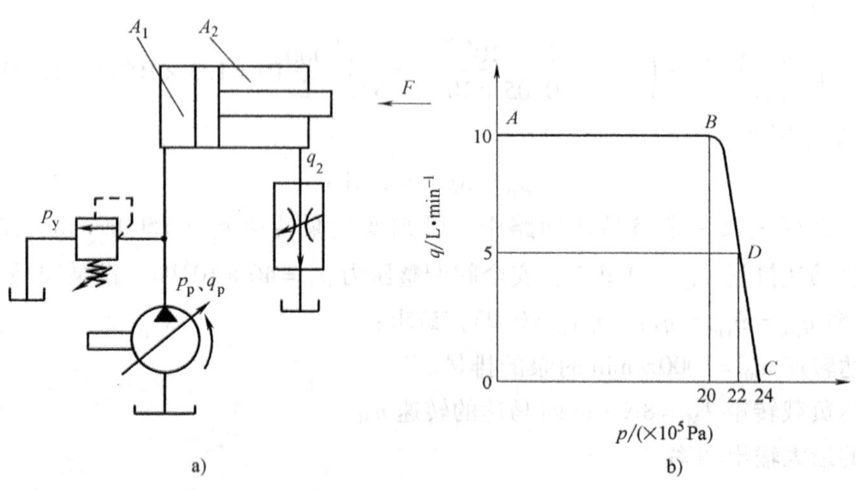


图6-8　例6-9图

在变量泵的流量-压力特性曲线上，过 $q=5\text{L/min}$ 作 $AB$ 的平行线，交 $BC$ 于 $D$ 点，$D$ 点即为泵的工作点，泵的工作压力 $p_D=22\times10^5\text{Pa}$。

2）由特性曲线可知，只要调速阀的开口不变，即调定流量保持不变 $q_2=2.5\text{L/min}$，不管负载如何变化，泵的工作压力 $p_p=p_D=22\times10^5\text{Pa}$。

3）若调速阀的开口变小，变量泵输出的流量变小，由流量压力特性曲线可知泵的工作压力将增大。

4）由于回路是流量适应回路，故回路效率

$$\eta=\frac{p_L q_L}{p_p q_p}=\frac{p_L}{p_p}$$

$F_1=9000\text{N}$ 时的负载压力

$$p_{L1}=\frac{F_1}{A_1}=\frac{9000}{50\times10^{-4}}\text{Pa}=18\times10^5\text{Pa}$$

回路效率
$$\eta_1=\frac{p_{L1}}{p_p}=\frac{18\times10^5}{22\times10^5}=0.818$$

$F_2=1000\text{N}$ 时的负载压力

$$p_{L2}=\frac{F_2}{A_1}=\frac{1000}{50\times10^{-4}}\text{Pa}=2\times10^5\text{Pa}$$

回路效率
$$\eta_2=\frac{p_{L2}}{p_p}=\frac{2\times10^5}{22\times10^5}=0.091$$

负载变小时，回路效率降低，是因为调速阀的定差减压阀阀口损失增大。因此这种调速回路不宜用于负载变化较大且大部分时间处于低负载的场合。

**例 6-10**　图 6-9 所示为差压式变量泵与节流阀的容积节流调速回路。已知液压缸 $A_1=50\text{cm}^2$，$A_2=25\text{cm}^2$，负载 $F=10000\text{N}$，节流阀两端压差 $\Delta p=4\times10^5\text{Pa}$，试求：

1）泵的工作压力 $p_p$、液压缸小腔压力 $p_2$。

2）回路效率 $\eta$。

**解：** 1）差压式变量泵与节流阀的调速回路是流量适应回路，对应于节流阀一定的开口，泵输出相应的流量，且全部进入液压缸。

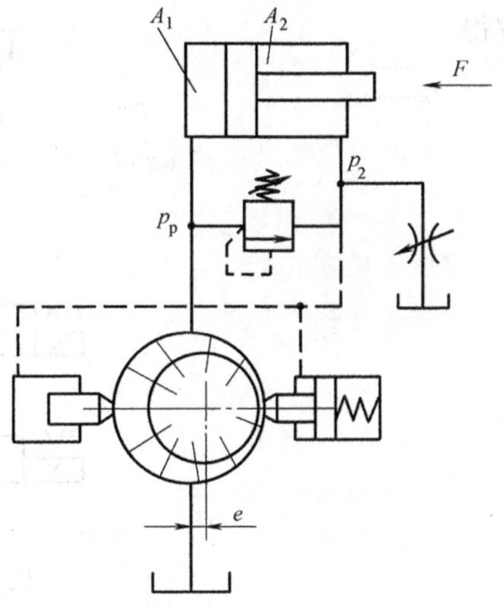

图 6-9　例 6-10 图

这里由于节流阀出口接油箱，液压缸小腔压力 $p_2$ 即为节流阀两端压差 $\Delta p$。在回路工作过程中，节流阀两端压差取决于泵内作用在柱塞上（该柱塞用于改变定子相对于转子的偏心距）的弹簧力，其值基本保持不变，故液压缸小腔压力 $p_2$ 不随节流阀开口的大小变化：
$$p_2=\Delta p=4\times10^5\text{Pa}$$

由活塞受力平衡方程　$p_pA_1=F+p_2A_2$

得泵的工作压力
$$p_p=\frac{F}{A_1}+p_2\frac{A_2}{A_1}=\left(\frac{10000}{50\times10^{-4}}+4\times10^5\times\frac{25}{50}\right)\text{Pa}$$
$$=22\times10^5\text{Pa}$$

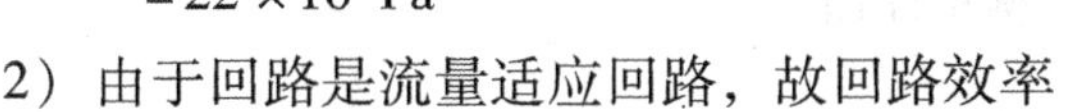

2）由于回路是流量适应回路，故回路效率
$$\eta=\frac{p_Lq_L}{p_pq_p}=\frac{p_L}{p_p}$$

式中负载压力
$$p_L=\frac{F}{A_1}=\frac{10000}{50\times10^{-4}}\text{Pa}=20\times10^5\text{Pa}$$

因此回路效率
$$\eta=\frac{p_L}{p_p}=\frac{20\times10^5}{22\times10^5}=0.91$$

由此可见，差压式变量泵与节流阀的调速回路较限压式变量泵与调速阀的调速回路节流损失小，回路效率高，发热小。

**例 6-11**　图 6-10 所示系统中，液压缸 $A_1=2A_2=100\text{cm}^2$，泵和阀的额定流量均为 $q_s=10\text{L/min}$，溢流阀的调定压力 $p_y=35\times10^5\text{Pa}$，在额定流量下通过各换向阀的压力损失相同 $\Delta p_n=2\times10^5\text{Pa}$，节流阀流量系数 $C_d=0.65$，油液密度 $\rho=900\text{kg/m}^3$。若不计管道损失，并认为缸的效率为 100%，求：

1）填写系统实现“差动快进—工进—快退—停止”工作循环电磁铁动作顺序表。

2）差动快进时，流过换向阀 1 的流量。

3）差动快进时，泵的工作压力。

4）负载 $R=30000\text{N}$、节流阀开口面积 $A_T=0.01\text{cm}^2$ 时活塞的运动速度和回路效率（此时不计换向阀的压力损失）。

**解：** 1）电磁铁动作顺序见表 6-3。

2）差动快进时液压缸小腔回油与泵的流量同时通过换向阀 1 进入液压缸大腔

$$q_1=q_s+q'$$

即

$$v_3A_1=q_s+v_3A_2$$

解得

$$v_3=\frac{q_s}{A_1-A_2}=\frac{q_s}{A_2},\ q'=A_2v_3=q_s$$

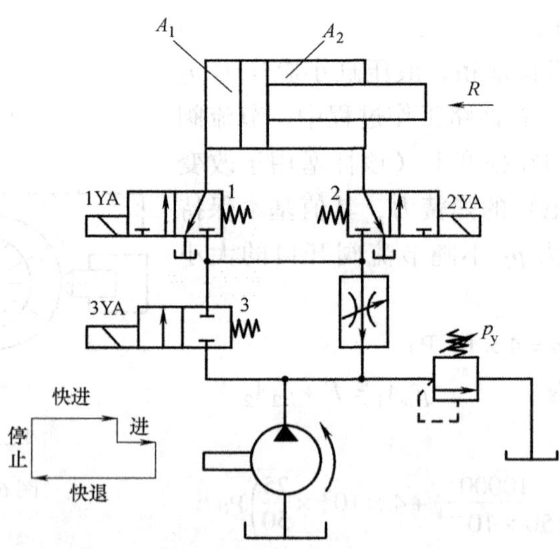


图 6-10　例 6-11 图

**表 6-3　电磁铁动作顺序表**

| 动　　作 | 1YA | 2YA | 3YA |
|---|---|---|---|
| 差动快进 | + | + | + |
| 工进 | + | − | − |
| 快退 | − | + | + |
| 停止 | − | − | − |

故通过换向阀 1 的流量　　$q_1=q_s+q'=2q_s=20\text{L/min}$

3）因差动快进时通过阀 1 的流量为 $2q_s$，故其压力损失为

$$\Delta p_1=\left(\frac{q_1}{q_s}\right)^2\Delta p_n=4\Delta p_n=4\times2\times10^5\text{Pa}=8\times10^5\text{Pa}$$

通过阀 2、阀 3 的流量均为 $q_s$，故其压力损失为

$$\Delta p_2=\Delta p_3=2\times10^5\text{Pa}$$

设差动快进时大腔压力 $p_1$，小腔压力 $p_2=p_1+\Delta p_2+\Delta p_1$。因负载为零，故差动缸活塞

受力平衡方程为

$$p_1A_1=p_2A_2$$

因此　$$p_1=\frac{A_2}{A_1}(\Delta p_2+\Delta p_1+p_1)=\frac{1}{2}(2+8)\times10^5+\frac{1}{2}p_1$$

整理得　$$p_1=10\times10^5\text{Pa}$$

泵的工作压力　$$p_p=p_1+\Delta p_1+\Delta p_3=(10+8+2)\times10^5\text{Pa}=20\times10^5\text{Pa}$$

由此可知，虽然该系统差动快进时是空载，但泵的工作压力却很高，这是因为换向阀1的规格选择不当所致。设计系统时应按实际通过的流量来选择控制阀及管道的规格。

4）液压缸工进时为进油节流调速。

列活塞受力平衡方程　$$p_1A_1=R$$

得　$$p_1=\frac{R}{A_1}=\frac{30000}{0.01}\text{Pa}=10\times10^6\text{Pa}$$

缸此时工进，溢流阀开启，则泵的出口压力　$$p_s=p_y=35\times10^5\text{Pa}$$

调速阀两端压差　$$\Delta p=p_s-p_1=35\times10^5\text{Pa}-3\times10^6\text{Pa}=5\times10^5\text{Pa}$$

列节流阀压力流量方程　$$q_1=C_dA_T\sqrt{\frac{2}{\rho}\Delta p}$$

得

$$q_1=0.65\times0.01\times10^{-4}\sqrt{\frac{2}{900}\times5\times10^5}\text{m}^3/\text{s}=2.17\times10^{-5}\text{m}^3/\text{s}$$

活塞运动速度

$$v=\frac{q_1}{A_1}=\frac{2.17\times10^5}{100\times10^{-4}}\text{m/s}=2.17\times10^{-3}\text{m/s}$$

回路效率

$$\eta=\frac{p_1q_1}{p_sq_s}=\frac{3\times10^6\times2.17\times10^{-5}}{3.5\times10^6\times0.01/60}=0.112$$

**例6-12**　图6-11所示的液压系统，立式液压缸活塞与运动部件的重力为 $G$，两腔面积分别为 $A_1$ 和 $A_2$，泵1和泵2最大工作压力分别为 $p_1$、$p_2$，若忽略管路上的压力损失，问：

1）压力控制阀4、5、6、9各是什么阀？它们在系统中各自的功用是什么？

2）压力控制阀4、5、6、9的压力应如何调整？

3）系统由哪些基本回路组成？

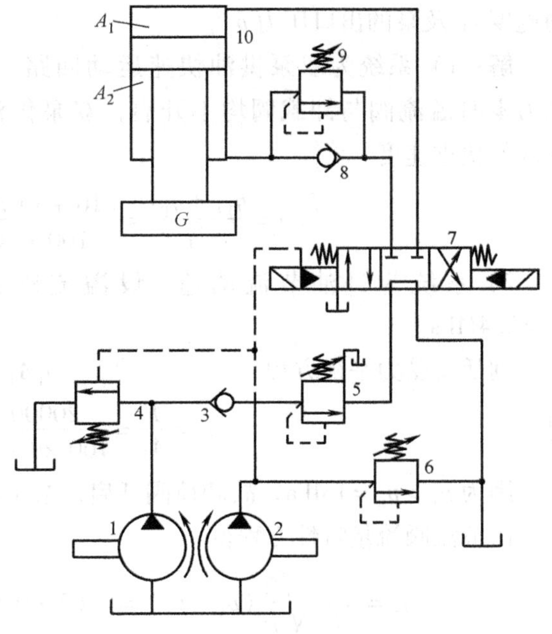


图6-11　例6-12图

**解：**1）阀4为外控内泄顺序阀，作泵1的卸荷阀；阀5为内控外泄顺序阀，作电液换向阀7的预控压力阀；阀6为溢流阀，作系统安全阀，限制系统最大工作压力；阀9为内控内泄顺序阀，作平衡阀，以使重物$G$不因自重而自行下落。

2）阀4设定了泵1的最高工作压力，其调定压力$p_4=p_1$；阀5的调定压力应保证电液换向阀的最低控制压力，$p_5=0.3\sim0.5\text{MPa}$；阀6设定了泵2的最高工作压力，其调定压力$p_6=p_2$；阀9要能平衡重力$G$，其调定压力$p_9\geqslant G/A_2$。

3）系统由以下基本回路组成：由泵1、泵2、卸荷阀4、溢流阀6及单向阀3组成的双泵供油快速运动回路；由电液换向阀7构成的换向回路；由预控压力阀5及M型中位机能的电液换向阀7组成的卸荷回路；由单向阀8及顺序阀9构成的平衡回路等。

**例6-13**　图6-12所示的液压系统中，已知泵1的流量$q_{p1}=16\text{L/min}$，泵2的流量$q_{p2}=4\text{L/min}$，液压缸两腔的工作面积$A_1=2A_2=100\text{cm}^2$，溢流阀5的调定压力$p_y=2.4\text{MPa}$，卸荷阀3的调定压力$p_x=1\text{MPa}$，工作负载$F=20000\text{N}$，节流阀为薄壁小孔，流量系数$C_d=0.62$，油液密度$\rho=900\text{kg/m}^3$。不计泵和缸的容积损失，不计换向阀、单向阀及管路的压力损失，求：

1）负载为零时活塞的快进速度$v$。

2）节流阀开口面积$a=0.01\text{cm}^2$，换向阀6处于右工位时，活塞运动速度$v_1$及泵的出口压力$p_p$。

3）节流阀开口面积$a=0.06\text{cm}^2$时，活塞运动速度$v_1$及泵的出口压力$p_p$。

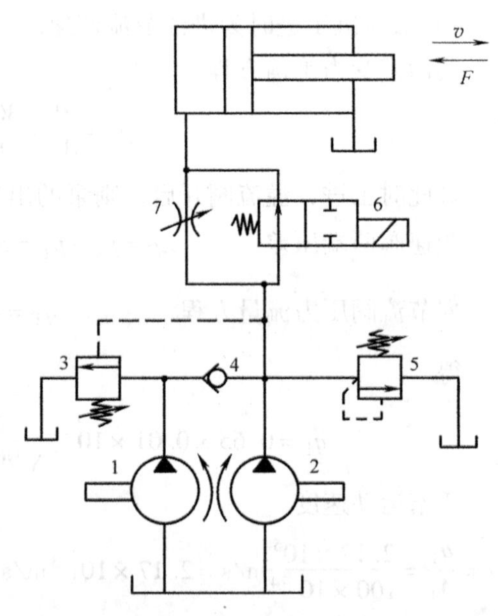


图6-12　例6-13图

**解：**1）系统为双泵供油快速运动回路，负载为零时溢流阀与卸载阀均不开启，双泵供油，活塞的快进速度

$$v=\frac{q_{p1}+q_{p2}}{A_1}=\frac{(16+4)\times10^{-3}}{100\times10^{-4}}\text{m/min}=2\text{m/min}$$

2）系统为进油节流调速。设溢流阀开启，泵的出口压力为溢流阀调定压力$p_y=2.4\text{MPa}$。

列活塞受力平衡方程　　$p_1A_1=F$

得
$$p_1=\frac{F}{A_1}=\frac{20000}{100\times10^{-4}}\text{Pa}=20\times10^5\text{Pa}$$

因为$p_1>p_x=1\text{MPa}$，故卸荷阀开启，泵1卸荷，系统仅由泵2供油。

由节流阀流量特性方程得

$$q_1=C_d a\sqrt{\frac{2}{\rho}(p_y-p_1)}=0.62\times0.01\times10^{-4}\sqrt{\frac{2}{900}\times(24-20)\times10^5}\text{m}^3/\text{s}$$

$$=18.48\times10^{-6}\text{m}^3/\text{s}=1.109\times10^{-3}\text{m}^3/\text{min}<q_{p2}$$

故假设成立，活塞运动速度

$$v_1 = \frac{q_1}{A_1} = \frac{1.109 \times 10^{-3}}{100 \times 10^{-4}} \text{m/min} = 0.11 \text{m/min}$$

泵的供油压力　　　　　　　　$p_p = 2.4\text{MPa}$

3）仍然假设泵 1 卸荷，由泵 2 供油。溢流阀开启，泵的供油压力为 $p_p = 2.4\text{MPa}$。

由节流阀流量特性方程得

$$q_1 = C_d a \sqrt{\frac{2}{\rho}(p_y - p_1)} = 0.62 \times 0.06 \times 10^{-4} \sqrt{\frac{2}{900} \times (24 - 20) \times 10^5} \text{m}^3/\text{s}$$

$$= 6.654 \times 10^{-3} \text{m}^3/\text{min} > q_{p2}$$

故溢流阀开启的假设不成立。泵 2 的流量全部进入液压缸，活塞运动速度

$$v_1 = \frac{q_{p2}}{A_1} = \frac{4 \times 10^{-3}}{100 \times 10^{-4}} \text{m/min} = 0.4 \text{m/min}$$

节流阀前后压差　　$\Delta p = \left(\frac{q_{p2}}{C_d a}\right)^2 \frac{\rho}{2} = \left(\frac{4 \times 10^{-3}/60}{0.62 \times 0.06 \times 10^{-4}}\right)^2 \times \frac{900}{2} = 1.45 \times 10^5 \text{Pa}$

泵的出口压力　　$p_p = p_1 + \Delta p = (20 + 1.45) \times 10^5 \text{Pa} = 21.45 \times 10^5 \text{Pa} = 2.145 \text{MPa}$

因 $p_p = 2.145\text{MPa} > p_x = 1\text{MPa}$，故卸荷阀开启，泵 1 卸荷假设成立。

**例 6-14**　图 6-13a 为用行程阀的速度换接回路，要求运动时能实现"快进—工进—固定挡铁停留—快退"的工作循环，压力继电器控制换向阀切换。试改正图中错误，并分析出现错误的原因。

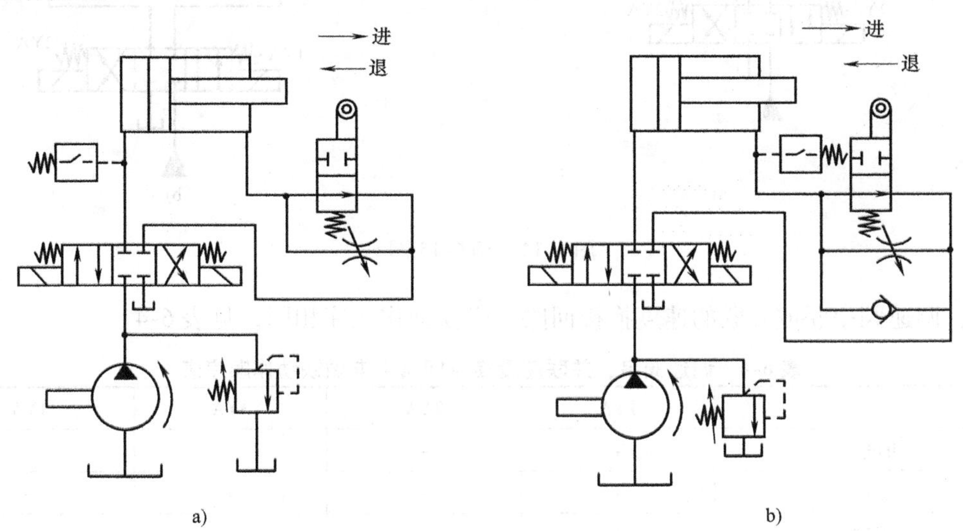


图 6-13　例 6-14 图

**解：**图 6-13a 中有两处错误。

1）压力继电器的安装位置有误。图示为回油节流调速回路，工进时液压缸进腔压力始终为溢流阀调定压力，工进结束后其压力并不发生变化，压力继电器无法获得工进结束、液压缸反向退回的压力信号。压力继电器应安装在液压缸的回油腔上，工进时回油腔压力随负载的变化而变化，工作部件碰到固定挡铁后压力下降至零，取此零压信息发送信号，使换向

阀电磁铁吸合来实现切换。

2）应增加一个单向阀与节流阀并联，以满足快退的要求。因工进结束后，行程阀仍处在挡块压下的切断位置，如不增加单向阀，换向后泵的油液只能通过节流阀进入缸的右腔，活塞慢退直到挡块脱离行程阀后，方能实现快退。增设单向阀后，换向一开始泵的油液就经单向阀进入缸右腔，活塞实现快退而不受行程阀的影响。

改进后的回路如图 6-13b 所示。

**例 6-15**　图 6-14 所示为实现机床两次进给速度的两种方案：两个调速阀串联或两个调速阀并联在油路上，用换向阀换接。列出它们的电磁铁动作顺序表，试比较它们的特点，并说明其应用场合。

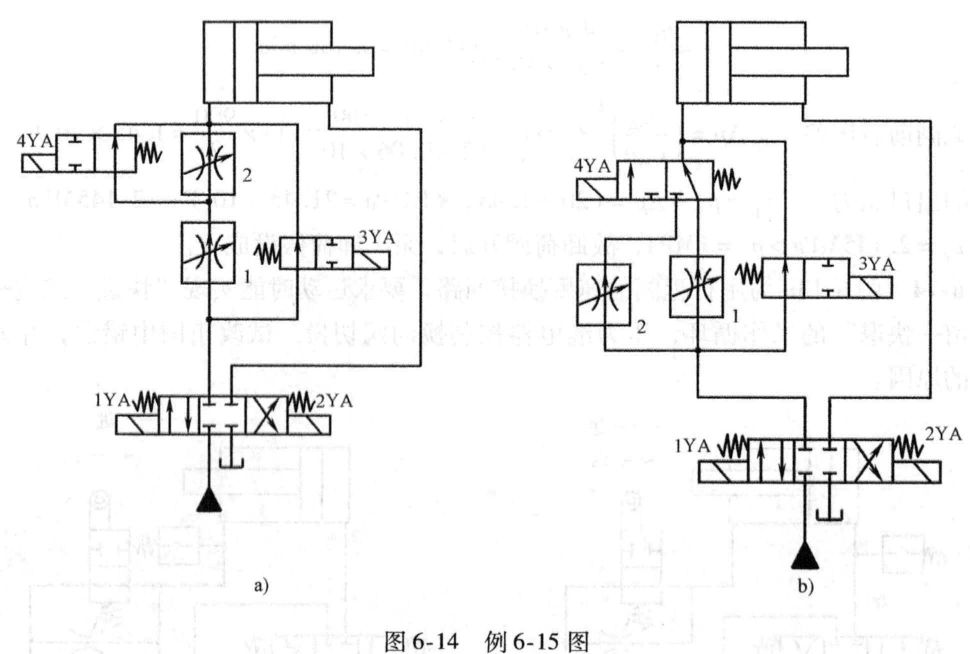


图 6-14　例 6-15 图

**解：** 调速阀串联或并联的速度换接回路电磁铁动作顺序相同，见表 6-4。

**表 6-4　调速阀串、并联速度换接回路中电磁铁动作顺序表**

| | 1YA | 2YA | 3YA | 4YA |
|---|---|---|---|---|
| 快进 | + | − | − | − |
| 一工进 | + | − | + | − |
| 二工进 | + | − | + | + |
| 快退 | − | + | − | − |
| 停止 | − | − | − | − |

调速阀串联时，第二进给速度只能小于第一进给速度，即阀 1 的开口面积 $A_{T1}$ 必须大于阀 2 的开口面积 $A_{T2}$；调速阀并联时，两次进给速度可以分别调整，互不影响，但速度换接瞬间，进给部件会出现突然前冲的现象。这是因为换向阀切换后，调速阀才有流量通过，而此时定差减压阀开口处于最大位置，来不及起压力补偿作用所致。因此调速阀并联的回路很

少用在同一行程中有两次进给速度的转换上，主要用在带有程序预选的两种速度的预选上。

**例 6-16** 图 6-15 所示为采用液控单向阀的双向锁紧回路，为什么换向阀的中位机能为 H 型？换向阀的中位机能还可以采用什么形式？若采用 M 型，会出现什么问题？

**解：** 为了保证锁紧迅速、准确，在换向阀切换到中位时单向阀阀芯应立即回到阀座上，利用锥面密封锁紧，这就要求液控单向阀的控制活塞复位，即控制油油口通回油箱。双向锁紧回路采用 H 型中位机能换向阀就能满足这一要求。换向阀中位机能还可以采用 Y 型。若采用 M 型，换向阀切换到中位后，因液控单向阀的控制油被封闭，直到控制油泄漏完后控制活塞才能复位，单向阀阀芯才能回到阀座上，故达不到迅速锁紧的要求。

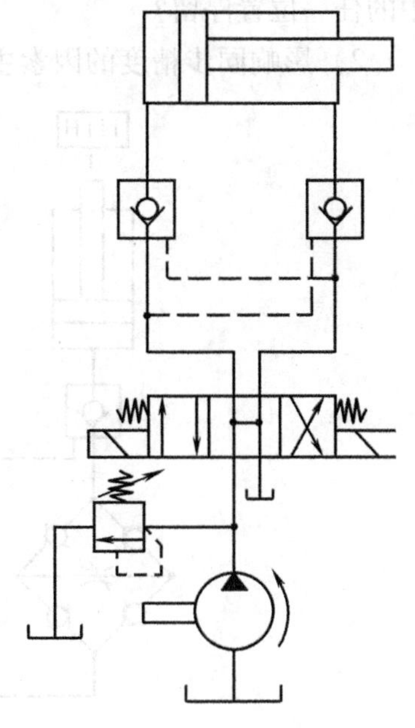

图 6-15 例 6-16 图

**例 6-17** 图 6-16 所示为一种压力控制顺序动作回路，动作顺序为“缸 2 前进—缸 1 前进—缸 2 退回—缸 1 退回”，试分析回路：

1）说明回路的工作原理。

2）阀 5 的调定压力如何确定？

**解：** 1）阀 5 为外控内泄顺序阀，安装在缸 1 的回油路上，作液动开关。只有在控制压力大于等于其调定压力时，阀口才开启，油路才沟通。阀 3 得电，缸 2 推动负载前进，到行程终点压力继续上升，达到阀 5 的调定压力，阀 5 开启后阀 4 得电，缸 1 才推动负载前进；阀 3、阀 4 失电，因返回负载近似为零，阀 5 关闭。直到缸 2 退回到行程终点，压力继续上升达到阀 5 的调定压力时，缸 1 才退回。

2）阀 5 的调定压力必须大于缸 2 的负载压力，小于溢流阀的调定压力。

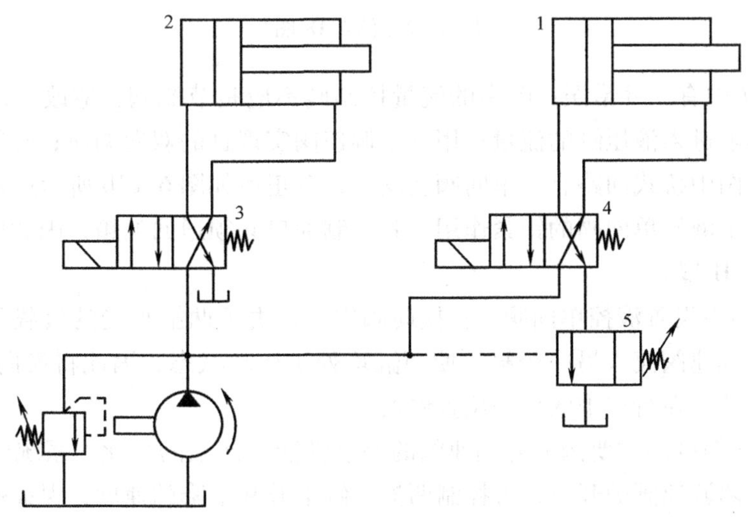


图 6-16 例 6-17 图

**例 6-18**　图 6-17 所示为用流量控制阀使两个液压缸实现双向同步的回路，同时要求液压泵卸荷时活塞可在行程中任一位置停留。改正图中错误并回答下列问题：

1）如果回路不设置液控单向阀，将换向阀中位换成 M 型中位机能，能否使活塞在行程中的任一位置停留？

2）影响同步精度的因素主要有哪些？

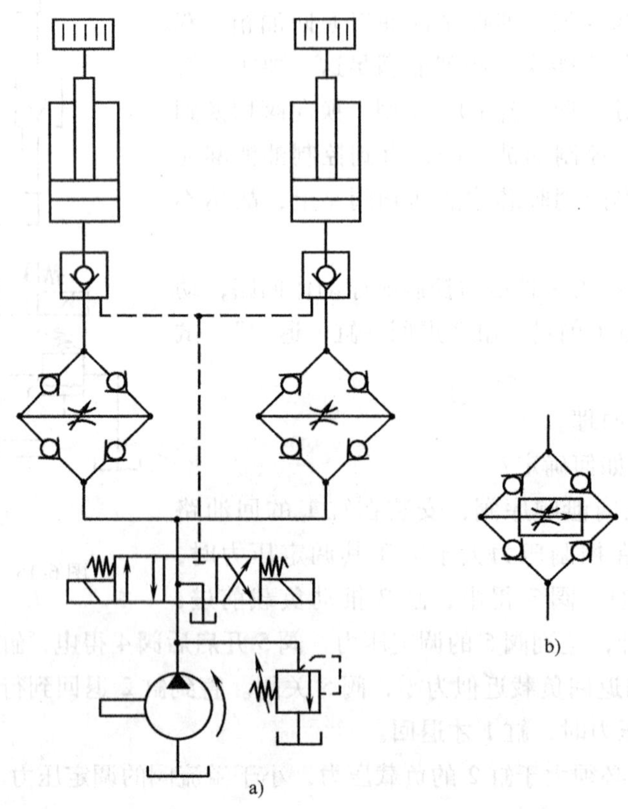


图 6-17　例 6-18 图

**解：**图 6-17 中有三处错误：图中的流量控制阀不应是节流阀，应改为调速阀，这样负载变化才不会影响进入液压缸的流量；用一个调速阀实现缸的双向调速；必须用四个单向阀组成桥式回路；图中桥式回路有一单向阀装反了，改正后如图 6-17b 所示；换向阀中位液压泵卸荷时，为保证液控单向阀的锁紧作用，其控制油口必须通回油箱；因此应将换向阀的中位机能 K 型改为 H 型。

1）如果回路不设置液控单向阀，在换向阀中位，由于两缸承受的负载不同，油液会从负载大的缸通过调速阀流入另一个缸，使两缸均处于运动状态，因此将换向阀换成 M 型中位机能，不能使活塞在行程中的任一位置停留。

2）影响同步精度的主要因素有调速阀的调节性能、油温的变化、系统的泄漏及制造的差异。同时调节两调速阀的开口，可控制两液压缸上升和下降的速度，保证速度同步，但一段时间后会出现位置误差。这种回路结构简单，但调整比较麻烦，同步精度不高，不宜用在偏载或负载变化频繁的场合。

**例 6-19**　图 6-18a 所示为单泵给多个夹紧缸供油的系统。要求在任何一个或几个夹紧缸松开工件时，其他夹紧缸仍然保持夹紧力而不受影响。试分析图示系统能否达到要求，若不能，提出改进方案。

**解：**当一个夹紧缸松开工件时，由于该夹紧缸失去负载，工作压力降为零，整个系统将失压，导致其他夹紧缸不能保持所需要的夹紧力，这就是所谓的“干涉”。改进方案：

1）在图 6-18b 中，各支路的进油口安装了一个单向阀，以防止因其他夹紧缸松开工件而造成压力下降的影响，单向阀起保压作用。因液压缸存在内泄，该方案保压时间有限，时间长了夹紧力仍会受到影响。

2）在图 6-18c 中，各支路的进油口安装了一个节流阀。当某个夹紧缸松开工件时，该支路负载压力下降，但节流阀进口（即泵的出口）压力仍为溢流阀调定压力，因此其他夹紧缸均能保持夹紧力。此方案称为采用节流阀的防干扰回路，没有图 6-18b 所示单向阀保压时间短的缺点。

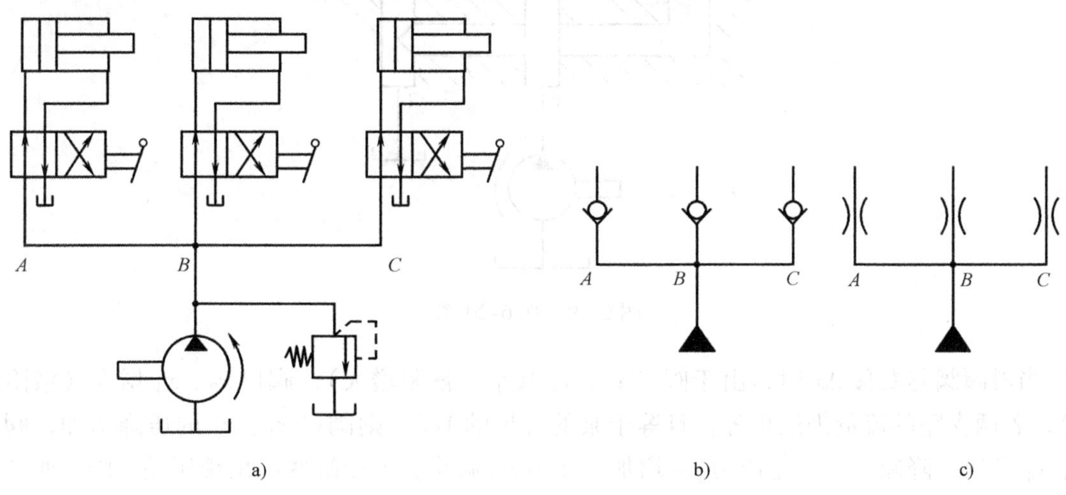


图 6-18　例 6-19 图

**例 6-20**　图 6-19 所示手动滑阀的中位机能为 H 型，四阀口 $x_1 = x_2 = x_3 = x_4 = x_0$，阀的左位 P→A，B→T，右位 P→B，A→T。

1）试分析滑阀由中位换向到左位或右位时，四阀口的大小如何变化。

2）工程机械中常用此阀换向并调速，用流量控制原理说明回路调速原理，并指出回路属于什么调速方式。

**解：**1）滑阀阀芯右移，由中位换向到左位时，记阀芯位移为 $\Delta x$，阀口 $x_2$、$x_4$ 同步增大，且 $x_2 = x_4 = x_0 + \Delta x$（液阻减小）；阀口 $x_1$、$x_3$ 同步减小，且 $x_1 = x_3 = x_0 - \Delta x$（液阻增大）。当 $\Delta x = x_0$ 时，$x_2 = x_4 = 2x_0$，$x_1 = x_3 = 0$，即实现 P→A，B→T。滑阀阀芯左移，由中位换向到右位时，阀口 $x_2$、$x_4$ 同步减小，阀口 $x_1$、$x_3$ 同步增大，当 $\Delta x = x_0$ 时，$x_1 = x_3 = 2x_0$，$x_2 = x_4 = 0$，即实现 P→B，A→T。

2）在图 6-19 中，当滑阀位于中位时，泵的来油分为两路，分别经阀口 $x_2$、$x_1$ 和 $x_3$、$x_4$

回油箱。因 $x_1=x_2=x_3=x_4=x_0$，两支路液阻相等，故两支路的流量相等，且等于泵的来油流量的1/2，即 $q_1=q_2=q_3=q_4=0.5q$。由薄壁小孔流量公式知 $A$、$B$ 两点压力为 $p_A=p_B=\left(\frac{q_p/2}{C_d\pi Dx_0}\right)^2\frac{\rho}{2}=0.5p_p\approx0$，液压缸两腔压力相等，无法克服负载，活塞固定不动，$q_A=q_B=0$，泵低压卸荷。

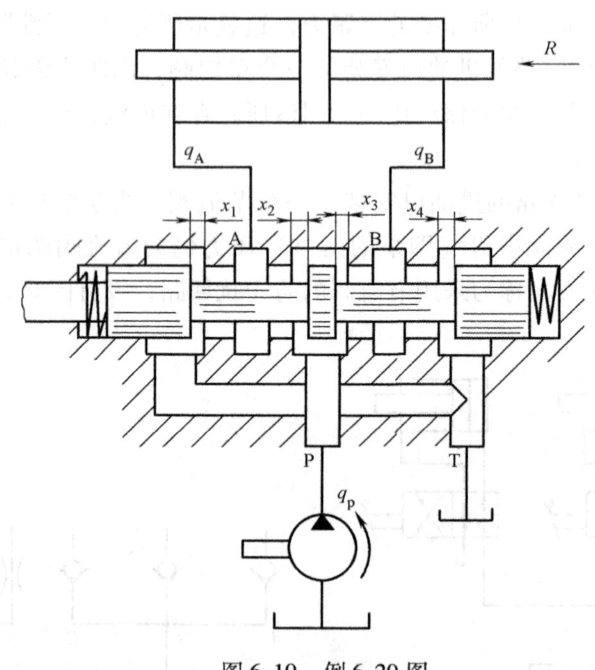


图6-19　例6-20图

当滑阀阀芯右移 $\Delta x$ 时，由于阀口 $x_1$、$x_3$ 减小（液阻增大），阀口 $x_2$、$x_4$ 增大（液阻减小），若两支路的流量仍然相等，且等于泵的流量的1/2，则阀口 $x_1$、$x_3$ 的压降增加，阀口 $x_2$、$x_4$ 的压力降减小，于是压力 $p_A$ 增加，压力 $p_B$ 减小，液压缸两腔出现压差。随着阀芯位移的增大，当 $p_A-p_B=R/A$ 时，活塞将推动负载向右运动，进出液压缸的流量 $q_A=q_B\neq0$，而 $q_2>q_3$。

各阀口的流量连续性方程

$$q_A=q_2-q_1,\quad q_B+q_3=q_4,\quad q_p=q_2+q_3$$

式中：

流经阀口 $x_1$ 的流量　$q_1=C_d\pi Dx_1\sqrt{\frac{2}{\rho}p_A}=C_d\pi D(x_0-\Delta x)\sqrt{\frac{2}{\rho}p_A}$

流经阀口 $x_2$ 的流量　$q_2=C_d\pi Dx_2\sqrt{\frac{2}{\rho}(p_p-p_A)}=C_d\pi D(x_0+\Delta x)\sqrt{\frac{2}{\rho}(p_p-p_A)}$

流经阀口 $x_3$ 的流量　$q_3=C_d\pi Dx_3\sqrt{\frac{2}{\rho}(p_p-p_B)}=C_d\pi D(x_0-\Delta x)\sqrt{\frac{2}{\rho}(p_p-p_B)}$

流经阀口 $x_4$ 的流量　$q_4=C_d\pi Dx_4\sqrt{\frac{2}{\rho}p_B}=C_d\pi D(x_0+\Delta x)\sqrt{\frac{2}{\rho}p_B}$

由上式不难看出，当外负载 $R$ 为定值时，$(p_A - p_B) A = R$ 为定值，泵的工作压力 $p_p = \left(\frac{q_2}{C_d \pi D (x_0 + \Delta x)}\right)^2 \frac{\rho}{2} + p_A$。随着阀芯右移，进入液压缸的流量 $q_A$ 增大，活塞向右运动的速度增大。当阀芯位移 $\Delta x = x_0$ 时，$q_1 = q_3 = 0$，$q_A = q_2 = q_p = q_B = q_4$，活塞的运动速度达到最大值。类似上述分析，滑阀阀芯左移，活塞向左运动，且运动速度随着阀芯位移的增大而增大。

综上可知，通过滑阀阀芯位移的变换可以在实现液压缸换向的同时，调节其运动速度。由于回路中液压泵为定量泵，故其调速方式属于进油与回油复合节流调速，液压泵的工作压力随负载大小的变化而变化，回路为变压系统。因为这种调速方式操作方便、易于控制，且回路效率较高，因此广泛应用于工程机械、建筑机械的液压系统。

## 三、习题

6-1　什么是液压基本回路？按其功用可分为哪几类？

6-2　为什么要调整液压系统的压力？如何调整？

6-3　在哪些调速回路中溢流阀作稳压阀？在哪些调速回路中溢流阀作安全阀？

6-4　液压系统为什么要设置卸荷回路？卸荷的方法有哪些？各用在什么场合？

6-5　图6-20a、b、c所示的三个调压回路能否实现三级调压（压力分别为 $60 \times 10^5$Pa、$40 \times 10^5$Pa、$10 \times 10^5$Pa）？若能实现三级调压，溢流阀的压力调整值分别应取多少？使用的元件有何区别？

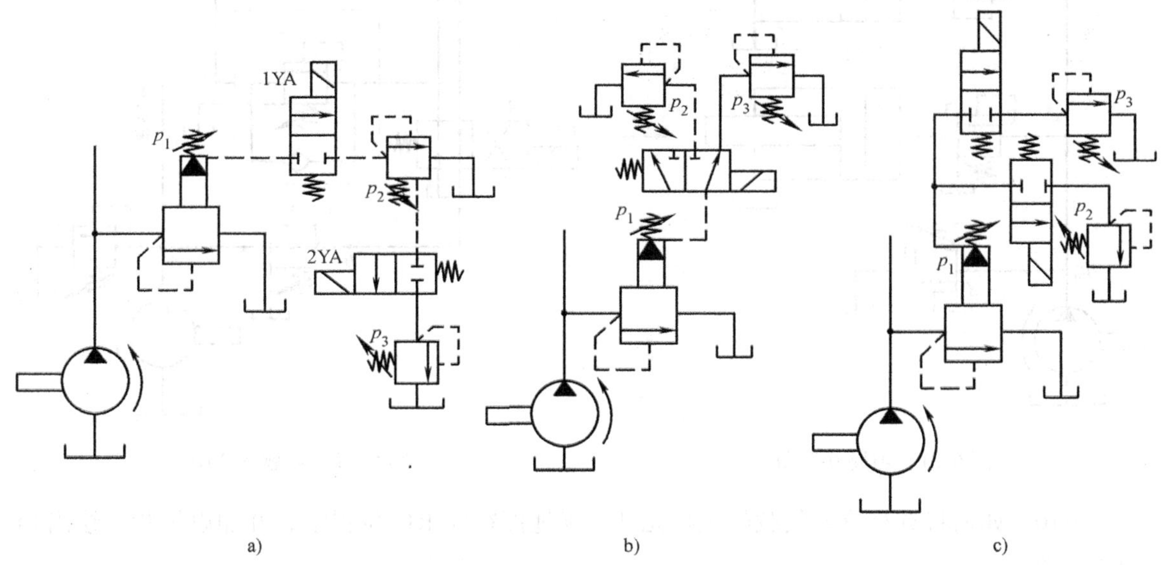


图6-20　习题6-5图

6-6　用一个先导式溢流阀、两个远程调压阀及两个二位二通电磁滑阀最多能实现几级调压（含卸荷）？用一个先导式溢流阀、四个远程调压阀及四个二位二通电磁滑阀最多能实现几级调压（含卸荷）？绘出相应的多级调压回路。

6-7　图6-21所示回路中，已知 $F_1/A_1=15\times10^5\text{Pa}$，$F_2/A_2=10\times10^5\text{Pa}$，阀1调定压力为 $50\times10^5\text{Pa}$，阀2调定压力为 $30\times10^5\text{Pa}$，阀3调定压力为 $40\times10^5\text{Pa}$，初始状态下液压缸活塞均处于左端死点，负载在活塞运动中出现。试回答：

1）两液压缸是同时动作，还是先后动作？

2）液压缸运动时及到达右端死点时 $p_p$、$p_1$ 及 $p_2$ 各为多少？

6-8　某专用机床液压系统，要求完成“夹紧缸夹紧工件—进给缸快进—进给缸工进—进给缸快退—夹紧缸松开工件”的动作循环，其夹紧缸工作压力为2MPa，进给缸工作压力为6MPa，试绘出液压系统图并说明其工作原理。

6-9　分析图6-22所示的某专用机床定位夹紧回路，简述其工作过程，并确定：

1）阀1、阀2、阀3调整压力之间的关系。

2）在定位缸活塞运动过程中（无负载）$A$、$B$、$C$ 三点处的压力关系。

3）定位缸到位，夹紧缸开始动作和夹紧工件后，$A$、$B$、$C$ 三点处的压力关系。

4）为了使定位夹紧回路不受主油路工作的影响，应在该回路上增添什么元件？

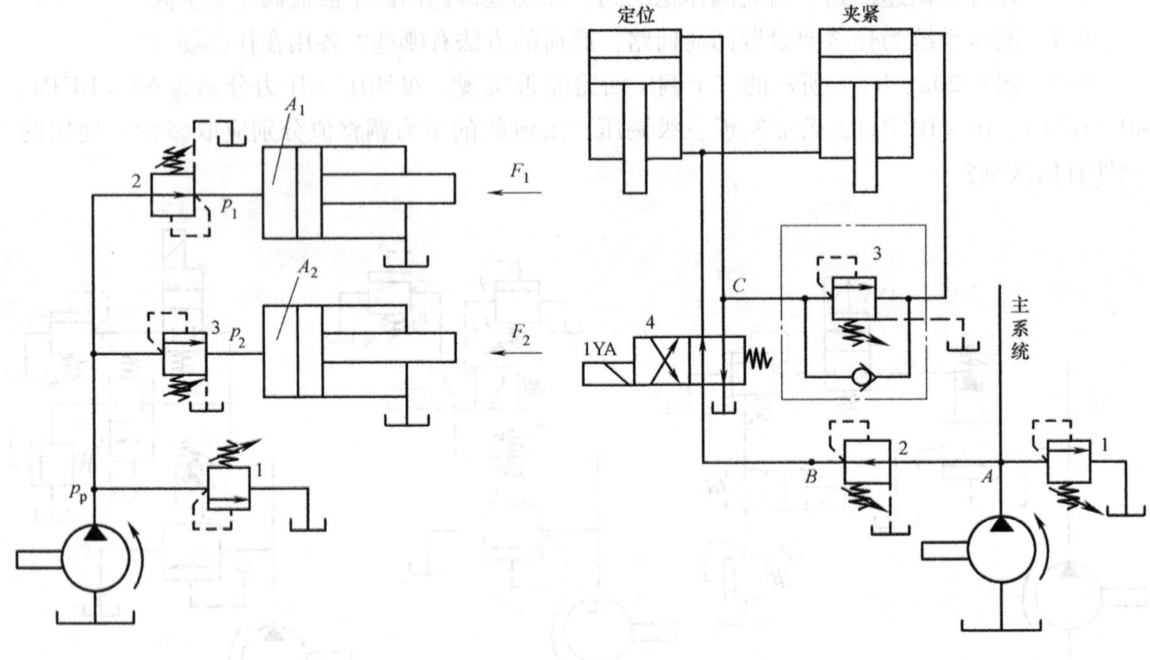


图6-21　习题6-7图　　　　图6-22　习题6-9图

6-10　如何将具有重力负载的执行元件准确地停在要求的位置上，并加以锁紧？绘出相应的回路图。

6-11　在图6-23所示的液压系统中，液压缸活塞直径 $D=100\text{mm}$，活塞杆直径 $d=70\text{mm}$，运动部件总重力 $G=15000\text{N}$，提升时要求在0.15s内均匀地达到稳定的上升速度 $v=6\text{m/min}$，停止时活塞不能自行下落。若不计损失，试确定阀3和阀1的调整压力。

6-12　在什么场合下需要采用保压回路？在什么情况下需要设置卸压回路？

6-13　如何调节液压执行元件的运动速度？常用的调速方式有哪些？分别叙述它们的调速原理。

6-14　按流量控制阀的安装位置不同，节流调速回路分为哪几种？比较它们的速度－负载特性（调节性能、速度刚性、最大承载能力）和功率特性（功率损失、回路效率），并说明它们的应用场合。

6-15　在图6-24所示并联液压缸的两种节流调速回路中，已知两液压缸大腔面积均为 $A_1=40\text{cm}^2$，小腔面积均为 $A_2=20\text{cm}^2$，负载大小不同，$R_1=8000\text{N}$，$R_2=12000\text{N}$，溢流阀调定压力 $p_y=35\times10^5\text{Pa}$，液压泵的流量 $q_p=32\text{L/min}$，节流阀为薄壁小孔，开口面积 $A_T=0.05\text{cm}^2$。设流量系数 $C_d=0.62$，油液密度 $\rho=900\text{kg/m}^3$，求各液压缸的运动速度。

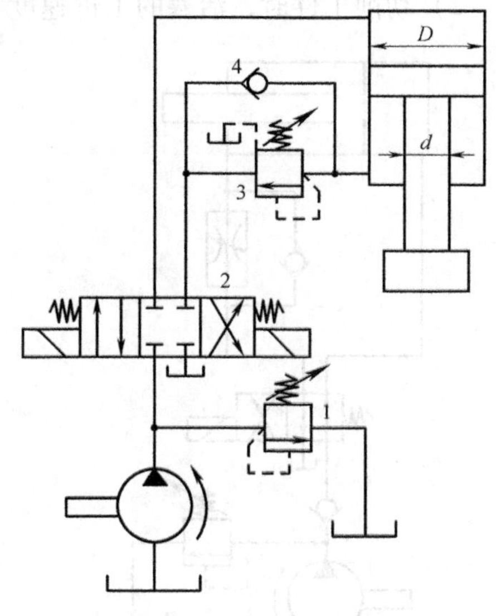

图6-23　习题6-11图

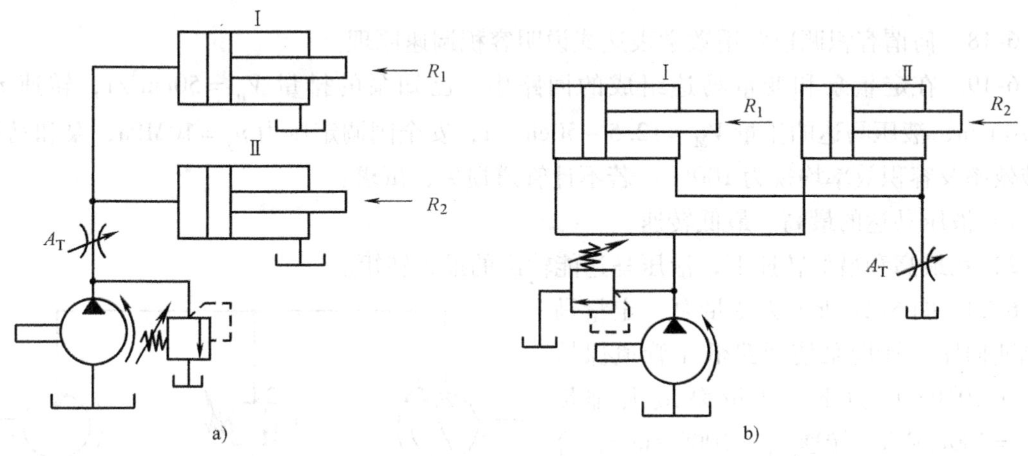

图6-24　习题6-15图

6-16　图6-25所示为采用调速阀的回油节流调速系统，液压缸活塞直径 $D=100\text{mm}$，活塞杆直径 $d=50\text{mm}$，溢流阀调定压力 $p_y=40\times10^5\text{Pa}$，负载 $F_L=31000\text{N}$。工作时发现液压缸速度不稳定，试分析原因，并提出改进措施。

6-17　图6-26所示为某专用铣床液压系统。已知液压泵输出流量 $q_p=30\text{L/min}$，溢流阀调整压力 $p_y=24\times10^5\text{Pa}$，液压缸两腔作用面积分别为 $A_1=50\text{cm}^2$，$A_2=25\text{cm}^2$，切削负载 $F_L=9000\text{N}$，摩擦负载 $F_f=1000\text{N}$，切削时通过调速阀的流量 $q_2=1.2\text{L/min}$。若忽略元件的泄漏和压力损失，试求：

1）活塞快速趋近工件时，活塞的快进速度 $v_1$ 及回路效率 $\eta_1$。

2）切削工件时，活塞的工进速度 $v_2$ 及回路效率 $\eta_2$。

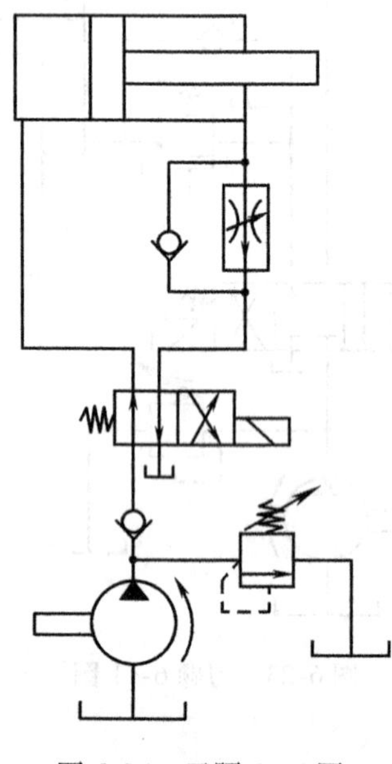

图 6-25　习题 6-16 图

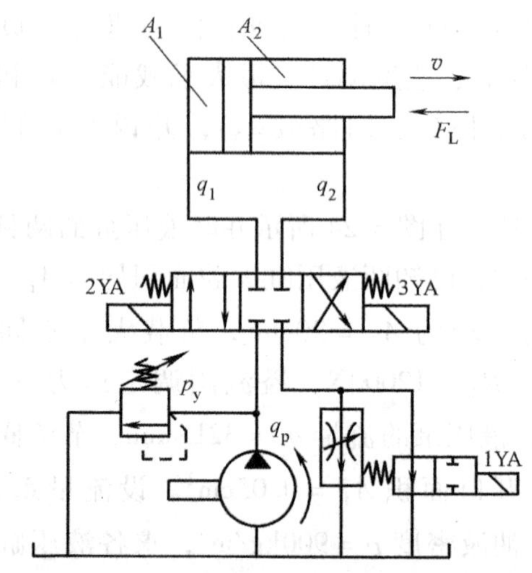


图 6-26　习题 6-17 图

6-18　何谓容积调速？用数学表达式说明容积调速原理。

6-19　在定量泵和变量马达组成的回路中，已知泵的排量 $V_p=50\text{cm}^3/\text{r}$，转速 $n_p=1000\text{r/min}$，液压马达的排量 $V_M=12.5\sim50\text{cm}^3/\text{r}$，安全阀调定压力 $p_y=10\text{MPa}$，泵和马达的机械效率及容积效率均视为100%。若不计管道损失，试求：

1）液压马达的最高、最低转速。

2）在最高和最低转速下，液压马达能输出的最大转矩。

6-20　图6-27所示为变量泵-定量马达调速回路，辅助泵使回路低压管道保持在 $4\times10^5\text{Pa}$ 压力下，变量泵最大排量 $V_{pmax}=100\text{cm}^3/\text{r}$，转速 $n_p=1000\text{r/min}$，容积效率 $\eta_{pV}=0.94$，机械效率 $\eta_{pm}=0.85$；液压马达排量 $V_M=50\text{cm}^3/\text{r}$，容积效率 $\eta_{pV}=0.95$，机械效率 $\eta_{pm}=0.82$。管道损失忽略不计，试求马达输出转速 $n_M=60\text{r/min}$，输出转矩 $T_M=40\text{N}\cdot\text{m}$ 时，泵的排量、工作压力及输入功率。

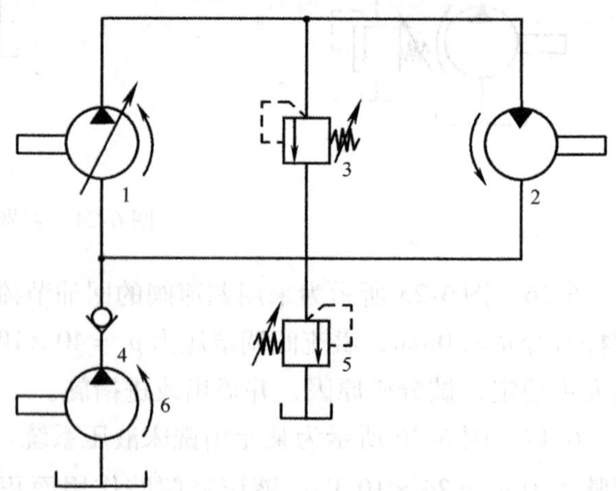


图 6-27　习题 6-20 图

6-21　常见的容积节流调速回路有哪些？它们有何特点？多用在什么场合？

6-22　图6-28a所示为限压式变量泵-调速阀-背压阀调速回路。已知调速阀正常工作所需的最小压差为 0.5MPa，背压阀的调定压力为 0.4MPa，液压缸大、小工作腔面积 $A_1 = 2A_2 = 50\text{cm}^2$，活塞运动速度 $v = 1\text{m/min}$，限压式变量泵的特性曲线如图 6-28b 所示，不计元件及管道的压力损失，试求：

1）液压缸能推动的最大负载。

2）如需推动 16kN 的负载，其他条件不变，应如何调整泵的特性曲线？绘出特性曲线。

6-23 在液压系统中为什么要设置快速运动回路？实现执行元件快速运动的方法有哪些？

6-24 列出图 6-29 所示回路液压缸活塞“快进—工进—快退—停止”的电磁铁动作循环表。说明回路工作原理。若液压缸活塞直径是活塞杆直径的两倍，即 $D = 2d$，求活塞快进速度 $v_1$ 与快退速度 $v_3$ 之间的关系。

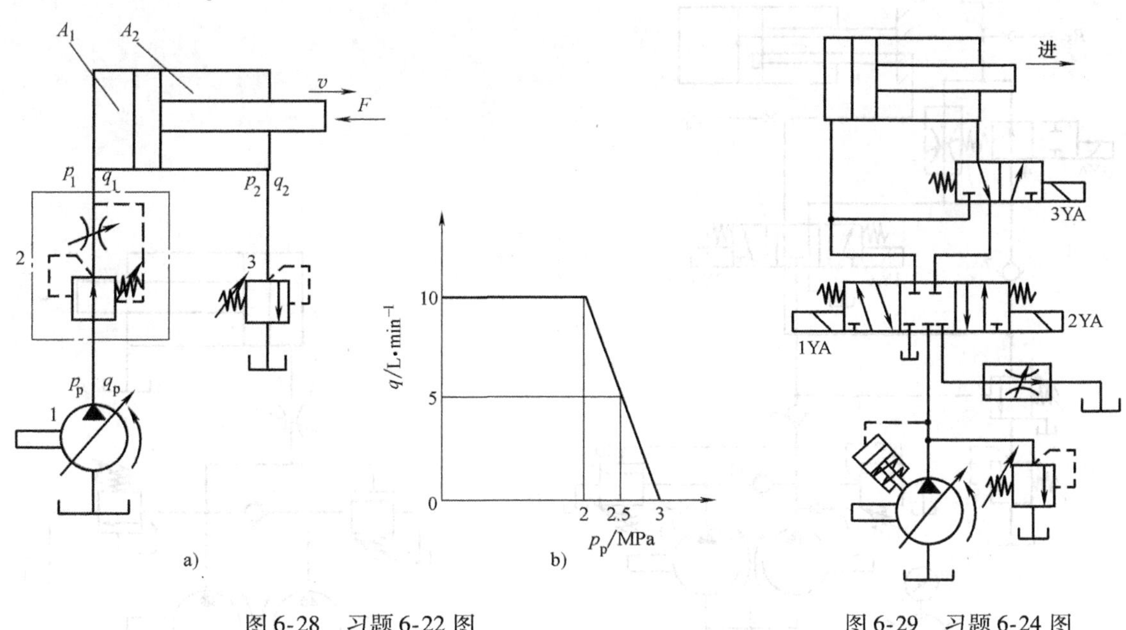


图 6-28 习题 6-22 图

图 6-29 习题 6-24 图

6-25 绘出双泵供油快速运动回路，标注回路中各元件的名称，并简述回路工作原理。

6-26 图 6-30 所示为组合机床动力滑台液压系统，它能实现滑台“快进—工进—固定挡铁停留—快退—停止”工作循环。分析系统并解答下列问题：

1）填写电磁铁动作顺序表（表 6-5）。

**表 6-5 电磁铁动作顺序表**

| | 1YA | 2YA | 3YA |
|---|---|---|---|
| 快进 | | | |
| 工进 | | | |
| 快退 | | | |
| 停止 | | | |

2）阀 6、8、9、10、12 各是什么元件？在系统中起什么作用？

3）单向阀2、7、11各起什么作用？

4）系统由哪些基本回路组成？

6-27　如图6-31所示，有一液压缸采用节流阀的进油节流调速回路，快速运动时需要流量 $q_1=40\text{L/min}$，工作进给时需要流量 $q_L=9\text{L/min}$，负载压力 $p_L=3\text{MPa}$，节流阀压差 $\Delta p=0.3\text{MPa}$，试求：

1）采用图示双泵供油系统时，工进时的回路效率。

2）改用单个定量泵（40L/min）供油时，同样情况下的回路效率。

提示：泵的卸荷压力为0.3MPa。

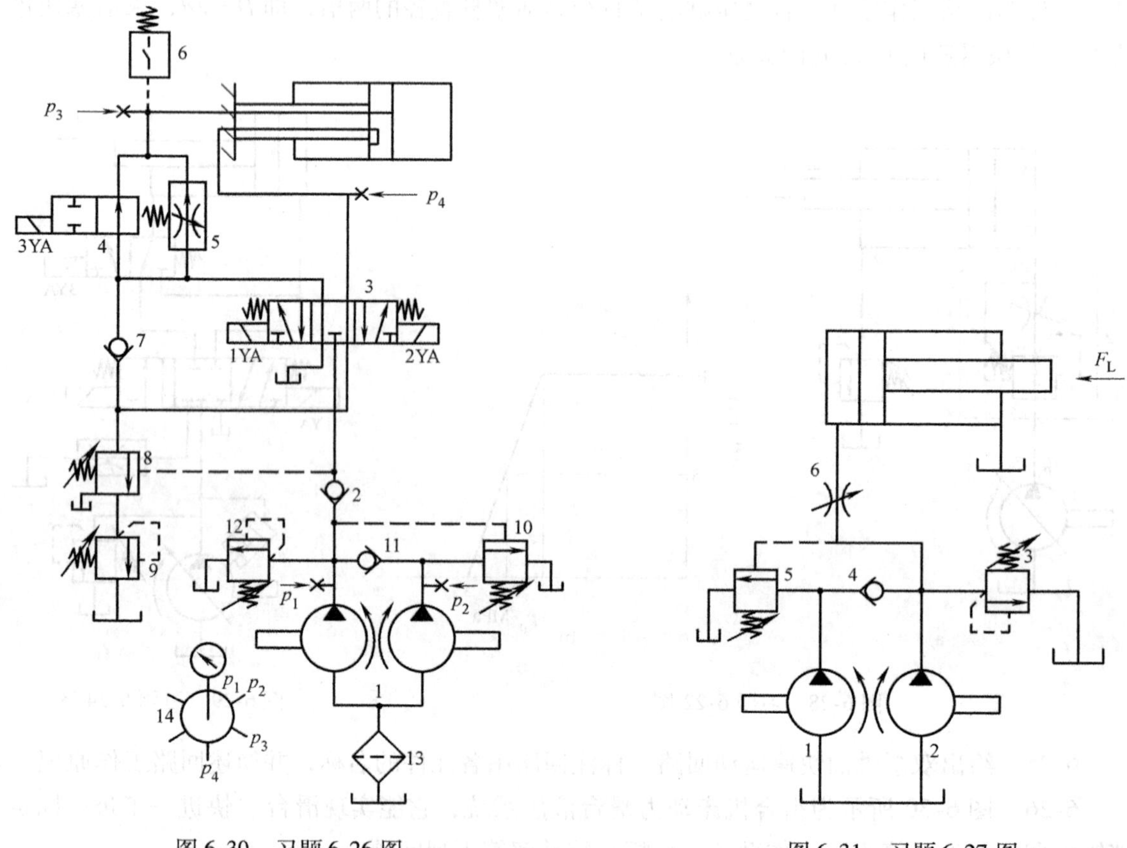


图6-30　习题6-26图　　　　图6-31　习题6-27图

6-28　说明充液增速回路（自重充液快速运动回路、增速缸的增速回路、辅助缸的增速回路）是如何由快速转换为慢速的？指出起作用的关键元件。

6-29　为什么两主轴刚性连接的液压马达串、并联可得快、慢双速？这种回路一般用在什么地方？

6-30　在两调速阀串联和两调速阀并联的速度换接回路中，两阀开口的大小各有什么关系？两种回路各用在什么场合？

6-31　试用两个调速阀组成“快进—一工进—二工进—三工进—快退—停止”动作循环多级调速回路，绘出液压回路图并说明工作原理（提示：利用电磁阀将两调速阀或单个接通或并联接通）。

6-32　图 6-32 所示为限压式变量泵－电液换向阀换向回路的两种方案，试回答下列问题：

1）在换向阀中位时，比较两种方案中变量泵的压力和流量的大小。

2）阀 2 在两种方案中的作用是否相同？如果去掉阀 3，系统能否正常工作？

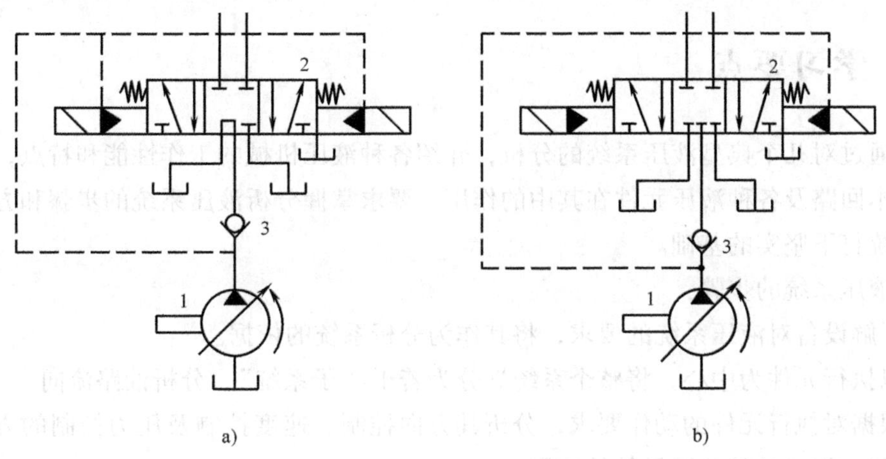


图 6-32　习题 6-32 图

6-33　什么情况下需要采用机液换向阀的换向回路？采用机液换向阀的换向回路按其制动控制方式不同分为哪两类？各有什么特点？各用在什么场合？

6-34　如何使具有重力负载的液压马达锁紧？为什么？

6-35　控制多执行元件顺序动作的方法有哪些？控制多执行元件同步动作的方法又有哪些？

6-36　图 6-33 所示为某专用机床的液压系统，原设计要求是夹紧缸Ⅰ夹紧工件后，进给缸Ⅱ才能动作，且夹紧缸Ⅰ的速度能够调节。该方案能否达到设计要求？为什么？试提出改进方案。

6-37　分别用内控顺序阀和压力继电器控制电磁阀换向来实现“缸 1 前进—缸 2 前进—缸 1 退回—缸 2 退回”的顺序动作，绘出回路图，并说明如何调整顺序阀和压力继电器的压力。

6-38　试用两个分流集流阀来实现三个液压缸的双向同步，绘出回路图并说明回路工作原理。

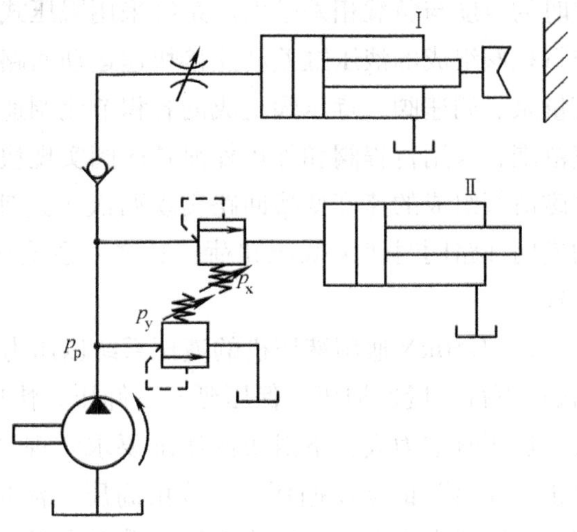


图 6-33　习题 6-36 图

# 第七章

# 典型液压系统

## 一、学习要点

本章通过对几个典型液压系统的分析，介绍各种液压机械的工作性能和特点，复习不同功能的基本回路及各种液压元件在其中的作用。要求掌握分析液压系统的步骤和方法，为设计液压系统打下坚实的基础。

分析液压系统的步骤：

1）了解设备对液压系统的要求，将其作为分析系统的依据。

2）以执行元件为中心，将整个系统划分为若干“子系统”，分析油路流向。

3）根据对执行元件的动作要求，分析其方向控制、速度控制及压力控制的方法，弄清各控制回路的组成及其关键元件的作用。

4）根据对各执行元件之间的顺序、同步、互锁、防干扰等要求，综合分析各“子系统”之间的联系。

5）归纳总结整个液压系统的特点，以加深对系统的理解。

要设计好液压系统，必须了解和掌握已有的典型液压系统的特点，以此作为借鉴。

1）YT4543 型组合机床动力滑台的液压系统以速度变换为主特点，运动部件要求能自动实现“快进—一工进—二工进—固定挡铁停留—快退—原位停止”工作循环，且快进与工进时的速度与负载相差较大。系统采用限压式变量泵供油和由三位五通电液换向阀、单向阀与行程阀组成的液压缸差动连接快速运动回路两项措施实现运动部件的快进；采用由限压式变量泵、调速阀、背压阀组成的容积节流调速回路保证了液压缸较好的速度刚性和较大的调速范围；采用行程阀和外控外泄顺序阀实现快进与工进的速度换接；采用两个调速阀串联与电磁滑阀组成的速度变换回路实现两次工进速度的换接。另外，M 型中位机能电液换向阀的换向回路同时使泵低压卸荷。总之，系统使用元件不多，油路布置简单灵活，能量利用合理。

2）3150kN 通用液压机的液压系统以压力变换为主特点，压力机上滑块液压缸要求实现“快速下行—慢速加压—保压延时—卸压、快速回程—原位停止”的动作循环，空程时速度大，加压时推力大；下滑块液压缸要求实现“向上顶出—向下退回”或“浮动压边下行—停止—顶出”的动作循环。系统由高压大流量恒功率变量泵供油及利用活塞自重充液的快速运动回路实现上缸的快速下行；采用背压阀与液控单向阀组成的平衡回路控制上缸下腔的回油压力，满足了主机对力和速度的要求；采用单向阀的保压回路和用顺序阀的卸压回路保证了压力变换过程的平稳。辅助泵作为系统中液控阀的控制油源，控制上下缸的电液阀换向和液控单向阀的启闭。

3150kN 液压机插装阀集成系统由五个插装阀块组成，由 $F_3$、$F_4$、$F_5$、$F_6$ 及相应的先导阀组成上缸的换向回路、卸压回路、平衡回路；由 $F_7$、$F_8$、$F_9$、$F_{10}$ 及相应的先导阀组成下缸的换向回路、背压控制回路；由 $F_1$、$F_2$ 组成系统的调压卸荷回路。插装阀具有密封性能好、通流能力大、压力损失小的优点，故系统油路简单、结构紧凑、动作灵敏。分析插装阀集成系统，必须先要熟悉插装阀作换向阀用和作压力控制阀用时的组成及动作原理。

3）SZ—250A 型塑料注射成型机液压系统以多执行元件配合工作为主特点，它的动作循环为"合模缸合模—注射座缸前进—注射缸注射—保压—冷却—注射座缸后退—合模缸开模—顶出缸顶出制品—顶出缸后退"，在制品冷却的同时，液压马达带动螺杆旋转对颗粒状塑料预塑。动作循环中不同工作阶段的速度、压力要求相差较大。这里采用了双联泵供油系统，速度高时采用双泵供油，速度低时采用一个泵供油，另一个泵卸荷；不同工作阶段的工作压力则由先导式溢流阀与多个远程调压阀、电磁滑阀组成的多级调压回路控制，注射、顶出、预塑的速度微调由节流阀或旁通型调速阀调节。各执行元件的换向回路视实际通过的流量，或采用电液换向阀，或采用电磁换向阀。多个执行元件的动作顺序由行程开关控制，这种控制方式机动灵活，系统较简单。

4）机电一体化液压挖掘机的液压系统以比例控制为主特点，挖掘机的回转平台马达、动臂缸、斗杆缸、铲斗缸均由带阀芯位移反馈的电液比例方向节流阀控制，比较普通控制阀，它具有优良的比例特性，控制准确方便；比较伺服阀，它具有成本低、抗干扰性好、能量损失小、对油液清洁度无特殊要求等优点。另外，自动操纵的机电一体化系统除驱动与传动系统外，还具有工况在线监测系统与微机控制系统。

5）钢带卷曲机光电液跑偏控制系统为电液伺服控制系统，光电检测器监测钢带偏差位移，输出信号经电放大器，驱动伺服阀输出相应的流量，使伺服液压缸拖动卷曲机向跑偏方向跟踪，实现钢带自动卷齐。在此要搞清楚伺服控制即反馈控制的原理。

## 二、例题

**例 7-1**　图 7-1 所示为 ZL50 装载机的液压系统，执行元件有转向缸、铲斗缸和动臂缸，动力源为柴油机驱动的一组双联泵和一台单泵，柴油机的转速范围为 $n=600\sim2200\text{r/min}$。该装载机的工作特点是：①转向部分在 $n=600\sim1500\text{r/min}$ 时，由流量转换阀 4 保证有一恒定流量 $q_z$，以优先满足转向要求，$n>1500\text{r/min}$ 后，$q_z$ 随 $n$ 的增大而增大。转向阀 6 为一手动伺服阀，操作转向手轮，可开启通往转向缸的阀口，停止操作，机械反馈使阀回到中位；②动臂缸、铲斗缸只能单独动作，其动作不受转向动作的影响。试分析：

1）转向缸属于哪一种调速方式？阀 5 在这里起什么作用？

2）多路换向阀属于什么连接形式？它是如何满足铲斗缸和动臂缸的工作要求的？

3）铲斗缸和动臂缸的运动速度如何调节？

4）阀 10 在系统中的作用。

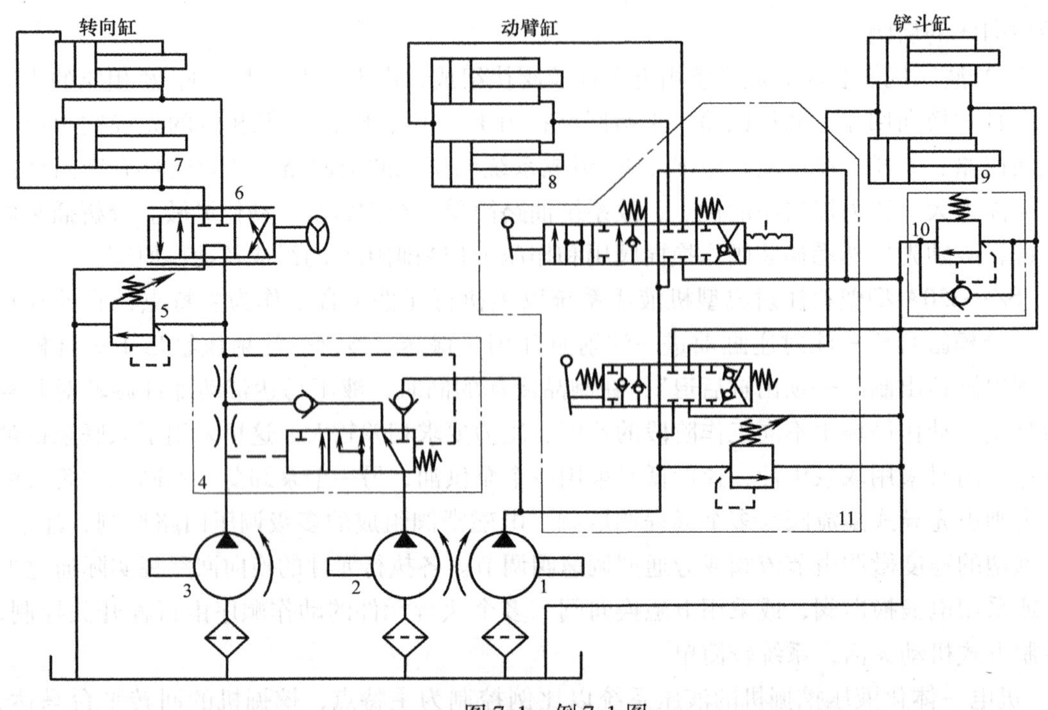


图 7-1 例 7-1 图

1—工作泵 2—辅助泵 3—转向泵 4—流量转换阀 5—溢流阀 6—转向阀 7—转向缸 8—动臂缸 9—铲斗缸 10—双作用溢流阀 11—多路换向阀

**解：** 1）在柴油机转速 $n=600\sim2200\text{r/min}$ 时流量控制阀 4 优先保证了通往转向回路所需的流量，$q_z$ 为一定值（参见例 4-14），因此转向回路可视为定量泵系统。又由于转向阀 6 为手动伺服阀，伺服阀的阀口可视为节流口，故转向缸属于伺服阀节流调速，溢流阀 5 在这里起安全作用。

2）多路换向阀 11 的第一连滑阀控制铲斗缸的动作，第二连滑阀控制动臂缸的动作。第二连滑阀的进油腔与第一连滑阀的中位回油通道相连，它们的回油腔都直接与回油口相连，即两连滑阀的进油腔串联，回油腔并联，属串并联油路。当铲斗缸工作时，动臂缸的进油通道被切断，因此两个缸只能单独动作，具有互锁功能。另外，当辅助泵 2 同时向转向系统和工作装置供油时，流量转换阀 4 内的两个单向阀将两个系统隔开，互不干扰，故铲斗缸和动臂缸的动作不受转向动作的影响。

3）铲斗缸和动臂缸的运动速度由多路换向阀阀口手动调节。当换向阀处于中位时，液压泵卸荷，换向阀阀芯向左或向右位移处于某一中间位置时，阀口开度一定，溢流阀 5 开启起定压作用，系统为进油节流调速，进入铲斗缸或动臂缸的流量与阀口大小相对应。

4）阀 10 为单向阀与顺序阀的组合，其进口接铲斗缸前腔（有杆腔），出口接回油箱。当工作过程中铲斗缸前腔压力超过设定值（如 0.8MPa）时，阀 10 的顺序阀开启，起限压保护作用；当铲斗缸前倾依靠重力快速卸料时，泵的来油供应不及，铲斗缸前腔将形成真空，油箱的油液将经阀 10 的单向阀向其补油，防止产生气穴现象。因此阀 10 又称为双作用溢流阀。

**例 7-2** 图 7-2 所示为平面磨床电液比例容积调速系统，磨床工作台的往返运动通过行程开关发令，电液比例控制阀控制变量泵的输出液流的大小和方向来实现。试分析：

1）液压泵的变量调速原理。

2）辅助泵 8 在系统中的作用。

3）二位阀 10、11 在系统中的作用。

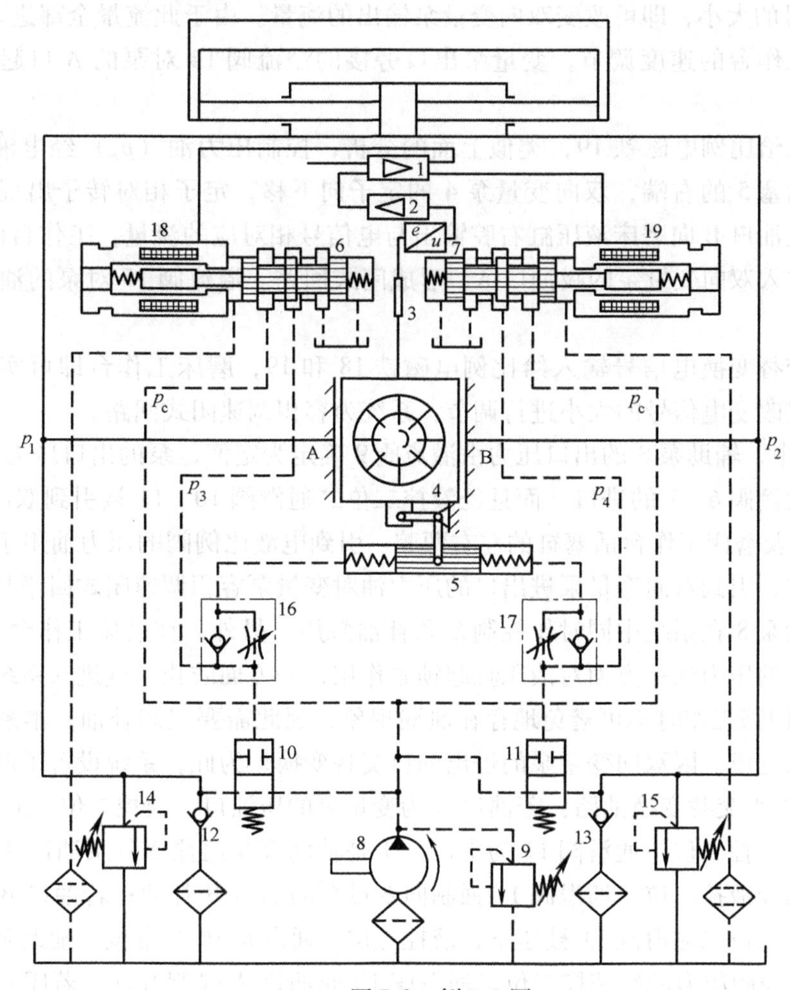


图 7-2 例 7-2 图

1、2—电放大器 3—位移传感器 4—双向变量泵 5—变量泵控制活塞 6、7—电液比例阀 8—辅助泵 9、14、15—溢流阀 10、11—液控二位二通滑阀 12、13—补油单向阀 16、17—单向节流阀 18、19—比例电磁铁

**解：** 1）图 7-2 所示位置，变量泵控制活塞 5 两端的压力均为零，活塞在两端对中弹簧力的作用下处于中间位置，变量泵的定子相对转子的偏心距为零，泵无流量输出。

若电放大器 1 有电信号输入给比例电磁铁 18，比例电磁铁得电推动电液比例阀 6 的阀芯向右移，开启阀口，控制压力油 $p_c$ 与 $p_3$ 连通，然后经单向节流阀 16 进入变量泵控制活塞 5 的左端，而控制活塞 5 的右端油液经单向节流阀 17 的可调液阻至 $p_4$，然后经电液比例阀 7 回油箱，$p_4=0$。由于变量活塞两端存在压差，因此作用在活塞上的液压力克服弹簧力推动变量活塞右移，双向变量泵的定子向上偏移，定子相对转子出现偏心距，双向变量泵4经油口A向磨床液压缸左腔供油，活塞杆带动工作台向右运动，磨床液压缸右腔的回油（$p_2$）则进入双向变量泵4的吸油口B，形成闭式回路。在双向变量泵定子偏移时，位移量经位移传感器3转换为电信号反馈作用在电控制器上，与输入电信号相比较，当两者相等时，双向变量泵的定子停止偏移，稳定在某一偏心距下工作，输出与输入电信号相对应的流量$q_p$。改变电信号的大小，即可改变双向变量泵输出的流量。由于此流量全部进入液压缸，因此可实现磨床工作台的速度调节。变量泵出口旁接的溢流阀14对泵的A口起安全保护作用。

若电信号输入给比例电磁铁19，类似上面的分析，控制压力油（$p_c$）经电液比例阀7进入变量泵控制活塞5的右端，双向变量泵4的定子向下移，定子相对转子出现反向偏心距，变量泵改为经油口B向磨床液压缸右腔输出与电信号相对应的流量，工作台向左运动。工作台左腔回油进入双向变量泵的吸油口A，形成闭式回路。溢流阀15对泵的油口B起安全保护作用。

综上所述，交替变换电信号输入给比例电磁铁18和19，磨床工作台即可实现往复运动，运动速度通过改变电信号的大小进行调节，系统为容积调速闭式回路。

2）在图7-2中，辅助泵8的出口压力由溢流阀9确定为定值，泵的出口压力油$p_c$不仅被直接引到电液比例阀6、7的进口，而且经液控二位二通滑阀10、11被引到双向变量泵4的进出油口A、B及磨床工作台活塞缸的左右两腔。引到电液比例阀的压力油用于控制双向变量泵的变量活塞，引到双向变量泵进出口的压力油对变量泵容积调速闭式回路起强制补油作用。因此，辅助泵8在系统中同时作控制泵和补油泵用。另外，在磨床工作台不工作时，引到液压缸左右腔的压力油一方面对液压缸起锁紧作用，一方面防止空气进入系统。

3）由于闭式回路工作时不可避免地存在泄漏现象，因此需要强制补油，本系统的补油任务由辅助泵8来完成。因双向变量泵的进出油口交替变换，为此，系统设置了两个液控二位二通滑阀10、11来交替变换油路：若油口A为变量泵的压油口，液控二位二通滑阀10被控制压力油压下，液控二位二通滑阀11为常位，于是辅助泵8通往变量泵油口A的通路被切断，控制压力油经液控二位二通滑阀11强制向变量泵的油口B补油；若油口B为变量泵的压油口，则液控二位二通滑阀11被压下，液控二位二通滑阀10为常位，辅助泵通往油口B的通路被切断，控制压力油经液控二位二通滑阀10向油口A强制补油。若闭式回路出现吸空现象，油箱的油液可经补油单向阀12或13向回路补油，以防止出现空穴现象。

## 三、习题

7-1　图7-3所示为专用铣床液压系统，要求机床工作台一次可安装两个工件，并能同时加工。工件的上料、卸料由手工完成，工件的夹紧及工作台的进给运动由液压系统完成。机床的工作循环为“手工上料—工件自动夹紧—工作台快进—铣削进给—工作台快退—夹具松开—手工卸料”。试分析系统并回答下列问题：

1）填写电磁铁动作顺序表。

2）系统由哪些基本回路组成？

3）哪些工况由双泵供油，哪些工况由单泵供油？

4）说明单向阀 6、节流阀 7 在系统中的作用。

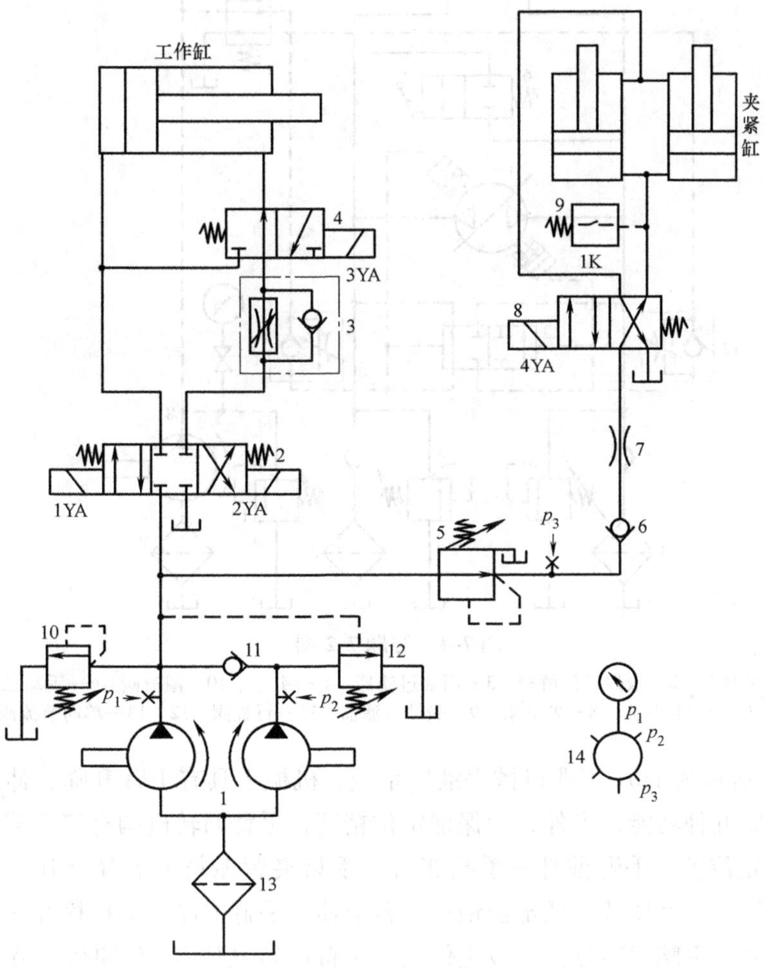


图 7-3　习题 7-1 图

1—双联叶片泵　2、4、8—换向阀　3—单向调速阀　5—减压阀
6、11—单向阀　7—节流阀　9—压力继电器　10—溢流阀
12—外控顺序阀　13—过滤器　14—压力表开关

7-2　图 7-4 所示为某卧轴矩台精密平面磨床液压系统，系统由手动调节流量的双向变量叶片泵 1 供油，最大的工作压力由溢流阀 5 调节，辅助压力油由辅助泵 8 供给，工作台依靠行程阀 11 改变变量泵的油流方向实现换向。试分析：

1）系统属于什么回路形式？什么调速方式？

2）如何消除工作台换向时的冲击？

3）变量泵采用了什么补油方式和冷却方式？

4）系统采用了什么卸荷方式？说明手动二位二通阀 6 的作用。

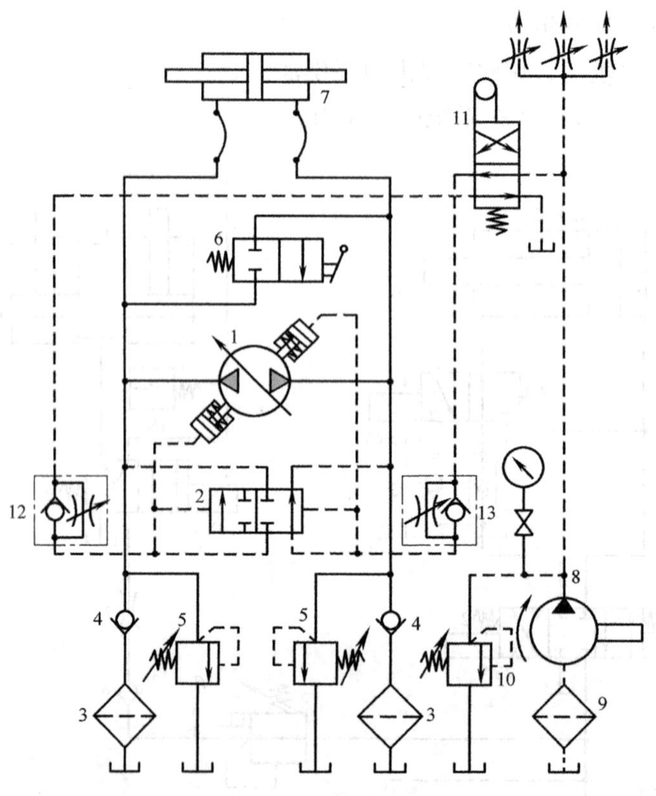


图 7-4 习题 7-2 图

1—双向变量叶片泵 2—液控二位滑阀 3—回油过滤器 4—阀 5、10—溢流阀 6—手动二位二通阀 7—双活塞杆液压缸 8—辅助泵 9—吸油过滤器 11—行程阀 12、13—单向节流阀

7-3 图 7-5 所示为 JS01 工业机械手液压系统，机械手具有手臂升降、伸缩、回转和手腕回转、手指夹紧五种功能，另外，为保证定位精度，手臂回转机构有定位装置。它完成的动作循环为“插定位销—手臂前伸—手指张开—手指夹紧抓料—手臂上升—手臂缩回—手腕回转—拔定位销—手臂回转—插定位销—手臂前伸—手臂中停—手指松开—手指闭合—手臂缩回—手臂下降—手腕回转复位—拔定位销—手臂回转复位”，泵卸荷。分析系统回答下列问题：

1）填写电磁铁动作顺序表。

2）手臂升降、伸缩、回转及手腕回转的速度是如何调节的？调速时，泵的溢流阀处于什么工作状态？

3）元件 12 在手臂升降缸回路中起什么作用？

4）在手臂回转缸回路中为什么要设置元件 19？

5）元件 21 在手指夹紧缸回路中起什么作用？

6）系统中为什么要设置元件 8、9？

7）单向阀 5、6、7、9 各起什么作用？

8）为什么定位缸选用二位换向阀，而其他执行元件选用三位换向阀？为什么手臂升降缸和手臂伸缩缸选用电液换向阀，而其他执行元件选用电磁换向阀？

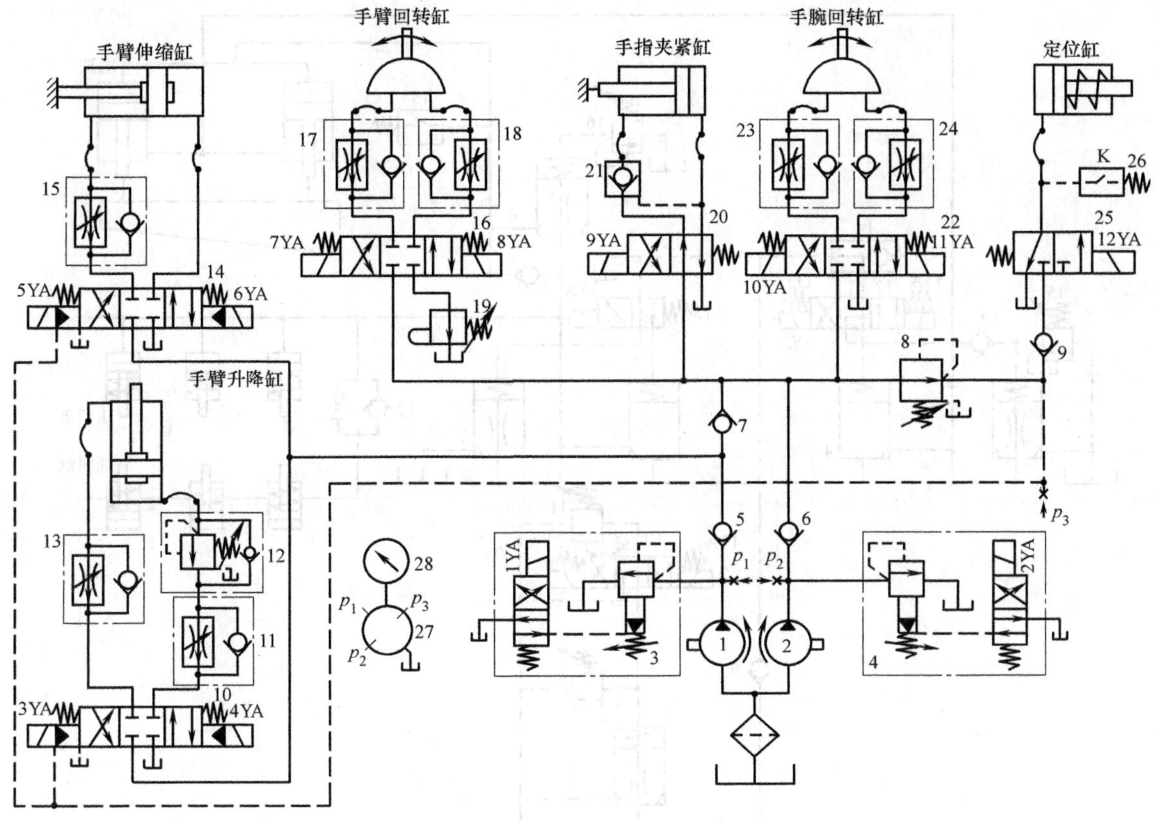


图 7-5 习题 7-3 图

1、2—双联液压泵 3、4—电磁溢流阀 5、6、7、9—单向阀 8、19—减压阀 10、14—三位四通电液换向阀 11、13、15、17、18、23、24—单向调速阀 12—单向顺序阀 16、22—三位四通电磁换向阀 20、25—二位四通电磁换向阀 21—液控单向阀 26—压力继电器 27—压力表开关 28—压力表

7-4 试将图 7-6 所示剪板机插装阀液压系统改为普通阀组成的液压系统。

7-5 图 7-7 所示为 2500N 粉末制品液压机液压系统，粉末冶金工艺要求双面压制且持续加压，压制力和速度能在较大范围内精确调节，压制完毕后要有足够的顶出力。试分析系统并回答下列问题：

1）主缸快速下降主要采取了哪些措施？

2）压制速度怎么调节？

3）元件 6、8、17 起什么作用？

4）元件 12、18 什么时候起作用？

7-6 图 7-8 所示为液压绞车闭式液压系统，试分析：

1）辅助泵 3 的作用和选用原则。

2）单向阀 4、5、6、7 的作用。

3）梭阀 11 的作用。

4）压力阀 8、9、10 的作用及其调定压力之间的关系。

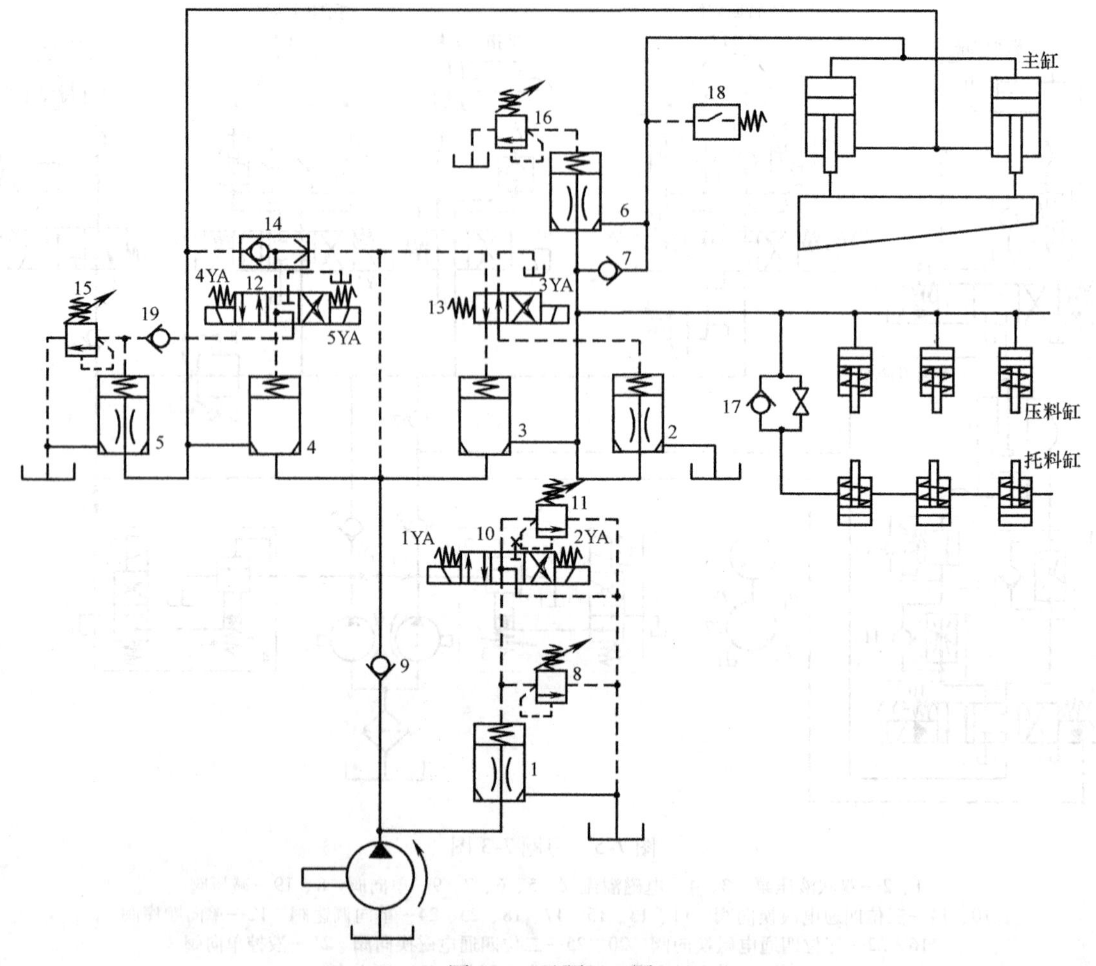


图7-6　习题7-4图

1、2、3、4、5、6—插装阀组件　7、9、17、19—单向阀　8、11、15、16—压力先导阀
10、12、13—电磁阀　14—梭阀　18—压力继电器

7-7　图7-9所示为200kN电炉的液压系统。主要执行元件为三台驱动三相电极升降的垂直柱塞缸，用于辅助工作的有炉体倾动缸、炉体回转缸、炉门提升缸、炉盖旋转缸、炉盖提升缸。对电极升降缸要求冶炼时随机保持电极与炉料之间的距离，以得到稳定的电流（误差允许±5%）；出故障或检修时能快速提升电极。对其他执行元件要求能单个或多个同时动作，能在任意位置停止。由于它们的动作时间相对于冶炼总时间较短，但动作时流量需求又较大，为此系统采用了双泵加蓄能器的供油系统，控制油采用单独的液压泵。试分析说明：

1）伺服阀5、三位三通滑阀4、二位二通阀6及溢流阀7在系统中的作用。

2）系统如何满足炉体倾动缸等辅助工作的动作要求？

3）说明油源部分的工作原理，阀20、21、22、24起何作用？

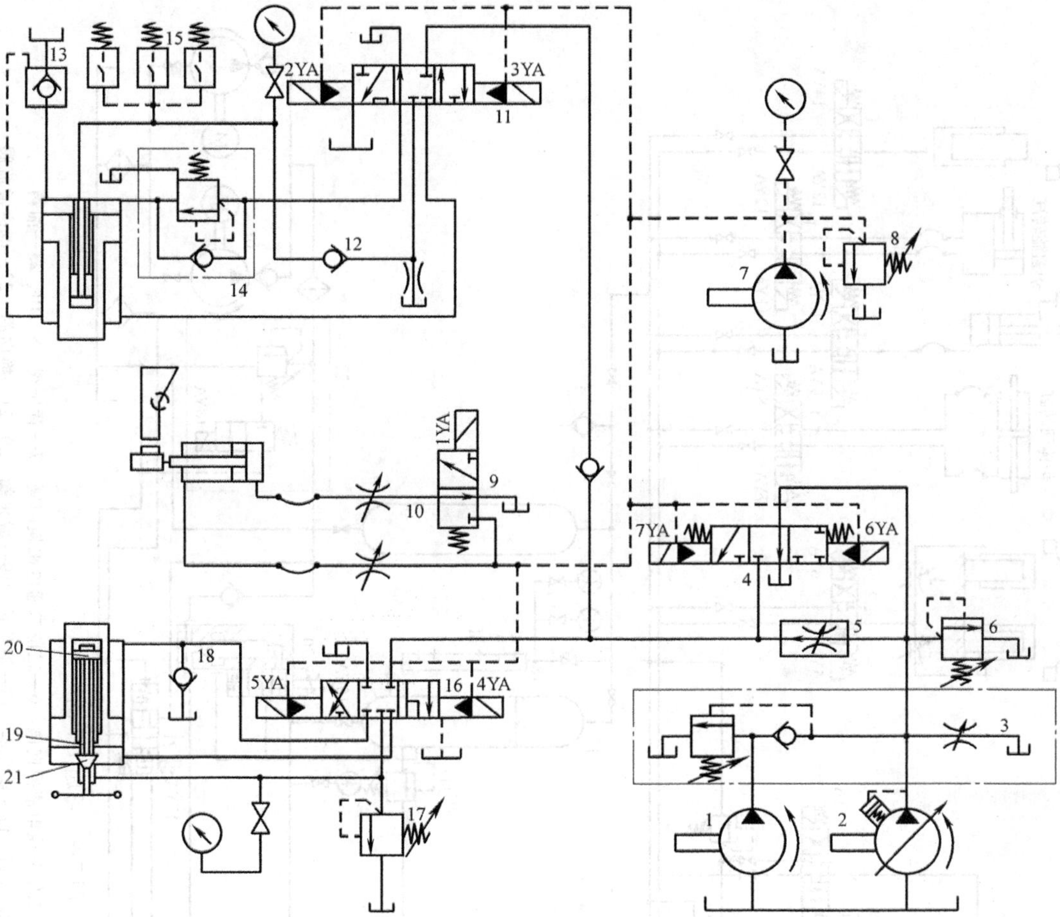

图 7-7　习题 7-5 图

1、7—液压泵　2—变量泵　3、10—节流阀　4—三位三通电液换向阀　5—调速阀　6、8、17—溢流阀
9—二位三通电磁换向阀　11、16—三位五通电液换向阀　12、18—单向阀　13—液控单向阀
14—单向顺序阀　15—压力继电器　19—压头　20—主缸活塞　21—滑块

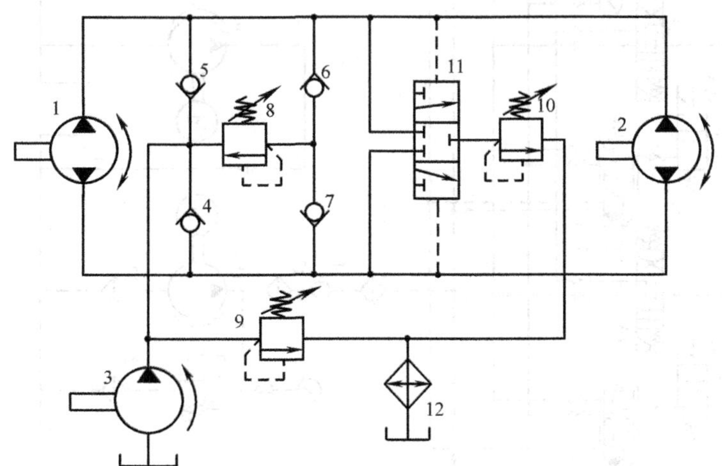


图 7-8　习题 7-6 图

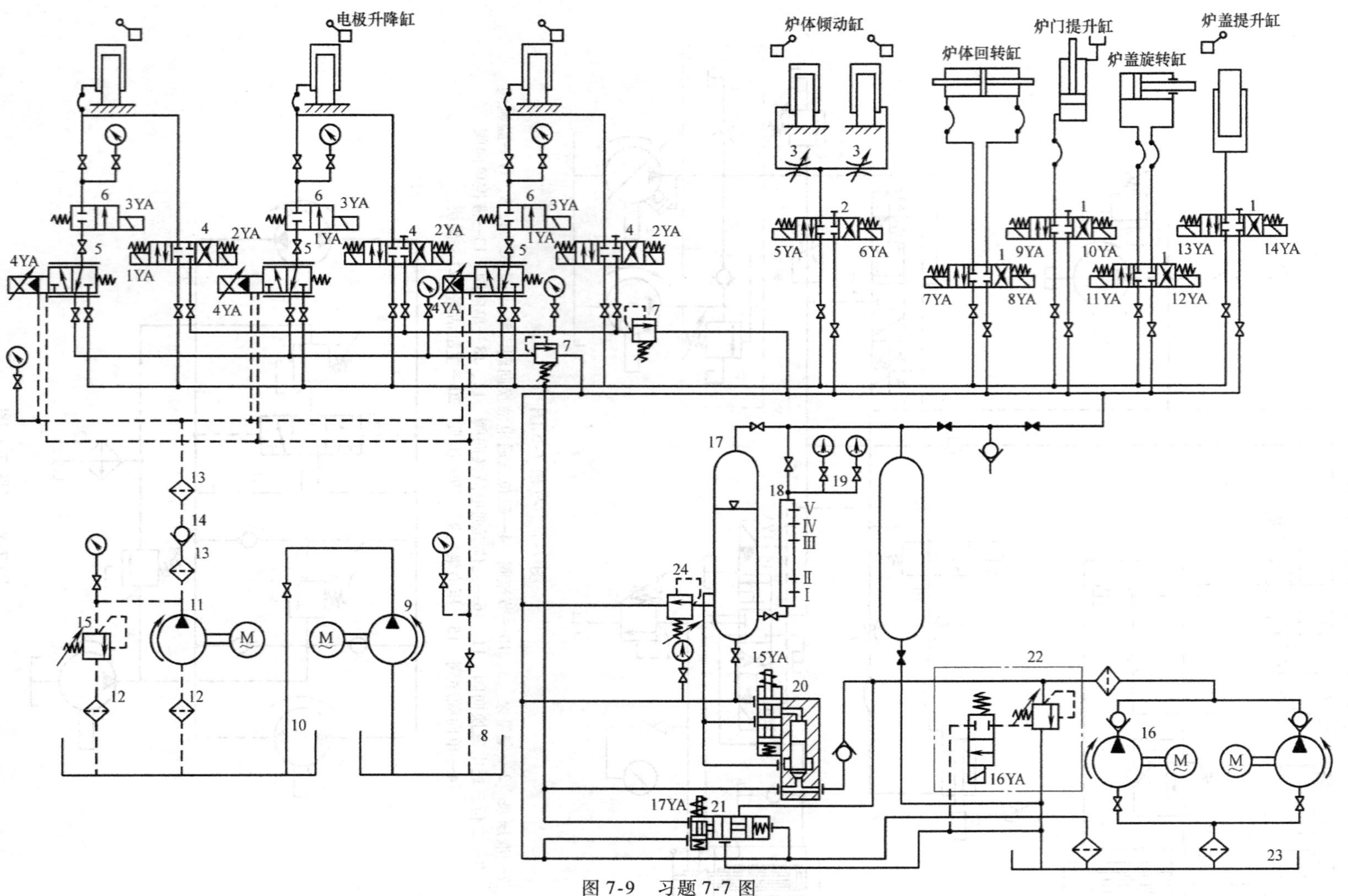


图 7-9　习题 7-7 图

1、2、4—三位四通电磁换向阀　3—可调节流阀　5—二位三通电液换向阀　6—二位二通电磁换向阀　7—背压阀　8、10、23—油箱

9、11、16—泵　12、13—过滤器　14—单向阀　15、24—溢流阀　17—蓄能器　18—液位计　19—截止阀　20、21—换向阀　22—电磁溢流阀

# 第八章

# 液压系统的设计计算

按教学大纲要求，“液压系统的设计计算”一章不在课堂上讲授，一般安排大型作业或课程设计使学生掌握该章内容。若做课程设计，除要求完成液压系统的设计计算外，还应进行阀块和泵组的结构设计，并绘制它们的加工用工程图。

## 一、学习要点

1）明确液压系统设计步骤。需要指出的是这些设计步骤并非固定的统一模式，设计过程中免不了反复及修改，想一次成功只是一种侥幸的奢望。

2）要设计一台好的液压设备，首先应弄清楚主机对液压系统的使用要求，如：①主机的用途、总体布局、对液压装置有无位置及空间尺寸的限制；②主机的工艺流程、动作循环、技术参数及性能要求；③主机对液压系统的工作方式及控制方式的要求；④液压系统的工作条件和工作环境；⑤经济性与成本等方面的要求。

这些使用要求和工作过程中各执行元件的运动速度及负载规律一般由总体设计工程师提出，如发现液压系统难于实现，应及时与总体设计负责人协商解决。

3）系统的方案设计目的是拟订液压系统原理图。一台液压设备的系统方案不是唯一的，一般可参照同类设备依次确定：回路方式、液压油液、执行元件及液压泵的类型、调速、调压和换向方式。

液压系统回路方式分开式和闭式两种，一般采用开式回路，行走机械和航空航天液压装置为减小体积和质量通常选用闭式回路。

普通液压系统选用矿物型液压油，注意室内和室外设备对液压油液性质要求的不同。对于高温及井下液压系统应选用难燃介质。

根据液压系统压力推荐表初定系统压力后，再根据工作需要选择执行元件和液压泵的类型。执行元件有液压缸和液压马达，液压缸又分活塞式和柱塞式；液压泵不仅有多种结构类型，而且又分定量泵和变量泵。

中小型液压设备一般选用定量泵节流调速，要求高效节能则选用变量泵调速。当原动机为内燃机时还可通过改变泵的转速来实现调速。

压力控制回路有定压、安全、减压、卸荷、平衡等多种功能形式，应根据执行元件的工作需要确定。

换向回路主要分电动和手动两大类。设备要求自动化时应选电动；对于行走机械，为工作可靠，多用手动操纵。

4）液压系统参数计算包括：首先初定系统工作压力，根据负载确定执行元件的几何尺寸；然后根据执行元件的速度要求，计算泵需要的流量；最后根据压力和流量要求选定液压泵的规格型号。

5）选定液压泵后，根据泵的压力和流量来选择液压控制阀及辅件，确定泵－电动机装置。

6）根据液压系统的不同，验算其性能的项目也有所不同，一般要进行系统压力损失验算和发热温升验算。若根据液压装置计算出的压力损失大于预先估计的压力损失值，则应提高泵的额定压力或溢流阀的调定压力。发热计算的目的是看油温是否超过允许值，若油温超过允许值则应考虑冷却措施。

7）绘制工作图，编制技术文件，完成生产前的一切准备工作。

## 二、例题

设计一塑料注射成型机（注塑机）液压系统，要求如下：

（1）最大注射量　$250cm^3$/次

（2）实现工作循环

1）准备工作：料斗加料，螺旋机构将一定数量的物料送入料筒，由筒外电加热器加热预塑，合上安全门。

2）工作循环：

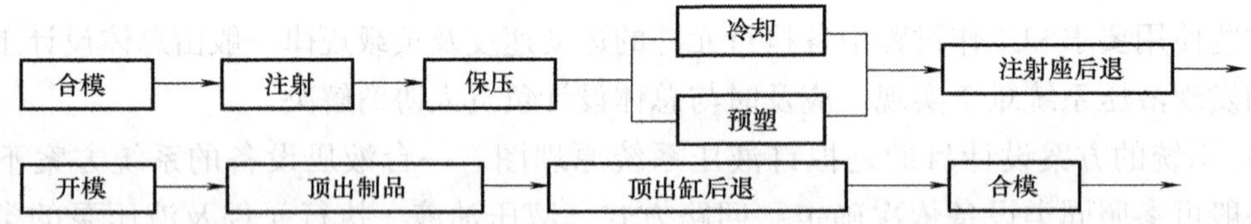


在合模时，合模缸先驱动动模板慢速起动，然后快速前移，接近定模板时转为低压慢速前移，在低速合模确认模具无异物存在后转为高压合模（锁模）。

（3）设计参数

1）螺杆直径 $d = 40mm$。

2）螺杆行程 $s_1 = 200mm$。

3）最大注射压力 $p = 153MPa$。

4）注射速度 $v_w = 0.07m/s$。

5）螺杆转速 $n = 60r/min$。

6）螺杆驱动功率 $P_M = 5kW$。

7）注射座最大推力 $Fz = 3 \times 10^4 N$。

8）注射座行程 $s_2 = 230mm$。

9）注射座前进速度 $v_{z1} = 0.06m/s$。

10）注射座后退速度 $v_{z2} = 0.08m/s$。

11）最大合模力（锁模力）$F_h = 90 \times 10^4 N$。

12）开模力 $F_k = 4.9 \times 10^4$N。

13）动模板（合模缸）最大行程 $s_3 = 350$mm。

14）快速合模速度 $v_{hG} = 0.1$m/s。

15）慢速合模速度 $v_{hm} = 0.02$m/s。

16）快速开模速度 $v_{kG} = 0.13$m/s。

17）慢速开模速度 $v_{km} = 0.03$m/s。

**解：** 设计计算过程如下。

**（一）液压系统方案设计**

1）因设备为固定设备，为便于油液冷却，系统选用开式回路，工作介质选用 HL－N32 普通液压油。

2）因对控制精度要求不高，系统采用开环控制，各执行元件的动作顺序由电气控制（各执行元件的换向阀选用电磁换向阀），如 PLC 控制。

3）除螺杆的旋转选用液压马达外，合模、注射、注射座移动等均为双向运动，因前进负载力大于返程负载力，因此选用水平放置的单活塞杆液压缸。

4）因 250g 注塑机属小功率设备，故选用定量泵节流调速，系统压力选用弹簧加载式多级调压。

5）各执行元件的换向阀选用三位阀，因各执行元件依次单独动作，各换向阀的中位机能选为“O”型。系统不工作时，液压泵通过电磁溢流阀卸荷。

**（二）液压系统的参数设计**

**1. 初定系统的工作压力，并确定执行元件的几何尺寸**

250g 注塑机为小功率设备，从设备的可靠性出发，初定系统工作压力 $p_1 = 6$MPa，液压泵选用双作用叶片泵。

（1）确定合模缸的活塞直径 $D_h$ 和活塞杆直径 $d_h$　因合模缸的最大合模力（锁模力）远大于其他负载力，为匹配合理，合模缸采用增力比为 5∶1 的五连杆增力机构。由此可求得合模缸活塞直径

$$D_h = \sqrt{\frac{4F_h}{5\pi p_1}} = \sqrt{\frac{4 \times 90 \times 10^4}{5 \times 3.14 \times 6 \times 10^6}}\text{m} = 0.195\text{m}$$

圆整后取 $D_h = 200$mm。因合模缸受压，且推力较大，取活塞杆直径 $d_h = 0.7D_h = 140$mm。因此，合模缸大腔面积 $A_{h1} = 3.14 \times 10^{-2}\text{m}^2$，小腔面积 $A_{h2} = 1.6 \times 10^{-2}\text{m}^2$。

（2）确定注射缸的活塞直径 $D_W$ 和活塞杆直径 $d_W$　注射缸的载荷力是变化的，这里按最大载荷计算

最大载荷　$$F_W = \frac{\pi d^2}{4}p = \frac{3.14 \times 0.04^2}{4} \times 153 \times 10^6\text{N} = 19.2 \times 10^4\text{N}$$

活塞直径　$$D_W = \sqrt{\frac{4F_W}{\pi p_1}} = \sqrt{\frac{4 \times 19.2 \times 10^4}{3.14 \times 6 \times 10^6}}\text{m} = 0.202\text{m}$$

圆整取 $D_W = 200$mm，活塞杆直径等于螺杆直径 $d_W = d = 40$mm。因此注射缸大腔面积 $A_{W1} =$

$3.14\times10^{-2}\text{m}^2$，小腔面积 $A_{W2}=3.01\times10^{-2}\text{m}^2$。

（3）确定注射座移动缸的活塞直径 $Dz$ 和活塞杆直径 $dz$ 已知注射座移动缸的往返速比 $i=0.08/0.06=1.33$，因此取活塞杆直径 $dz=0.5D_z$。

活塞直径 $$D_z=\sqrt{\frac{4F_z}{\pi p_1}}=\sqrt{\frac{4\times3\times10^4}{3.14\times6\times10^6}}\text{m}=0.08\text{m}$$

圆整后取 $D_z=100\text{mm}$，活塞杆直径 $d_z=50\text{mm}$。因此注射座缸大腔面积 $A_{z1}=0.785\times10^{-2}\text{m}^2$，小腔面积 $A_{z2}=0.589\times10^{-2}\text{m}^2$。

（4）确定液压马达的排量 $V_M$ 螺杆为单向旋转，且转动惯量不大，因此取马达出口背压为零，马达总效率 $\eta_M=0.9$，液压马达的排量

$$V_M=\frac{P_M}{p_1\eta_M n/60}=\frac{5\times10^3}{6\times10^6\times0.9\times60/60}\text{m}^3/\text{r}=0.93\times10^{-3}\text{m}^3/\text{r}$$

查样本，选双斜盘柱塞低速马达，排量 $V_M=0.9\text{L/r}$，额定压力为20MPa。

**2. 计算执行元件的实际工作压力和实际所需的流量**

（1）实际工作压力 因计算执行元件几何尺寸时未考虑背压，且对计算值进行了圆整，因此各执行元件的实际工作压力需重新核算。

1）慢速合模、快速合模、低压合模、高压合模（锁模）的工作压力。慢速及快速合模的负载力可视其等于开模时的负载力 $F_k$。设回油背压 $p_0=0.2\text{MPa}$，得慢速和快速合模时的工作压力

$$p_h=\frac{F_k+A_{h2}p_0}{A_{h1}}=\frac{4.9\times10^4+1.6\times10^{-2}\times0.2\times10^6}{3.14\times10^{-2}}\text{Pa}=1.66\times10^6\text{Pa}$$

因锁模时流量近似为零，因此无背压，锁模时的工作压力

$$p_{hmax}=\frac{F_h}{5A_{h1}}=\frac{90\times10^4}{5\times3.14\times10^{-2}}\text{Pa}=5.73\times10^6\text{Pa}=5.73\text{MPa}$$

低压合模的工作压力应大于 $p_h=1.66\text{MPa}$，小于 $p_{hmax}=5.73\text{MPa}$，由工艺要求确定。

2）开模时的工作压力 $p_k$。开模时取回油背压 $p_0=0.3\text{MPa}$，则开模时的工作压力

$$p_k=\frac{F_k+A_{h1}p_0}{A_{h2}}=\frac{4.9\times10^4+3.14\times10^{-2}\times0.3\times10^6}{1.6\times10^{-2}}\text{Pa}=3.65\times10^6\text{Pa}$$

3）注射缸注射时的工作压力 $p_W$ 及保压压力 $p_{W0}$。注射缸注射时取回油背压 $p_0=0.3\text{MPa}$，则

$$p_W=\frac{F_W+A_{W2}p_0}{A_{W1}}=\frac{19.2\times10^4+3.01\times10^{-2}\times0.3\times10^6}{3.14\times10^{-2}}\text{Pa}=6.4\times10^6\text{Pa}$$

注射保压压力 $p_{W0}$ 由工艺要求确定，其大小小于工作压力。

4）注射座前进、后退时的工作压力 $p_{z1}$、$p_{z2}$。注射座前进、后退时取背压 $p_0=0.2\text{MPa}$，则

$$p_{z1}=\frac{F_z+p_0A_{z2}}{A_{z1}}=\frac{3\times10^4+0.2\times10^6\times0.589\times10^{-2}}{0.785\times10^{-2}}\text{Pa}=3.97\times10^6\text{Pa}$$

$$p_{z2}=\frac{F_z+p_0A_{z1}}{A_{z2}}=\frac{3\times10^4+0.2\times10^6\times0.785\times10^{-2}}{0.589\times10^{-2}}\text{Pa}=5.36\times10^6\text{Pa}$$

5）预塑进料时液压马达进口压力 $p_M$。马达转动惯量不大，取回油背压为零，得

$$p_M=\frac{60P_M}{nV_M\eta_M}=\frac{60\times5\times10^3}{60\times0.9\times10^{-3}\times0.9}\text{Pa}=6.2\times10^6\text{Pa}$$

（2）实际所需的流量　设液压缸的容积效率为1，液压马达的容积效率为0.95，计算得各执行元件所需的流量

1）慢速合模所需的流量

$$q_{hm}=A_{h1}v_{hm}=3.14\times10^{-2}\times0.02=0.628\times10^{-3}\text{m}^3/\text{s}=37.7\text{L/min}$$

低压合模所需的流量按慢速合模所需流量，高压合模（锁模）的流量近似为零。

2）快速合模所需的流量

$$q_{hG}=A_{h1}v_{hG}=3.14\times10^{-2}\times0.1=3.14\times10^{-3}\text{m}^3/\text{s}=188.4\text{L/min}$$

3）慢速开模所需的流量

$$q_{km}=A_{h2}v_{km}=1.6\times10^{-2}\times0.03=0.48\times10^{-3}\text{m}^3/\text{s}=28.8\text{L/min}$$

4）快速开模所需的流量

$$q_{kG}=A_{h2}v_{kG}=1.6\times10^{-2}\times0.13=2.08\times10^{-3}\text{m}^3/\text{s}=124.8\text{L/min}$$

5）注射缸注射所需的流量

$$q_W=A_{W1}v_W=3.14\times10^{-2}\times0.07=2.20\times10^{-3}\text{m}^3/\text{s}=132.0\text{L/min}$$

6）注射座缸前进所需的流量

$$q_{z1}=A_{z1}v_{z1}=0.785\times10^{-2}\times0.06=0.47\times10^{-3}\text{m}^3/\text{s}=28.2\text{L/min}$$

7）注射座缸后退所需的流量

$$q_{z2}=A_{z2}v_{z2}=0.589\times10^{-2}\times0.08=0.47\times10^{-3}\text{m}^3/\text{s}=28.2\text{L/min}$$

8）预塑进料马达所需的流量

$$q_M=nV_M\eta_{MV}=\frac{60}{60}\times0.9\times10^{-3}\times0.95\text{m}^3/\text{s}=0.855\times10^{-3}\text{m}^3/\text{s}=51.3\text{L/min}$$

**3. 选择液压泵的形式与规格**

注塑机的各执行元件为依次单动，不存在多个执行元件同时动作的问题。考虑到泄漏的影响，各工况下液压泵应供给的流量为 $q_p=Kq_1$，取泄漏系数 $K=1.1$；而各种工况下液压泵的出口压力 $p_p=p_1+\Delta p$，取进油路上的压力损失 $\Delta p=0.3\sim0.5\text{MPa}$。各工况下液压泵的流量需求、工作压力见表8-1。

由于需求的最大流量（207L/min）为最小流量（31.1L/min）的六倍以上，为保证功率利用的合理性，选择双联双作用叶片泵 YYB—BC171/48。各工况下双泵的供油方式及调速情况见表8-1。

注意：当 YYB—BC171/48 型双联双作用叶片泵在额定转速 $n_s=1000\text{r/min}$ 时，大泵的理论流量 $q_{t1}=171\text{L/min}$，小泵的理论流量 $q_{t2}=48\text{L/min}$。额定压力 $p_s=7\text{MPa}$ 时，大泵的额定流量 $q_{s1}=157.3\text{L/min}$，小泵的额定流量 $q_{s2}=44.1\text{L/min}$，两泵的容积效率约等于92%。当泵的工作压力小于额定压力时，其输出的实际流量在理论流量与额定流量之间。分析流量

需求时，可根据泵的实际工作压力 $p$ 按下式计算 $q = q_t \eta_V$，式中 $\eta_V = 0.08 \times \dfrac{p_s - p}{p_s} + 0.92$。也可简单地视任何压力时的流量均等于额定流量。本例按前者计算。

**表 8-1　各工况下液压泵的流量需求、工作压力、双泵的供油方式及调速情况**

| 工　况 | 流量需求 /L·min⁻¹ | 工作压力 /MPa | 供油方式 | | 流量供需关系 | 是否调速 |
|---|---|---|---|---|---|---|
| | | | 大泵/L·min⁻¹ | 小泵/L·min⁻¹ | | |
| 快速合模 | 207 | 2 | 167 | 46.9 | 相当 | 否 |
| 慢速合模 | 37 | 2 | 卸荷 | 46.9 | 相当 | 否 |
| 快速开模 | 137.3 | 4 | 163.1 | 卸荷 | 略大 | 否 |
| 慢速开模 | 31.7 | 4 | 卸荷 | 45.8 | 略大 | 否 |
| 注射 | 146.5 | 6.9 | 157.3 | 卸荷 | 相当 | 进池节流调速 |
| 注射座移动 | 31.1 | 5.7 | 卸荷 | 44.8 | 略大 | 否 |
| 预塑进料 | 56.4 | 6.5 | 158.3 | 卸荷 | 大大超过 | 旁路节流调速 |

**4. 拟订液压系统方案**

系统方案如图 8-1 所示。

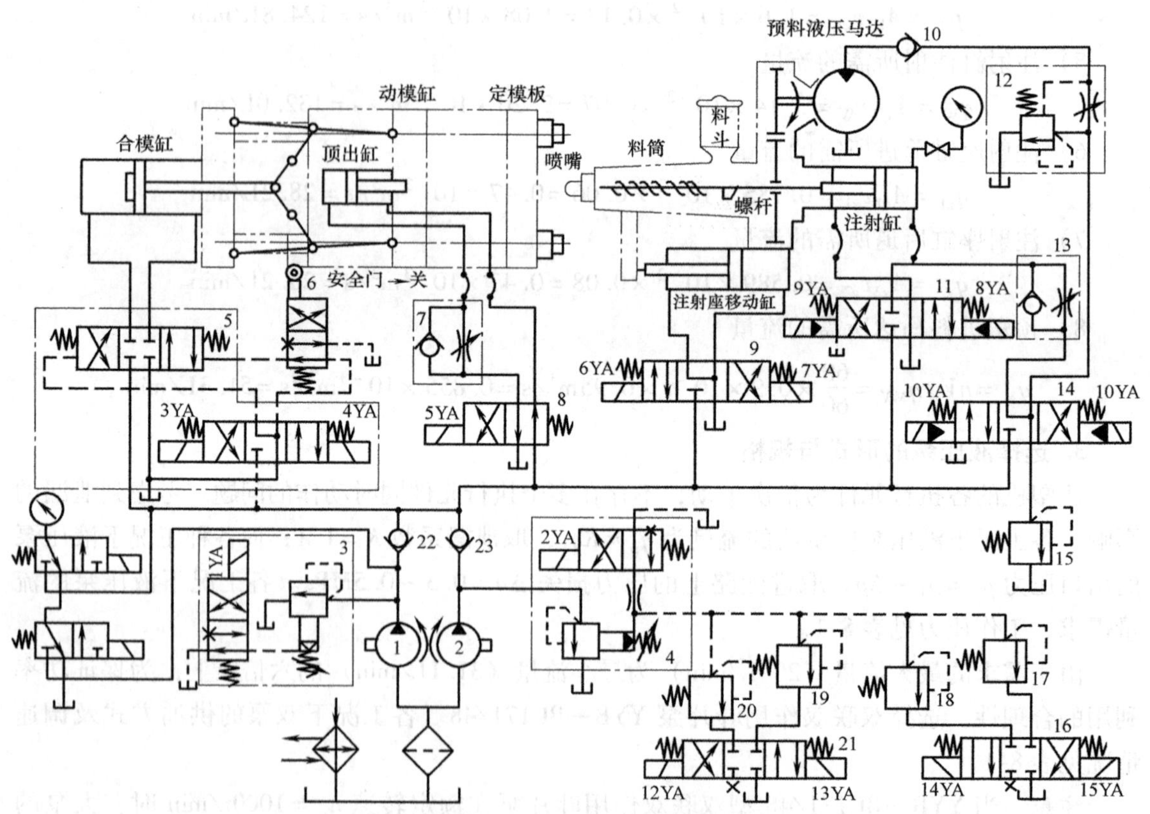


图 8-1　液压系统方案图

1—定量泵　2—变量泵　3、4—电磁溢流阀　5—三位四通液动换向阀　6—行程阀　7、13—单向节流阀　8—二位四通电磁换向阀　9、11、16、21—三位四通电磁换向阀　10、22、23—单向阀　12—旁通型调速阀　14—电液换向阀　15—背压阀　17、18、19、20—远程调压阀

### （三）选择液压阀的型号及油箱容积

#### 1. 溢流阀的选择

1）根据前面的分析将系统的工作压力分为五级：

预塑进料及注射：6.5～6.9MPa。

高压合模及注射座移动：5.73MPa。

开模：4MPa（含快速、慢速合模2MPa）。

低压合模：压力由工艺要求而定。

注射保压：压力由工艺要求而定。

因在系统方案设计中已确定大小泵出口分别设置电磁溢流阀，现将溢流阀4调整为最高压力7MPa（溢流阀3的调整压力等于或略大于溢流阀4的调整压力），在注射、预塑进料时作定压阀或安全阀；在溢流阀4的四个远程调压阀中，远程调压阀17调整为低压合模的工作压力，远程调压阀18调整为注射保压压力，远程调压阀20作慢速开模时的定压阀（4MPa）、快速开模时的安全阀，远程调压阀19限制锁模时的最高压力为5.73MPa，同时作注射座缸移动的安全阀。

2）由大小泵的流量选定电磁溢流阀的型号：大泵YEF3－32B，小泵YEF3－10B，远程调压阀型号YF3－6B，电磁先导换向阀型号34EF30－E6B。

#### 2. 换向阀的选择

1）因合模缸的最大流量为207L/min，因此换向阀选用中位机能为O型三位四通的电液换向阀34EYF30－20B。为实现关闭安全门与合模互锁，在电液换向阀的先导阀至主阀的控制油路上安装一行程阀。

2）注射座移动缸的流量为44.8L/min，选中位机能为Y型的电磁换向阀34EF3Y－E10B，中位机能也可以是O型。

3）注射缸注射时最大供油流量为157.3L/min，选34EYF3J－20B电液换向阀，选用J型中位机能的原因是：预塑工况、注射缸换向阀处于中位时，当螺杆头部熔料压力到达能克服注射缸后退的阻力时，螺杆开始后退，注射缸无杆腔的排油经单向节流阀14、电液换向阀15、背压阀16回油箱，注射缸有杆腔将产生局部真空，油箱的油液可经阀的中位补充其内。

4）预塑液压马达的流量要求为56.4L/min，此时泵的供油流量为158.3L/min，因此选34EYF3Y－20B电液换向阀，中位机能选Y型是考虑注射缸的要求。

5）顶出缸的流量很小，选用24EF3B－E10B电磁换向阀，在无杆腔装一单向节流阀，由小泵实现进油节流调速。

6）为随时检测双泵的出口压力，选两个二位三通电磁滑阀及压力表组合使用。

#### 3. 流量阀的选择

1）预塑马达采用旁通型调速阀调速，选FRG－03－B－28－220。

2）注射缸采用单向节流阀实现进油节流调速，选LDF－B32C。

3）顶出缸的单向节流阀选LDF－B20C。

4）注射缸背压阀选XFF3－20B。

5）设备为固定设备，油箱的容积取双泵总流量的五倍，即1000L。泵－电动机装置旁置在油箱边。

6）列电磁铁动作顺序表，见表8-2。

表8-2　SZ-250A注塑机电磁铁动作顺序表

<table>
<tr><th colspan="2">动作循环</th><th>得电的电磁铁</th><th>备　注</th></tr>
<tr><td rowspan="4">合模</td><td>慢速</td><td>2YA+，3YA+，12YA+</td><td>大泵卸荷，小泵供油，远程调压阀20限定最高压力</td></tr>
<tr><td>快速</td><td>1YA+，2YA+，3YA+，12YA+</td><td>大小泵同时供油，远程调压阀20限定最高压力</td></tr>
<tr><td>低压慢速</td><td>2YA+，3YA+，14YA+</td><td>大泵卸荷，小泵供油，远程调压阀17调压</td></tr>
<tr><td>高压</td><td>2YA+，3YA+，13YA+</td><td>大泵卸荷，小泵供油，远程调压阀19控制压力</td></tr>
<tr><td colspan="2">注射座前移</td><td>2YA+，7YA+，13YA+</td><td>大泵卸荷，小泵供油，远程调压阀19限定最高压力</td></tr>
<tr><td rowspan="2">注射</td><td>慢速</td><td>2YA+，7YA+</td><td>大泵卸荷，小泵供油，进油节流调速，溢流阀4起定压作用</td></tr>
<tr><td>快速</td><td>1YA+，2YA+，7YA+，8YA+，10YA+</td><td>大小泵同时供油，溢流阀4作安全阀</td></tr>
<tr><td colspan="2">保压</td><td>2YA+，7YA+，15YA+</td><td>大泵卸荷，小泵保压，压力由远程调压阀18限定</td></tr>
<tr><td colspan="2">预塑</td><td>1YA+，2YA+，7YA+，11YA+</td><td>大小泵同时供油，旁通型调速阀调速，溢流阀4作安全阀</td></tr>
<tr><td colspan="2">防流涎</td><td>2YA+，7YA+，9YA+</td><td>大泵卸荷，小泵供油，溢流阀4作安全阀</td></tr>
<tr><td colspan="2">注射座后退</td><td>2YA+，6YA+，12YA+</td><td>大泵卸荷，小泵供油，远程调压阀19限定最高压力</td></tr>
<tr><td rowspan="3">开模</td><td>慢速1</td><td>2YA+，12YA+</td><td>大泵卸荷，小泵供油，远程调压阀20限定最高压力</td></tr>
<tr><td>快速</td><td>1YA+，2YA+，12YA+</td><td>大小泵同时供油，远程调压阀20限定最高压力</td></tr>
<tr><td>慢速2</td><td>1YA+，12YA+</td><td>大泵供油，小泵卸荷，远程调压阀20限定最高压力</td></tr>
<tr><td rowspan="2">顶出</td><td>前进</td><td>2YA+，5YA+</td><td>大泵卸荷，小泵供油，溢流阀4作安全阀</td></tr>
<tr><td>后退</td><td>2YA+</td><td>大泵卸荷，小泵供油，溢流阀4作安全阀</td></tr>
<tr><td colspan="2">螺杆后退</td><td>2YA+，9YA+</td><td>大泵卸荷，小泵供油，溢流阀4作安全阀</td></tr>
</table>

**（四）选定液压泵的驱动电动机**

所选双联叶片泵在额定工况（7MPa）下的总效率 $\eta_{ps}=0.8$，卸荷工况（0.3MPa）下的总效率 $\eta_{p0}=0.3$，其他工作压力下的总效率可近似按线性规律估算。如当 $p_p=4\text{MPa}$ 时，$\eta_p=0.65$；当 $p_p=2\text{MPa}$ 时，$\eta_p=0.5$。泵的压力取工作压力，流量取实际流量。由此可计算不同工况下电动机所需的功率。

快速合模

$$P_1=\frac{(q_{p1}+q_{p2})\ p_p}{\eta_p}=\frac{213.9\times10^{-3}}{60}\times\frac{2\times10^6}{0.5}\text{W}=14.3\text{kW}$$

慢速合模

$$P_2=\frac{q_{p1}p_x}{\eta_{p0}}+\frac{q_{p2}p_p}{\eta_p}=\left(\frac{171\times10^{-3}}{60}\times\frac{0.3\times10^6}{0.3}+\frac{46.9\times10^{-3}}{60}\times\frac{2\times10^6}{0.5}\right)\text{W}=5.98\text{kW}$$

快速开模

$$P_3=\frac{q_{p1}p_k}{\eta_p}+\frac{q_{p2}p_x}{\eta_{p0}}=\left(\frac{163.1\times10^{-3}}{60}\times\frac{4\times10^6}{0.65}+\frac{48\times10^{-3}}{60}\times\frac{0.3\times10^6}{0.5}\right)\text{W}=17.2\text{kW}$$

慢速开模

$$P_4=\frac{q_{p1}p_x}{\eta_{p0}}+\frac{q_{p2}p_k}{\eta_p}=\left(\frac{171\times10^{-3}}{60}\times\frac{0.3\times10^6}{0.3}+\frac{45.8\times10^{-3}}{60}\times\frac{4\times10^6}{0.65}\right)\text{W}=7.5\text{kW}$$

注射

$$P_5=\frac{q_{p1}p_w}{\eta_p}+\frac{q_{p2}p_x}{\eta_{p0}}=\left(\frac{157.3\times10^{-3}}{60}\times\frac{6.9\times10^6}{0.8}+\frac{48\times10^{-3}}{60}\times\frac{0.3\times10^6}{0.3}\right)W=23.4kW$$

注射座移动

$$P_6=\frac{q_{p1}p_x}{\eta_{p0}}+\frac{q_{p2}p_z}{\eta_p}=\left(\frac{171\times10^{-3}}{60}\times\frac{0.3\times10^6}{0.3}+\frac{44.8\times10^{-3}}{60}\times\frac{4\times10^6}{0.65}\right)W=7.4kW$$

预塑

$$P_7=\frac{q_{p1}p_M}{\eta_{ps}}+\frac{q_{p2}p_x}{\eta_{p0}}=\left(\frac{158.3\times10^{-3}}{60}\times\frac{6.5\times10^6}{0.8}+\frac{48\times10^{-3}}{60}\times\frac{0.3\times10^6}{0.3}\right)W=22.2kW$$

比较各工况所需功率，取最大值，并考虑电动机可短时超载，选电动机 Y200M—6，额定转速 1000r/min，额定功率 22kW。

**（五）性能验算**

此例从略。

**（六）编制技术文件**

液压元件明细表见表 8-3。

**表 8-3　SZ－250X 型注塑机液压元件明细表**

| 编号 | 名　称 | 型　号 | 额定压力、流量 |
|---|---|---|---|
| 1 | 大流量泵 | YYB－BC171/(48) | $p_s$＝7MPa，$q_s$＝157.3L/min |
| 2 | 小流量泵 | YYB－BC（171）/48 | $p_s$＝7MPa，$q_s$＝44.1L/min |
| 3 | 电磁溢流阀 | YEF3－E32B | $p_s$＝16MPa，$q_s$＝200L/min |
| 4 | 电磁溢流阀 | YEF3－E10B | $p_s$＝16MPa，$q_s$＝63L/min |
| 5 | 三位四通电液换向阀 | 34EYF30－20B | $p_s$＝16MPa，$q_s$＝300L/min |
| 6 | 二位三通行程阀 | 23C－10B | $p_s$＝6.3MPa，$q_s$＝10L/min |
| 7 | 单向节流阀 | LDF－B20C | $p_s$＝16MPa，$q_s$＝100L/min |
| 8 | 二位四通电磁换向阀 | 24EF3B－E10B | $p_s$＝16MPa，$q_s$＝60L/min |
| 9 | 三位四通电磁换向阀 | 34EF3Y－E10B | $p_s$＝16MPa，$q_s$＝80L/min |
| 10 | 单向阀 | AF3－Ea20B | $p_s$＝16MPa，$q_s$＝160L/min，开启压力为 0.05MPa |
| 11 | 三位四通电液换向阀 | 34EYF3J－20B | $p_s$＝16MPa，$q_s$＝300L/min |
| 12 | 旁通型调速阀 | FRG－03－B－28－22 | $p_s$＝16MPa，最大流量为 106L/min |
| 13 | 单向节流阀 | LDF－B32C | $p_s$＝16MPa，$q_s$＝200L/min |
| 14 | 三位四通电液换向阀 | 34EF30－E16B | $p_s$＝16MPa，$q_s$＝160L/min |
| 15 | 背压阀 | XFF3－20B | $p_s$＝0.5～6.3MPa，$q_s$＝120L/min |
| 16 | 三位四通电磁换向阀 | 34EF30－E6B | $p_s$＝16MPa，$q_s$＝25L/min |
| 17 | 远程调压阀 | YF3－6B | $p_s$＝16MPa，$q_s$＝2L/min |
| 18 | 远程调压阀 | YF3－6B | $p_s$＝16MPa，$q_s$＝2L/min |
| 19 | 远程调压阀 | YF3－6B | $p_s$＝16MPa，$q_s$＝2L/min |
| 20 | 远程调压阀 | YF3－6B | $p_s$＝16MPa，$q_s$＝2L/min |
| 21 | 三位四通电磁换向阀 | 34EF30－E6B | $p_s$＝16MPa，$q_s$＝25L/min |

## 三、习题

8-1　设计一台3000kN的四柱式万能液压机，其主要技术参数要求如下：

主缸公称力：3000kN。

上滑块回程力：400kN。

上滑块最大行程：800mm。

上滑块压制速度：6.8mm/s。

上滑块回程速度：52mm/s。

顶出缸最大顶出力：300kN。

顶出缸回程力：150kN。

顶出缸最大行程：250mm。

顶出缸回程速度：138mm/s。

典型工艺的动作循环为：主缸：快速下行→慢速压制→保压延时→快速回程→原位停止；下缸：向上顶出→向下退回。

8-2　设计一台加工垂直不通孔（数个圆柱孔及锥孔）和水平通孔（圆柱孔）的专用组合机床。主机的工况要求如下：

1）工作性能和动作循环。立式动力滑台所加工的孔的粗糙度和尺寸精度要求较高，换向精度要求也较高。因此为满足扩锥孔的进给量要求应有Ⅱ工进，为保证Ⅱ工进换向精度，终点应加死挡铁停留。

动作循环为：快进→Ⅰ工进→Ⅱ工进→固定挡铁停留→快退至原位停止。

2）运动和动力参数见表8-4。

**表8-4　运动和动力参数表**

| 滑台名称 | 切削力/N | | 移动件质量/kg | 速度 $v$/m · min$^{-1}$ | | | | 行程 $s$/mm | | | | 起动、制动时间/s |
|---|---|---|---|---|---|---|---|---|---|---|---|---|
| | Ⅰ工进 | Ⅱ工进 | | 快进 | Ⅰ工进 | Ⅱ工进 | 快退 | 快进 | Ⅰ工进 | Ⅱ工进 | 快退 | |
| 滑台 | 12000 | 4000 | 2500 | 4.5 | 0.045 | | 6 | 207 | 35 | 8 | 250 | 0.2 |
| 卧置滑台 | 3000 | | 320 | 6 | 0.025 | | 6 | 162 | 40 | | 202 | 0.2 |

3）滑台动摩擦因数 $f_d = 0.1$，滑台静摩擦因数 $f_s = 0.2$。

4）要求电液结合实现自动循环，两滑台同时动作循环以提高效率，防止干扰。

8-3　设计一中型履带式液压挖掘机液压系统。已知：

液压挖掘机整机重力　　$G = 22 \times 10^3 \times 9.81\text{N} = 2.16 \times 10^5\text{N}$

行走速度　　$v = 1.5\text{km/h}$，$3\text{km/h}$（两级速度）

驱动轮节圆直径　　$D_o = 752.7\text{mm}$

最大爬坡能力　　$\alpha = 25°$

最大爬坡负载力　　$F_{max} = G\sin\alpha$

回转平台转速　　$n_0 = 0 \sim 8\text{r/min}$

工作缸最大负载　　动臂缸 $R_1=440\text{N}$

斗杆缸 $R_2=440\text{N}$

铲斗缸 $R_3=345\text{N}$

参考液压系统如图 8-2 所示。试确定各执行元件的几何尺寸、液压泵的型号及规格。

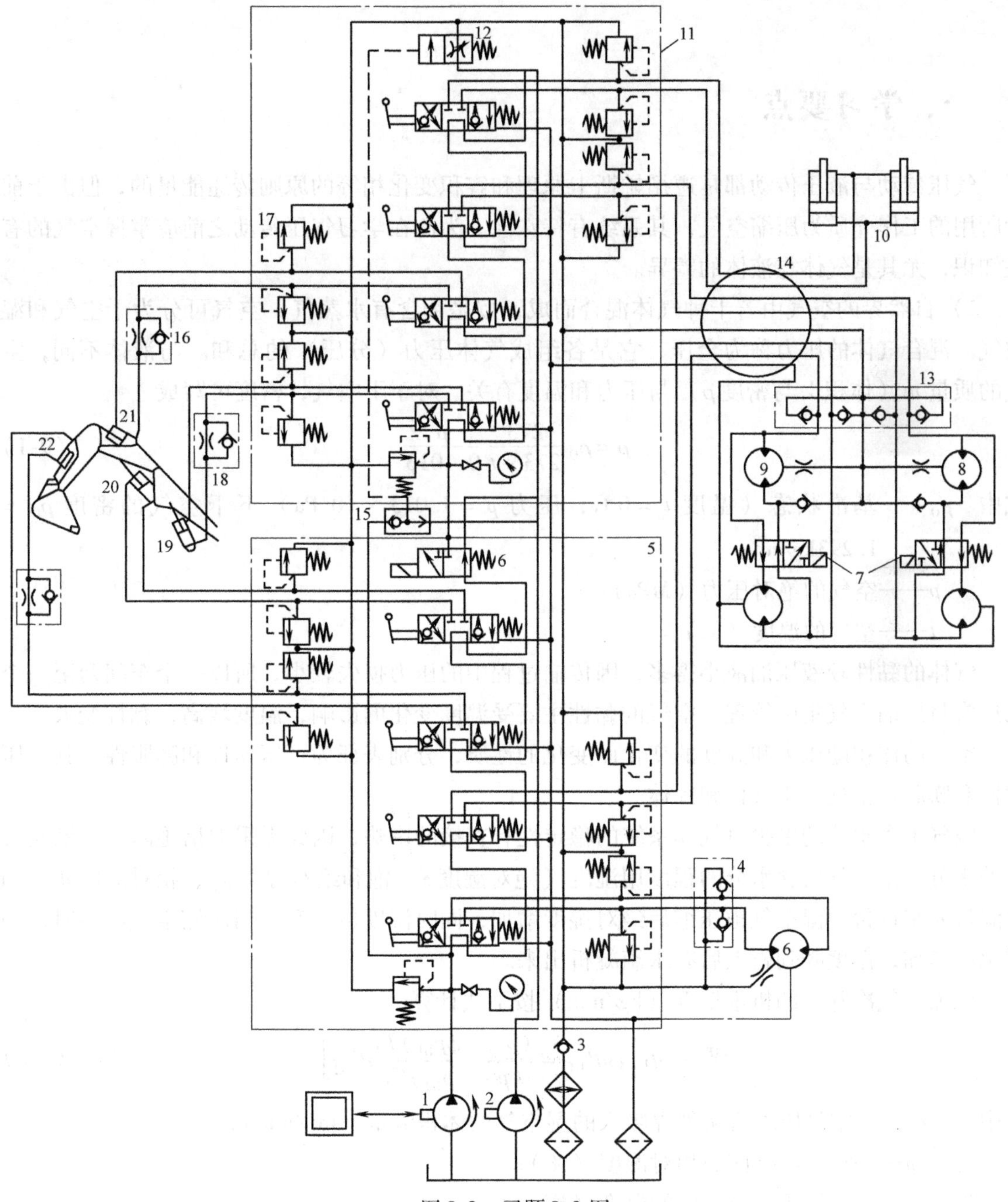


图 8-2　习题 8-3 图

1、2—液压泵　3—背压阀　4、13—补油阀　5、11—多路换向阀阀组　6—回转马达　7—双速阀　8、9—左、右行走马达　10—推土板升降缸　12—限速锁　14—中心回转接头　15—梭阀　16、18—单向节流阀　17—溢流阀　19—动臂缸　20—调幅辅助缸　21—斗杆缸　22—铲斗缸

# 第九章

# 气压传动基础知识

## 一、学习要点

气压传动与液压传动都是遵循帕斯卡原理和容积变化相等的原则传递能量的，但由于前者所用的工作介质为压缩空气，其系统有特殊性。为此在学习气压传动之前应掌握空气的有关知识，尤其是气体与液体的差异。

1）自然界的空气由若干种气体混合而成，按是否含有水蒸气，空气可分为干空气和湿空气。混合气体的压力称为全压，它是各组成气体压力（分压）的总和。与液体不同，空气的质量 $m$（体积 $V$ 与密度 $\rho$）与压力和温度有关。对于干空气，密度可写成

$$\rho = \rho_0 \frac{273}{273 + t} \frac{p}{0.1013} \tag{9-1}$$

式中 $\rho_0$——基准状态（温度 $t = 0℃$，压力 $p = 1.013 \times 10^5 \mathrm{Pa}$）下干空气的密度 $\rho_0 = 1.293 \mathrm{kg/m^3}$；

$p$——空气的绝对压力（MPa）；

$t$——空气的温度（℃）。

气体的黏性较液压油液小得多，因传输过程中的压力损失较小，所以一个车间乃至一个工厂常将压缩空气集中管理。空气的黏性主要受温度变化的影响，温度增高，黏性变大。

空气的体积随压力和温度的变化而变化的性质，分别表征为可压缩性和膨胀性，其可压缩性和膨胀性都远大于液体和固体。

空气中含水分的多少对气动系统的稳定性有直接的影响，因此需采取措施除去压缩空气中的水分。湿空气所含水分的程度用湿度（绝对湿度 $x$、饱和绝对湿度 $x_b$、相对湿度 $\phi$）和含湿量 $d$ 来评价。湿空气被压缩后绝对湿度增加，同时温度也上升；当压缩空气冷却时，相对湿度增加，温度降到露点后有水滴凝析出来。

压缩空气冷却后的析水量 $W$（kg/min）按下式计算

$$W = q_1 \left[ \phi d'_{b1} - \frac{(p_1 - \phi p_{b1}) T_2}{(p_2 - p_{b2}) T_1} d'_{b2} \right] \tag{9-2}$$

式中 $q_1$——空气压缩机从外界吸入的湿空气的体积流量（$\mathrm{m^3/min}$）；

$\phi$——空气压缩前的相对湿度（%）；

$T_1$、$T_2$——空气压缩前、后的温度（K）；

$d'_{b1}$、$d'_{b2}$——温度为 $T_1$、$T_2$ 时饱和容积的含湿量（$\mathrm{kg/m^3}$）；

$p_{b1}$、$p_{b2}$——温度为 $T_1$、$T_2$ 时饱和空气中水蒸气的分压力（绝对）（MPa）；

$p_1$、$p_2$——空气压缩前后的压力（绝对）（MPa）。

2）为便于研究，一般视假想的没有黏性的气体为理想气体，一定质量的理想气体在状态变化的某一瞬间满足下列气体状态方程

$$\frac{pV}{T} = \text{常量} \tag{9-3}$$

或

$$p = \rho RT \tag{9-4}$$

式中　$p$——绝对压力（Pa）；

$V$——气体体积（$m^3$）；

$T$——热力学温度（K）；

$\rho$——气体密度（$kg/m^3$）；

$R$——气体常数（N·m/kg·K）。

气体由一种状态变化到另一种状态，按其特性不同分为等容过程、等压过程、等温过程、绝热过程和多变过程。等容、等压、等温、绝热变化过程都是多变过程的特例，气体状态变化前后的状态参数之间的关系可用通式表示

$$p_1 V_1^n = p_2 V_2^n \tag{9-5}$$

式中　$n$——多变指数。

当 $n=1$ 时为等温过程；$n=k=1.41$ 时为绝热过程；一般过程为 $k>n>1$。

气动系统中不少工作过程，如气缸工作、管道输送空气等，可视为等温过程；气动系统的快速充、排气过程可视为绝热过程。

3）与液体流动相同，气体流动也满足流量连续性方程和伯努利方程，但由于气体的可压缩性，这两个方程都与液体流动不同：

流量连续性方程

$$\rho_1 v_1 A_1 = \rho_2 v_2 A_2 = q_m \text{（}q_m\text{ 为气体的质量流量）} \tag{9-6}$$

伯努利方程

$$\frac{v^2}{2} + gh + \frac{k}{k-1}\frac{p}{\rho} + gh_w = \text{常量（按绝热过程计算）} \tag{9-7}$$

气流速度 $v$ 与当地声速 $c$ 之比称为马赫数 $Ma$，它是反映气流可压缩性的重要参数。$Ma<1$ 为亚声速流动；$Ma=1$ 为声速流动；$Ma>1$ 为超声速流动。当气体在亚声速流动时，流动特性与不可压缩流体相同；当气体做超声速流动时，流动特性和不可压缩流体不同：随着管道截面的扩大气流速度增加。

当气流速度远小于声速时，可以认为气体不可压缩，但当 $v \approx 140m/s$（$Ma>0.4$）时，就应考虑可压缩性了。在气动装置中，气流速度较低，且又经过压缩，可以不考虑可压缩性。

4）气动元件的流通能力可以采用有效截面面积 $S$ 的值表示，也可以用流量表示。气体流过节流孔时，因黏性缘故流束收缩的最小截面面积便为有效截面面积。

对于气动元件或管道，有效截面面积 $S$ 等于收缩系数 $\alpha$ 乘以其实际截面面积 $S_0$

$$S = \alpha S_0 \tag{9-8}$$

多个元件并联，有效截面面积为

$$S_R = \sum_{i=1}^{n} S_i \tag{9-9}$$

多个元件串联，有效截面面积 $S_R$ 则按下式计算

$$\frac{1}{S_R^2} = \sum_{i=1}^{n} \frac{1}{S_i^2} \tag{9-10}$$

不可压缩气体通过节流小孔的流量 $q$（$m^3/s$）为

$$q = C_d A \sqrt{\frac{2}{\rho} \Delta p} \tag{9-11}$$

式中　$C_d$——流量系数，一般取 $C_d = 0.97$；

$A$——节流孔面积（$m^3$）；

$\rho$——气体的密度（$kg/m^3$）；

$\Delta p$——节流孔前后的压差（Pa），$\Delta p = p_1 - p_2$。

5）气动系统中向气罐、气缸等元器件充气或由其放气所需的时间及温度变化是正确使用气动技术的重要问题。向定积容器充气可视为绝热过程，基本上分声速和亚声速两个阶段，容器充气后压力升高，温度也升高，停止充气后，容器内温度下降到室温，容器压力也要下降。容器绝热放气过程也基本分为声速和亚声速两个阶段，放气时压力降低，温度也降低，停止放气后，容器温度上升到室温，容器内压力也会上升。

向定积容器充气后的温度

$$T_2 = \frac{k}{1 + \frac{p_1}{p_2}(k-1)} T_s \tag{9-12}$$

式中　$p_1$、$p_2$——容器内充气前后的绝对压力（Pa）；

$k$——绝热指数，$k = 1.4$；

$T_s$——气源热力学温度（K）。

充气所需时间

$$t = \left(1.285 - \frac{p_1}{p_s}\right)\tau \tag{9-13}$$

式中　$p_s$——气源绝对压力（Pa）；

$\tau$——时间常数（s），$\tau = 5.217 \times 10^{-3} \frac{V}{kS} \sqrt{\frac{273}{T_s}}$；

$V$——容器的容积（$m^3$）；

$S$——有效截面积（$m^2$）。

定容积容器向外放气后的温度

$$T_2 = T_1 \left(\frac{p_2}{p_1}\right)^{\frac{k-1}{k}} \tag{9-14}$$

放气所需时间

$$t=\left\{\frac{2k}{k-1}\left[\left(\frac{p_1}{p_e}\right)^{\frac{k-1}{2k}}-1\right]+0.945\left(\frac{p_1}{1.013\times10^5}\right)^{\frac{k-1}{2k}}\right\}\tau \tag{9-15}$$

式中 $p_1$、$p_2$——容器内放气前后的绝对压力（Pa）；

$p_e$——放气临界压力（$1.92\times10^5$Pa）。其他符号意义同前。

## 二、例题

**例 9-1** 设湿空气的压力为0.1013MPa，温度为20℃，相对湿度 $\phi=50\%$，求湿空气的绝对湿度、含湿量及密度。

**解：** 绝对压力为0.1013MPa时饱和空气中的水蒸气分压力、含湿量与温度的关系见表9-1。

**表 9-1 关系表**

| 温度 $t$/℃ | 饱和水蒸气分压力 $p_b$/($\times10^5$Pa) | 容积含湿量 $d'_b$/g·m$^{-3}$ | 温度 $t$/℃ | 饱和水蒸气分压力 $p_b$/($\times10^5$Pa) | 容积含湿量 $d'_b$/g·m$^{-3}$ |
|---|---|---|---|---|---|
| 100 | 1.013 | 597.0 | 30 | 0.042 | 30.4 |
| 80 | 0.473 | 292.9 | 25 | 0.032 | 23.0 |
| 70 | 0.312 | 197.9 | 20 | 0.023 | 17.3 |
| 60 | 0.199 | 130.1 | 15 | 0.017 | 12.8 |
| 50 | 0.123 | 83.2 | 10 | 0.012 | 9.4 |
| 40 | 0.074 | 51.2 | 0 | 0.006 | 4.8 |
| 35 | 0.056 | 39.6 | −10 | 0.0026 | 2.2 |

查表9-1得20℃的饱和水蒸气的分压力 $p_b=0.023\times10^5$Pa，饱和容积含湿量 $d'_b=17.3\text{g/m}^3$。于是，绝对湿度

$$x=\phi d'_b=50\%\times17.3\text{g/m}^3=8.65\text{g/m}^3$$

含湿量 $$d=622\frac{\phi p_b}{p-\phi p_b}=622\times\frac{0.5\times0.023}{1.013-0.5\times0.023}=7.14\text{g/kg}$$

密度 $$\rho'=\rho_0\frac{273}{273+t}\frac{p-0.378\phi p_b}{1.013}$$

$$=1.293\times\frac{273}{273+20}\times\frac{1.013-0.378\times0.5\times0.023}{1.013}\text{kg/m}^3=1.1996\text{kg/m}^3$$

**例 9-2** 若空压机排出的空气压力为 $p_2=7\times10^5$Pa（绝对压力），温度 $t_2=40$℃，吸入空气量 $q_1=8\text{m}^3/\text{min}$。如吸入空气压力 $p_1=1\times10^5$Pa（绝对压力），温度 $t_1=20$℃，相对湿度 $\phi_1=0.82$，试求每小时的析水量。

**解：** 由表9-1查得 $t=20$℃的湿空气饱和水蒸气分压力 $p_{b1}=0.0023$MPa，容积含湿量 $d'_{b1}=17.3\text{g/m}^3$；$t=40$℃的湿空气饱和水蒸气分压力 $p_{b2}=0.0074$MPa，容积含湿量 $d'_{b2}=51.2\text{g/m}^3$。

此时，干空气的密度

$$\rho=\rho_0\frac{273}{273+t}\frac{p}{0.1013}=1.293\times\frac{273}{273+40}\times\frac{0.7}{0.1013}\text{kg/m}^3=7.793\text{kg/m}^3$$

于是近似求得每小时的析水量

$$W = 60q_1\rho\left[\phi d'_{b1} - \frac{(p_1 - \phi p_{b1})T_2}{(p_2 - p_{b2})T_1}d'_{b2}\right]$$

$$= 60 \times 8 \times 7.793 \times \left[0.82 \times 17.3 - \frac{(0.1 - 0.82 \times 0.0023) \times (273 + 40)}{(0.7 - 0.0074) \times (273 + 20)} \times 51.2\right] \times 10^{-3}\text{kg/h}$$

$$= 24.082\text{kg/h}$$

**例 9-3**　将温度为 20℃、容积为 10L 的空气进行压缩，压缩后空气的绝对压力为 0.8MPa，温度为 40℃，求其压缩前后的体积变化。

**解：**设压缩前的空气体积为 $V_0$，压缩后体积为 $V_1$，根据理想气体状态方程

$$\frac{p_0V_0}{T_0} = \frac{p_1V_1}{T_1}$$

可得压缩后的气体体积

$$V_1 = \frac{p_0V_0T_1}{p_1\ T_0} = \frac{0.1013 \times 10}{0.8} \times \frac{273 + 40}{273 + 20}\text{L} = 1.353\text{L}$$

故压缩前后空气的体积变化

$$\Delta V = V_0 - V_1 = (10 - 1.353)\text{L} = 8.647\text{L}$$

**例 9-4**　将温度为 20℃的气体绝热压缩到温度为 300℃，求压缩后的气体压力。

**解：**由绝热过程状态参数的关系　$p_1V_1^{1.4} = p_2V_2^{1.4}$

及质量守恒定律　$\rho_1V_1 = \rho_2V_2$

得

$$\frac{\rho_2}{\rho_1} = \frac{V_1}{V_2} = \left(\frac{p_2}{p_1}\right)^{\frac{1}{1.4}}$$

再由气体状态方程　$p = \rho RT$

得

$$\frac{p_2}{p_1} = \frac{\rho_2}{\rho_1}\ \frac{T_2}{T_1}$$

因此压缩后的气体压力

$$p_2 = p_1\left(\frac{T_2}{T_1}\right)^{\frac{1.4}{1.4-1}} = 0.1013 \times \left(\frac{273 + 300}{273 + 20}\right)^{\frac{1.4}{1.4-1}}\text{MPa} = 1.0595\text{MPa}$$

**例 9-5**　空气由温度为 15℃的一个大容器中流出，当流速达到 180m/s 时，求空气的密度、压力的相对变化（设流动为绝热过程）。

**解：**由理想气体伯努利方程　$\frac{v^2}{2} + \frac{k}{k-1}\frac{p}{\rho} = 常量$

及理想气体状态方程　$p = \rho RT$

可得

$$\frac{v_0^2}{2} + \frac{k}{k-1}RT_0 = \frac{v_1^2}{2} + \frac{k}{k-1}RT_1$$

式中 $v_0$ 为大容器中的气流速度，可视 $v_0 = 0$，而气体常数 $R = 287.1\text{N} \cdot \text{m/(kg} \cdot \text{K)}$，于是得空气流出后的温度

$$T_1 = T_0 - \frac{k-1}{2kR}v_1^2 = 273 + 15 - \frac{1.4-1}{2 \times 1.4 \times 287.1} \times 180^2\text{K} = 271.88\text{K}$$

将绝热过程状态参数的关系 $p_1 V_1^k = p_0 V_0^k$ 及理想气体状态方程 $p = \rho RT$ 联立得

$$\frac{T_1}{T_0} = \left(\frac{\rho_1}{\rho_0}\right)^{k-1} = \left(\frac{p_1}{p_0}\right)^{\frac{k-1}{k}}$$

因此当气流速度达 180m/s 时空气压力的相对变化为

$$\frac{p_0 - p_1}{p_0} = 1 - \frac{p_1}{p_0} = 1 - \left(\frac{T_1}{T_0}\right)^{\frac{k}{k-1}} = 1 - \left(\frac{271.88}{288}\right)^{\frac{1.4}{1.4-1}} = 18.26\%$$

空气密度的相对变化为

$$\frac{\rho_0 - \rho_1}{\rho_0} = 1 - \frac{\rho_1}{\rho_0} = 1 - \left(\frac{T_1}{T_0}\right)^{\frac{1}{k-1}} = 1 - \left(\frac{271.88}{288}\right)^{\frac{1}{1.4-1}} = 13.41\%$$

**例 9-6** 图 9-1 所示为气动系统，管道为瓦斯管，内径为 10mm。除元件外的管道总长为 10m 外，已知各元件的有效截面面积分别为 $S_1 = S_2 = 60\text{mm}^2$，$S_3 = S_4 = 40\text{mm}^2$。求从气罐到气缸进气端的合成有效截面面积。

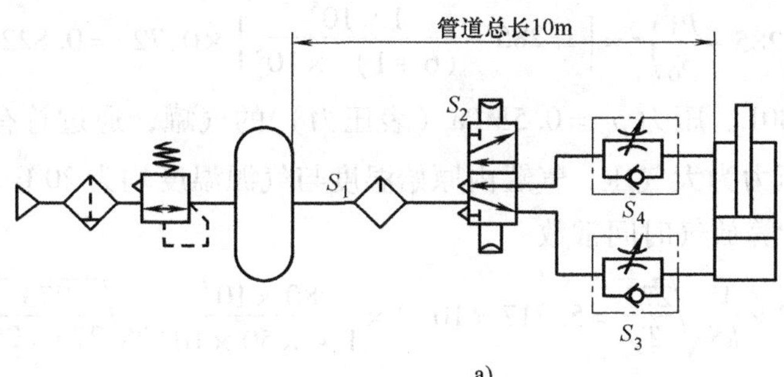


a)

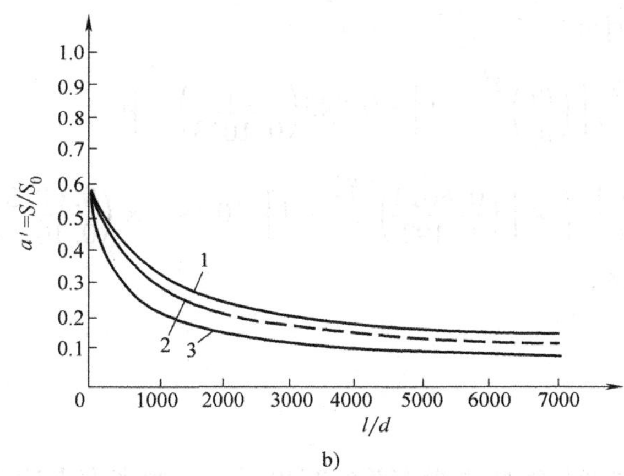


b)

图 9-1 例 9-6 图

1—$d = 11.6 \times 10^{-3}$m 的具有涤纶编织物的乙烯软管 2—$d = 2.52 \times 10^{-3}$m 的尼龙管 3—$d = 1/4 \sim 1$in[⊖] 的瓦斯管

---

⊖ 1in = 25.4mm。

**解**：因管道总长 $L=10\text{m}$，内径 $d=10\text{mm}$，长径比 $L/d=1000$，由图 9-1b 中曲线 3 查得收缩系数 $a'=S/S_0=0.28$。于是管道折合有效截面面积

$$S=a'S_0=a'\times\frac{\pi d^2}{4}=0.28\times\frac{3.14\times10^2}{4}\text{mm}^2=22\text{mm}^2$$

再根据串联元件有效截面面积的计算公式有

$$\frac{1}{S_R^2}=\sum_{i=1}^{4}\frac{1}{S_i^2}=\frac{1}{60^2}+\frac{1}{60^2}+\frac{1}{40^2}+\frac{1}{22^2}$$

求解得

$$S_R=17.55\text{mm}^2$$

**例 9-7**　$p_0=6\times10^5\text{Pa}$，$t_0=20℃$ 的气源，经最小截面面积 $S=5\times10^{-5}\text{m}^2$ 的阀向容积 $V=0.01\text{m}^3$ 的容器充气，问从初始压力 $p_1=1\times10^5\text{Pa}$（绝对压力）充到 $p_0$ 需要多少时间？

**解**：由已知参数计算充气时间常数

$$\tau=5.217\times10^{-3}\times\frac{V}{kS}\sqrt{\frac{273}{T_s}}=5.217\times10^{-3}\times\frac{0.01}{1.4\times5\times10^{-5}}\sqrt{\frac{273}{273+20}}\text{s}=0.72\text{s}$$

于是得气罐充气到气源压力所需时间

$$t=\left(1.285-\frac{p_1}{p_0}\right)\tau=\left[1.285-\frac{1\times10^5}{(6+1)\quad\times10^5}\right]\times0.72\text{s}=0.822\text{s}$$

**例 9-8**　容积 $V=80\text{L}$、压力 $p_0=0.5\text{MPa}$（表压力）的气罐，通过总有效截面面积 $S=50\text{mm}^2$ 的回路放气至压力为大气压，气罐内原始温度与气源温度均为 20℃，试求放气时间。

**解**：由已知参数计算放气时间常数

$$\tau=5.217\times10^{-3}\times\frac{V}{kS}\sqrt{\frac{273}{T_s}}=5.217\times10^{-3}\times\frac{80\times10^{-3}}{1.4\times50\times10^{-6}}\sqrt{\frac{273}{273+20}}\text{s}=5.76\text{s}$$

代入放气临界压力 $p_e=0.192\text{MPa}$ 及气罐内初始绝对压力 $p_1=(0.5+0.1013)\ \text{MPa}=0.6013\text{MPa}$，得放气时间

$$\begin{aligned}t&=\left\{\frac{2k}{k-1}\left[\left(\frac{p_1}{p_e}\right)^{\frac{k-1}{2k}}-1\right]+0.945\left(\frac{p_1}{0.1013}\right)^{\frac{k-1}{2k}}\right\}\tau\\&=\left\{\frac{2\times1.4}{1.4-1}\times\left[\left(\frac{0.6013}{0.192}\right)^{\frac{1.4-1}{2\times1.4}}-1\right]+0.945\times\left(\frac{0.6013}{0.1013}\right)^{\frac{1.4-1}{2\times1.4}}\right\}\times5.76\text{s}\\&=14.16\text{s}\end{aligned}$$

## 三、习题

9-1　干空气的密度与哪些因素有关？写出干空气的密度表达式。

9-2　压力为 0.6MPa、温度为 40℃ 的干空气的密度等于多少？

9-3　空气的黏性随温度的变化规律与液体的黏性随温度的变化规律是否一样？分别予以说明。

9-4　何谓湿空气？有哪些评价指标？

9-5　如何计算湿空气的密度？与干空气相比有什么差别？

9-6　试计算压力为 $p=0.4\text{MPa}$（相对压力）、温度 $t=30℃$ 的空气，在相对湿度分别为 90% 和 50% 时的密度。

9-7　已知湿空气的压力为 0.1MPa、温度为 30℃、相对湿度为 80%，求湿空气的绝对湿度及质量含湿量。

9-8　何谓理想气体？说明理想气体状态方程的物理意义。

9-9　何谓气体的等温变化过程？在等温变化过程中，加入系统的热能变成了什么？气动系统中哪些工作过程可视为等温变化过程？

9-10　何谓气体的绝热变化过程？在绝热变化过程中，状态参数之间存在什么关系？气动系统中哪些过程可视为绝热变化过程？

9-11　将温度为 20℃、体积为 $1\text{m}^3$ 的空气压缩成 $0.2\text{m}^3$，压缩后的空气温度升为 30℃，求压缩后的空气压力。

9-12　将温度为 25℃ 的空气绝热压缩到压力为 0.6MPa（相对压力）的状态下，求压缩后的气体温度。

9-13　将绝对压力为 0.1MPa、温度为 20℃、容积为 100L 的空气压缩为 10L，请分别按等温、绝热两种变化过程求压缩后的压力和温度。

9-14　温度为 50℃、压力为 0.5MPa 的气体绝热膨胀到大气压时，气体的温度为多少？

9-15　压力为大气压力、温度为 −90.8℃ 的气体，绝热压缩到温度为 30℃，求此时气体的压力和密度。

9-16　某干空气初始绝对压力为 0.2MPa，压缩后绝对压力为 2MPa，试按绝热变化过程求压缩前后气体体积及密度的变化。

9-17　证明气体在温度为 15℃ 的空气中的声速为 340m/s。

9-18　如何定义马赫数？说明它的物理意义。

9-19　为什么气动控制阀的有效截面面积小于实际开口面积？如何确定气动控制阀的有效截面面积？

9-20　为测定一气阀的有效截面面积，在 $V=100\text{L}$ 的容器内充入压力 $p_1=0.5\text{MPa}$（相对压力）、温度为 20℃ 的空气，然后经此阀将罐内的空气放入大气，放气后罐内剩余压力 $p_2=0.2\text{MPa}$（相对压力），放气时间为 6.15s。求被测阀的有效截面面积。

9-21　已知通径为 6mm 的气控阀在环境温度 20℃、气源压力为 $5\times10^5\text{Pa}$ 的条件下进行实验，测得阀的进出口压降 $\Delta p=0.25\times10^5\text{Pa}$，额定流量 $q=7\times10^{-4}\text{m}^3/\text{s}$，试计算该阀的有效截面面积 $S$ 值。

9-22　有一气控阀，阀前稳定压力为 0.7MPa，阀后稳定压力为 0.35MPa，阀前后连接管子内径为 16mm，通过阀的质量流量为 0.079kg/s。已知阀前后压缩空气的温度均为 15℃，问阀前后管道内的流速各为多少？

9-23　图 9-2 所示节流孔有效截面面积 $S=4\text{mm}^2$，把压力为 0.5MPa（相对压力）、温度为 20℃ 的压缩空气放入大气，求其通过的流量。

9-24　多个元件组合后的有效截面面积如何计算？写出并联组合、串联组合、串并联组合元件的有效截面面积的计算公式。

9-25　如图9-3所示，节流阀1和节流阀4的有效截面面积为$1mm^2$，节流阀2和节流阀3的有效截面面积为$2mm^2$，求管路在截止阀5关闭及开启时合成有效截面面积。

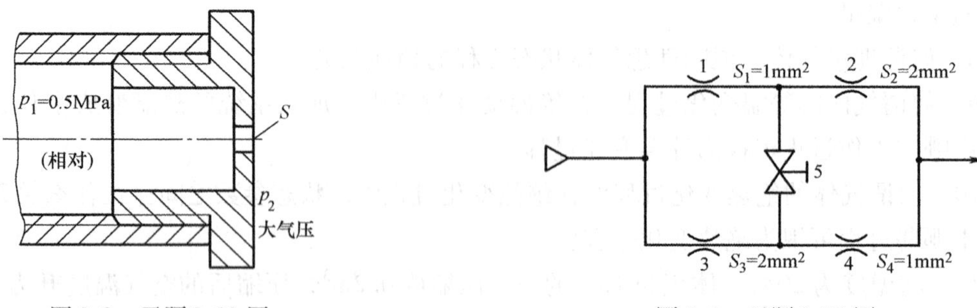


图9-2　习题9-23图　　图9-3　习题9-25图

9-26　为什么气体流经节流小孔时，可以按绝热变化过程处理？

9-27　如何计算容器充气后的温度？若充气到一定压力后关闭阀门停止充气，气体温度降至室温后，气体压力又如何变化？

9-28　什么是充气与放气的时间常数？它与哪些因素有关？

9-29　如何计算温度为室温的容器向外放气后的温度？停止放气后，容器内的温度、压力又如何变化？

9-30　气源压力$p_1=0.4MPa$，温度（室温）$T_1=288K$，通过一个有效截面面积$S=78mm^2$的气控阀向容积$V=0.5m^3$、罐内初始绝对压力$p_2=0.1MPa$的气罐充气。当罐内绝对压力充至$p_3=0.265MPa$时，罐内温度$T_2$为多少？需要多少充气时间？充气完毕，待罐内温度降至室温，罐内压力又为多少？

9-31　在图9-4中，气罐的初始表压力为0.5MPa、温度为20℃（室温），打开阀门迅速放气到大气后立即关闭阀门，求此时罐内的气体温度及回升到室温后气罐内的气体压力。

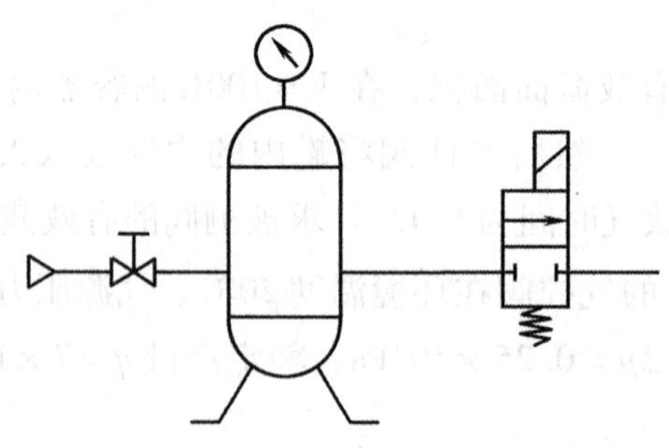

图9-4　习题9-31图

# 第十章

# 气源装置及气动元件

## 一、学习要点

与液压系统相同，除传动介质——压缩空气外，气动系统也由气源装置、执行元件、控制元件及气动辅件等组成，不同的是，控制元件不仅包括普通的气动控制阀，还包括有用于完成一定逻辑功能的气动逻辑元件和感测、转换、处理气动信号的气动传感器及信号处理装置。

**1. 气源装置**

产生、处理和储存压缩空气的装置称为气源装置，它为气动系统提供足够清洁、干燥且具有一定压力和流量的压缩空气。气源装置一般由气压发生装置（空气压缩机）、净化与储存压缩空气的装置和设备、传输压缩空气的管道系统、气源处理装置四部分组成。

1）气压发生装置——空气压缩机将原动机输出的机械能转换为气体的压力能，供气动机械使用。空压机按工作原理分为容积型和速度型两种，常用往复活塞式（容积型）空压机。选择空压机时应依据气动系统实际所需的工作压力和流量两个参数。

2）由空压机排出的压缩空气必须经过净化处理，除去油分、水分、灰尘等杂质，并使之降温、干燥，达到一定品质要求。对于气缸、膜片式和截止式气动元件，要求杂质粒径不大于50μm；对于气马达、滑阀元件，要求杂质粒径不大于25μm；对于射流元件，要求杂质粒径为10μm左右。常用的净化与储存压缩空气的装置和设备包括后冷却器、油水分离器、储气罐、干燥器。

3）传输压缩空气的管道系统布置的原则应兼顾安装、使用、维护等方面的要求，与各种管道综合考虑。管道尺寸必须由系统最大流量和允许的最大压力损失来决定，壁厚主要考虑管子的强度。

4）气源处理装置包括分水滤气器、减压阀和油雾器，它们之间依次无管化连接成组件。工作时安装在用气设备的近处，压缩空气经过气源处理装置的最后处理，进入各气动元件及系统，因此气源处理装置是气动元件及气动系统使用压缩空气质量的最后保证。其组成及规格，需由气动系统具体用气要求确定，可以少于三件，也可以多于三件。

分水滤气器除滤去空气中的灰尘杂质外，还将空气中的水分分离出来。其主要性能指标包括过滤度、水分离率、滤灰效率和流量特性。

减压阀在系统中起减压和稳压作用，其工作原理与液压减压阀相似，应用更为广泛，是气动装置不可缺少的元件。

油雾器是一种特殊的注油装置，当压缩空气流过时，它将润滑油喷射成雾状，随压缩空气一起流经需要润滑的部件（如执行元件、控制滑阀等）。在气动仪表、逻辑元件的近处，不需要安装油雾器。油雾器的性能指标有流量特性、起雾油量、油雾粒度等。

**2. 气动辅件**

气动辅件是气动控制系统不可缺少的部分，如消声器、管道连接件等。有的地方将净化与储存压缩空气的装备和设备也归于气动辅件。

消声器通过阻尼或增加排气面积来降低排气速度和功率，从而降低噪声。常用铜颗粒烧结成形的吸收型消声器。

管道连接件包括管子和管接头，管子中硬管有铁管、钢管、黄铜管、纯铜管、硬塑料管等；软管有塑料管、尼龙管、橡胶管、挠性金属管等，常用纯铜管和尼龙管。与液压管接头类似，对应于不同管子有不同的管接头。

**3. 气动执行元件**

气动执行元件是将压缩空气的压力能转换为机械能输出的装置，包括做直线运动的气缸和做旋转运动的气马达。

标准气缸的结构形式与活塞式液压缸基本相同，但气缸的工作特性与液压缸又有所不同，如要精确确定气缸实际输出力是困难的。在计算缸径时常用到负载率的概念，即负载率 $\beta$ = 气缸实际负载/气缸理论输出力，活塞运动速度 $v=0$ 时，$\beta=0.8$；运动速度越高，负载率 $\beta$ 越小，$v>0.5\text{m/s}$ 时，负载率 $\beta\leqslant0.3$。又如在活塞面积 $A$ 及运动速度 $v$ 一定时，所需的自由空气量 $q_0$ 与工作压力 $p$ 有关，计算公式为 $q_0=Av\dfrac{p+0.1013}{0.013}$，这是选择空压机流量的重要依据。

另外要了解膜片式气缸、冲击气缸、无杆气缸等典型气缸的特点。膜片式气缸是利用压缩空气推动非金属膜片做往复运动的气缸，其结构紧凑、无泄漏损失，但行程较小，适用于气动夹具、自动调节阀等场合。冲击气缸是将压缩空气的压力能转换为活塞的动能，产生很大冲击力的气缸，可胜任冲床的工作。无杆气缸是通过独特的无杆设计使活塞直接驱动运动部件的气缸，其安装空间小、结构紧凑、且能承受偏载。

气马达按结构形式分为叶片式、活塞式、齿轮式等，常用叶片式和活塞式气马达，其工作原理和结构形式与同类型的液压马达类似。但要注意气马达特性曲线具有软特性：当气压不变时，其转矩、转速、功率均随外负载变化而变化。因此，过载时马达转速降低或停车，有过载保护作用。长时间满载工作温升小，具有防火，防爆，耐潮湿、粉尘及振动等优点，适宜于恶劣环境使用。

**4. 气动控制阀**

气动控制阀与液压控制阀一样，按功能也分为压力控制阀、流量控制阀和方向控制阀三大类，其工作原理及结构与同类液压控制阀类似。这里要注意它们的不同之处：溢流阀只作安全阀用，起调压和稳压作用的是减压阀；气控换向阀有加压控制、卸压控制和差压控制三种，可通过气控换向阀的作用使撞块只在一个方向使阀芯移动，另一个方向阀芯不动；梭阀及双压阀都是两个单向阀的组合，前者作用相当于“或”，后者作用相当于“与”。

**5. 气动逻辑元件**

气动逻辑元件是气动控制中颇具特色的元件，它通过元件内部可动部件的动作，改变气流方向来实现一定的逻辑功能。按结构分为高压截止式、膜片式、滑阀式及其他逻辑元件。

高压截止式逻辑元件按功能分为“与门”“是门”“或门”“非门”“禁门”“或非”及“记忆”等元件。膜片式逻辑元件的基本单元是三门元件。

**6. 气动仪表**

气动仪表是气动调节系统的核心。气动单元组合仪表包括气动变送单元、气动调节单元、执行单元、给定单元、转换单元等。调节对象必须经过检测元件——气动传感器将被测物理量转换成气信号，再由变送单元将其变换为能远距离传送的标准气信号。调节单元将测量参数与给定值进行比较、计算、放大，并以一定的调节规律发出调节信号，通过执行单元控制被控对象。这里要清楚气动传感器（背压式传感器、反射式传感器、遮断式传感器）、气动差压变送器及气动比例调节器的工作原理及其特点。

## 二、例题

**例 10-1**　为什么空气压缩机排出的压缩空气不能直接输送给气动设备使用？

**解：**空气压缩机排出的压缩空气虽然能满足气动设备对压力和流量的要求，但一般气动设备使用的是工作压力较低的油润滑的活塞式空气压缩机，它从大气中吸入含有水分和灰尘的空气，经压缩的空气温度提高到 140 ~ 170℃，这时空气压缩机和气缸里的润滑油也部分成为气态。这样，油分、水分以及灰尘混合成的胶体微雾与杂质混在压缩空气中一同排出。它将对气动设备正常工作造成不利影响，原因如下：

1）混在压缩空气中的油蒸气可能聚集在气动系统的容器中形成易燃物，有引起爆炸的危险。同时润滑油被汽化后会形成一种有机酸，对气动装置有腐蚀作用，影响设备的使用寿命。

2）混在压缩空气中的杂质会沉淀在管道及气动元件的通道内，减小通流面积，增加流通阻力，特别是对某些起阻尼作用的气动元件（内径为 0.2 ~ 0.5mm 的通道），严重时会产生阻塞，导致气压信号不能正常传递，使整个气动设备工作不稳定甚至失灵。

3）压缩空气中含有的饱和水分在一定条件下会凝结成水，并聚集在个别管段内。若环境温度过低，凝结的水分会使管道及附件结冰而损坏，影响气动系统的正常工作。

4）压缩空气中的灰尘等杂质会使气动系统中做相对运动的部件产生研磨作用，导致部件间间隙增大，这些部件会因泄漏而使效率降低，并缩短使用寿命。

因此，由空气压缩机排出的压缩空气必须经过净化处理，除油、除水、除尘并使压缩空气干燥，提高压缩空气的质量。

**例 10-2**　指出图 10-1a、b 所示的供气系统中的错误，正确布置并说明各元件的名称和作用。

**解：**各元件的名称及作用：

元件 1——分水滤气器，滤去空气中的灰尘、杂质，并将空气中的水分分离出来。

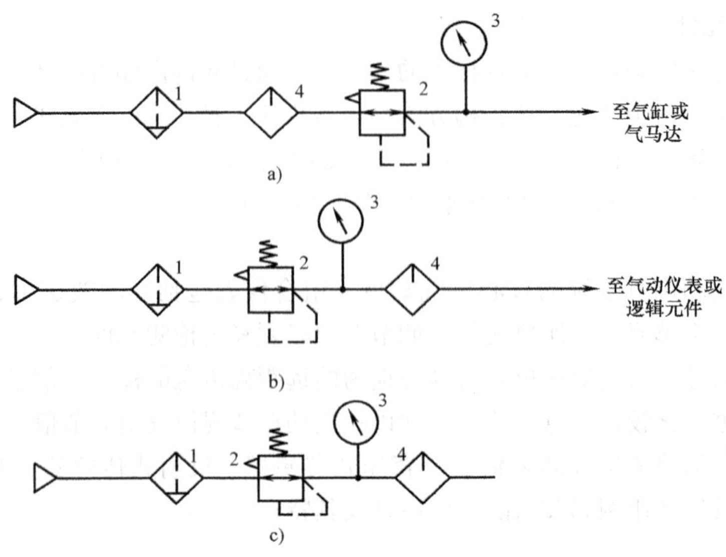


图 10-1 例 10-2 图

元件 2——减压阀，起减压和稳压的作用，保证每台气动设备得到所需要的压力。

元件 3——压力表，显示减压阀的调定压力。

元件 4——油雾器，一种特殊的注油装置，它将润滑油雾化后注入空气流，使之随压缩空气进入需要润滑的部件，如气缸、气马达、气动滑阀等，达到润滑的目的。

图 10-1a 中，油雾器应布置在减压阀之后，尽量接近需要润滑的元件，否则达不到润滑的目的。正确布置如图 10-1c 所示。

图 10-1b 中，因系统通往气动仪表或逻辑元件，不需要润滑，因此应去掉油雾器。

**例 10-3** 分析比较气缸与液压缸的速度推力特性的不同之处。

**解**：1）关于速度特性的比较：已知缸的有效作用面积 $A$，活塞的运动速度 $v=q\eta_V/A$。因气体可压缩，而液体不可压缩，因此进入液压缸的流量与工作压力的大小无关，由于液压缸的容积效率 $\eta_V$ 较高（接近于 100%），可表示为 $q=vA$；进入气缸的自由空气流量 $q_0$（进气量）除取决于缸的作用面积 $A$ 和活塞运动速度 $v$ 外，还与工作压力 $p$ 有关，即 $q_0=Av\eta_V\dfrac{p+0.1013}{0.1013}$，气缸的容积效率 $\eta_V$ 低于液压缸的容积效率，一般为 90% ~95%。

2）推力特性的比较：液压缸的机械效率 $\eta_m$ 较高（98% ~100%），一般可以认为液压缸输出的推力 $F=p_1A_1-p_2A_2$，当 $p_2=0$ 时，$F=p_1A_1$；但气缸运动时，运动部件的惯性力、各密封处的摩擦阻力影响较大，实际推力不易确定，往往引进负载率 $\beta$ 的概念，即气缸实际输出推力 $F=\beta Ap$，一般取 $\beta=0.3\sim0.5$，速度高时（$\geqslant0.5$m/s）取 $\beta=0.3$，速度低时取 $\beta=0.5$，缸垂直放置时取 $\beta=0.3$。

**例 10-4** 单活塞杆双作用气缸内径为 $D=125$mm，活塞杆直径为 $d=36$mm，活塞运动速度 $v_1=0.5$m/s，工作压力为 $p=0.5$MPa，气缸的负载率 $\beta=0.3$，容积效率 $\eta_V=0.9$，求气缸往返运动输出的力及自由空气的进气量。

**解**：由已知条件求得气缸大、小腔作用面积分别为

$$A_1=\frac{\pi D^2}{4}=\frac{3.14\times0.125^2}{4}\text{m}^2=0.0123\text{m}^3$$

$$A_2=\frac{\pi(D^2-d^2)}{4}=\frac{3.14\times(0.125^2-0.036^2)}{4}\text{m}^2=0.0112\text{m}^2$$

1）活塞杆外伸时输出的力 $F_2$ 及自由空气的进气量 $q_1$

$$F_1=\beta A_1p=0.3\times0.0123\times0.5\times10^6\text{N}=1845\text{N}$$

$$q_1=A_1v\eta_V\frac{p+0.1013}{0.1013}=0.0123\times0.5\times0.9\times\frac{0.5+0.1013}{0.1013}\text{m}^3/\text{s}=0.033\text{m}^3/\text{s}$$

2）活塞杆内缩时输出的力 $F_2$ 及自由空气进气量 $q_2$

$$F_2=\beta A_2p=0.3\times0.0112\times0.5\times10^6\text{N}=1680\text{N}$$

$$q_2=A_2v\eta_V\frac{p+0.1013}{0.1013}=0.0112\times0.5\times0.9\times\frac{0.5+0.1013}{0.1013}\text{m}^3/\text{s}=0.030\text{m}^3/\text{s}$$

**例 10-5**　何谓气马达的额定功率？它与液压马达额定功率的定义是否相同？

**解**：由于气马达的特性曲线具有软特性，当负载转矩 $T$ 为零时，输出的转速最大，输出功率为零；当负载转矩等于气马达的最大转矩时，气马达停转，输出功率也为零。由此可知，气马达的最大转矩和最大转速不会同时出现，最大功率出现在负载转矩等于气马达最大转矩的一半、转速等于气马达最大转速的一半的时候。一般将功率 $P_s=0.25T_{max}\omega_{max}$ 定义为气马达的额定功率；而液压马达的额定功率定义为 $P_s=T_{max}\omega_{max}$，即液压马达的额定功率出现在液压马达最大转矩 $T_{max}$ 与最大转速 $n_{max}$ 之时。

**例 10-6**　图 10-2 所示为单缸双作用气液泵的工作原理图，它多用于用油量大但无专用液压站的场合，试说明其工作原理。

**解**：气液泵由气缸与液压缸串联组成，液压缸下腔有一吸油口，通过单向阀 2 从油箱吸油，上腔有一排油口，向液压执行元件供油，在上、下腔之间有单向阀 1 隔开。气缸活塞 3 向下运动时驱动液压缸活塞向下运动，液压缸下腔压力升高，关闭单向阀 2、打开单向阀 1，使液压缸下腔油液经单向阀 1 至液压缸上腔，从排油口输出；气缸活塞 3 向上运动时，液压缸上腔压力升高，单向阀 1 关闭，上腔油液被压缩从排油口输出，与此同时液压缸下腔压力下降，当其压力低于大气压时，单向阀 2 打开，油箱油液在大气压作用下，经单向阀 2 进入液压缸下腔。由于气缸活塞面积比液压缸活塞面积大，故输出的液压油压力比输入气的压力高，气液转换放大倍数即为两活塞的有效面积比。通过不断切换换向阀 4，使气缸不断往复动作，就能够得到连续不断的高压油输出。

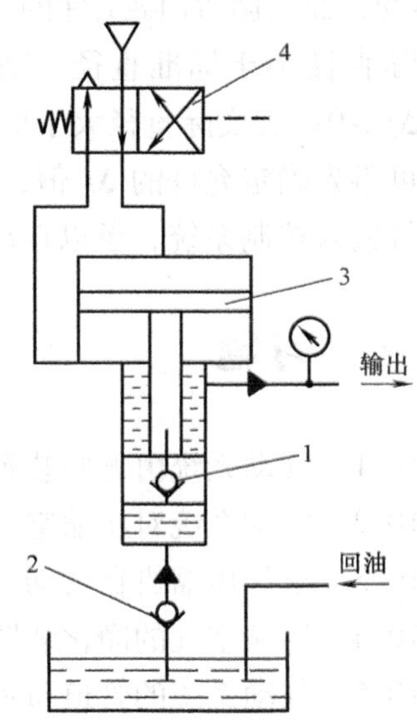


图 10-2　例 10-6 图
1、2—单向阀　3—气缸活塞　4—换向阀

**例 10-7**　说明图 10-3 所示气动桥式回路的原理及应用。

**解**：在气源压力一定时，适当调节四个气阻的大小，使 $C$ 点处的压力 $p_C$ 等于 $D$ 点处的压力 $p_D$，两点处的压差 $\Delta p = p_C - p_D = 0$，桥式回路平衡。

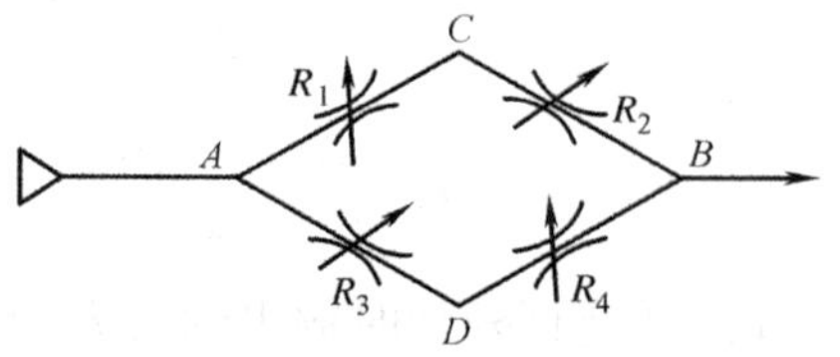

图 10-3　例 10-7 图

当四个气阻中任何一个气阻发生变化时，回路的平衡则被打破，$C$、$D$ 两点处的压差 $\Delta p \neq 0$，可以根据 $\Delta p$ 的大小及正负来测出该气阻变化的大小。如气阻 $R_2$ 变化，若 $\Delta p > 0$，表示 $R_2$ 增大，$p_C$ 增大；若 $\Delta p < 0$，表示 $R_2$ 减小，$p_C$ 减小。如 $R_1$ 变化，若 $\Delta p > 0$，表示 $R_1$ 减小，$p_C$ 增大；若 $\Delta p < 0$，表示 $R_1$ 增加，$p_C$ 减小。

将气桥平衡时的这个气阻值对应于某被测物理量（如温度、浓度、位置、尺寸等）的标准值，则 $\Delta p$ 就代表该被测物理量相对于标准值的偏差，用此方法可对该物理量进行检测和监控。

**例 10-8**　图 10-4 所示为一线径测量仪，试根据气桥平衡回路说明它的工作原理。

**解**：测量前，将标准线径的工件（如纱线、铜丝）送入探头孔中，工件与探头孔之间的缝隙构成气阻 $R_4$。在固定气阻 $R_3$ 不变的情况下，调节气阻 $R_1$ 或 $R_2$，使 $C$ 点处与 $B$ 点处的压力相等，两点压差 $\Delta p = p_C - p_B = 0$，桥路平衡。

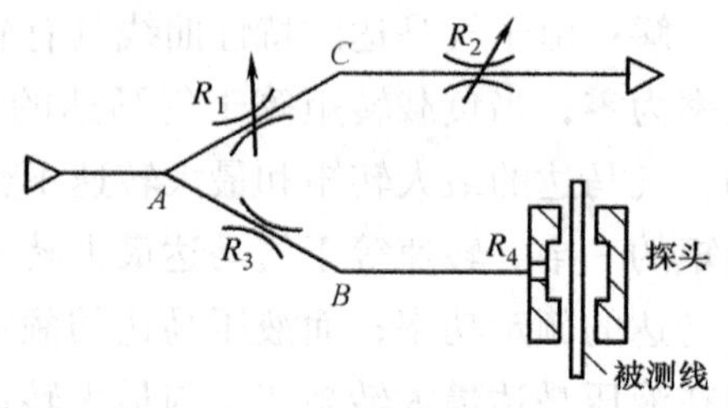

图 10-4　例 10-8 图

测量时，将被测工件送入探头。此时气阻 $R_1$、$R_2$ 不变，而气阻 $R_4$ 随工件的实际直径变化而变化。若实际直径小于标准直径，则气阻 $R_4$ 减小，$p_B$ 减小，$\Delta p > 0$；若实际直径大于标准直径，则气阻 $R_4$ 增大，$p_B$ 增大，$\Delta p < 0$。根据允许的线径差，可事先确定允许的 $\Delta p$ 值，若实测的 $\Delta p$ 的绝对值大于允许的 $\Delta p$ 值，则为不合格品，误差信号输入控制系统，予以自动控制处理。

## 三、习题

10-1　气动系统由哪些装置及元件组成？

10-2　气动系统对压缩空气的质量有些什么要求？

10-3　空气压缩机在气动系统中起何作用？如何选用？

10-4　压缩空气的净化装置和设备包括哪些？它们各起什么作用？

10-5　气动系统的管道布置应遵循哪些原则？如何选择管道的内径及壁厚？

10-6　依次说明气源处理装置各组成部分的名称及其用途。

10-7　简述分水滤气器的结构原理。它有哪些性能指标？

10-8　简述油雾器的工作原理。什么场合需用油雾器？什么场合不需要油雾器？

10-9　为什么气动系统需要用消声器？消声器一般安装在什么地方？

10-10　气动系统如何选用管道及管接头？

10-11　膜片气缸、无杆气缸与活塞式气缸相比较，各有什么特点？

10-12　简述冲击气缸的三个工作阶段。

10-13　气马达与液压马达相比较，有些什么特点？何谓气马达的软特性？

10-14　为什么气动减压阀又称为调压阀？减压阀一般安装在什么地方？

10-15　为什么气动溢流阀又称为安全阀？与液压溢流阀的功用有什么不同？

10-16　什么是排气消声节流阀？它有何作用？一般安装在什么地方？

10-17　气动换向阀按操作方式分为哪几种？与液压换向阀相比较有何异同？

10-18　说明快速排气阀的工作原理。

10-19　什么是气动逻辑元件？如何分类？

10-20　比较“或门”元件、“非门”元件与“禁门”元件，三者有何差别？写出它们的逻辑代数表达式。

10-21　“或非”元件有几个气口？能实现什么逻辑功能？写出它的逻辑代数表达式。

10-22　高压膜片式逻辑元件的基本单元是什么元件？能实现什么逻辑功能？

10-23　气动单元组合仪表包括哪些单元？说明各单元的作用。

10-24　常见的气动传感器有哪些？简述它们的工作原理及用途。

10-25　简述气动差压变送器的功用及工作原理。

10-26　常见的气动调节器有哪几类？简述比例调节器的工作原理。

10-27　图 10-5 所示为一印刷机检测双张印纸的装置。供气阀 3 处于图示位置时，气源压缩空气经进气口 2、膜片下腔进入双张吸头，吹去堵塞小孔的纸张纤维。当供气阀 3 的触头被压下时，检测装置开始工作。此时空气由固定气阻 $R_2$ 及双张吸头 $R_4$ 吸入，经膜片 5、供气阀 3 至吸气口，另一路空气经气阻 $R_3$、膜片上腔、气阻 $R_1$、供气阀 3 至吸气口。两者构成桥式回路。当印纸为单张时，桥式回路气压平衡，膜片上下腔气压相等。若印纸出现双张，该装置如何检测并发出处理信号？试说明该装置的工作原理。

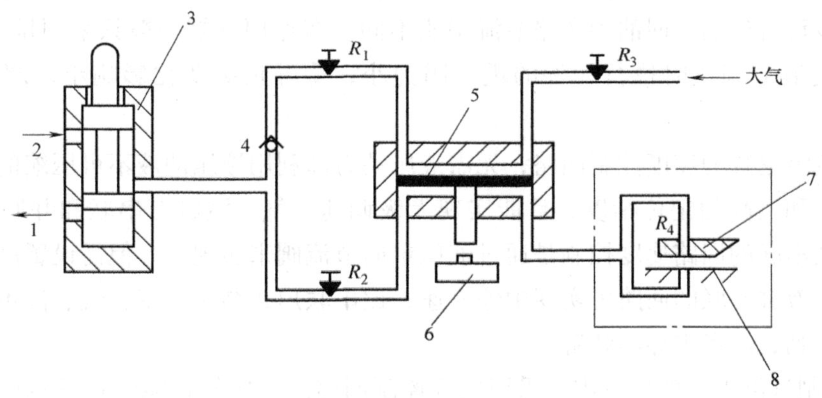


图 10-5　习题 10-27 图

1—吸气口　2—进气口　3—供气阀　4—单向阀　5—膜片　6—限位开关　7—吸头　8—台面

# 第十一章

# 气 动 回 路

## 一、学习要点

与液压系统一样，气动系统也是由若干个基本回路组成的。基本回路按控制功能可分为压力和力的控制回路、换向回路、速度控制回路、位置控制回路及基本逻辑回路。与液压系统不同的是人们常将经生产实践总结出的气动典型回路称为常用回路，如安全保护回路、同步动作回路、往复动作回路、计数回路、振荡回路等。

1）压力控制回路用于调节和控制系统的压力。与液压系统的调压回路不同，这里起调压作用的是减压阀，气动溢流阀只作气罐的安全阀用。采用多个减压阀，可实现高低压控制，再配以气控换向阀，可实现高低压切换。用顺序阀的输出控制一非门元件，可实现执行元件的过载保护。

因气动系统压力较低，所以有力控制回路，一般通过改变执行元件的受力面积来增加输出力。串联气缸回路通过控制电磁阀的通电个数来控制串联气缸活塞杆输出的推力；气液增压回路利用气液增压器把较低的气压转变为较高的液体压力，提高气液缸的输出力；冲击气缸回路则利用冲击气缸将气体的压能转换为活塞的动能，以很大的冲击力输出。

2）执行元件工作时都有换向要求，二位换向阀只能使执行元件有两种状态（伸、缩），三位换向阀可使执行元件除伸、缩外，还可在任一位置停止。

3）因气动装置的使用功率不大，故气动执行元件运动速度的调节主要用节流调速方式，与液压传动有进油、回油和旁路节流调速不同，双作用气缸一般只采用排气节流调速，这是由于排气节流调速时执行元件的进气阻力小，受外负载变化影响小，调速效果好的缘故。

采用气液阻尼缸的速度控制回路，无需液压动力却利用液压油液不可压缩的优点保证了传动的平稳性和较高的定位精度，且能实现无级调速。气、液缸有串联和并联两种结构形式，气、液缸串联的回路速度控制是通过液压单向节流阀来实现的，但需设置高位油箱以补充泄漏。气、液缸并联的回路可实现中停变速，比串联形式结构紧凑，气、液不易相混，为使活塞不致憋劲，应考虑导向装置。

4）要控制气缸停止的位置需要采用位置控制回路。需要气缸能够在任意位置停止，气控换向阀需选三位五通阀，若要求停止位置精确，则应选用气液阻尼缸有中位停止的回路；采用串联气缸定位，还可通过控制电控换向阀得到多个定位位置。

5）小功率的逻辑回路直接由逻辑元件组成，而大功率的逻辑回路必须由气阀组成，基本的气动逻辑回路包括：“是”回路、“非”回路、“与”回路、“或”回路、“禁”回路、记忆回路、脉冲回路、延时回路等。注意逻辑回路在无源与有源两种情况下的实现方法。

6）双手操作回路和互锁回路属安全保护回路。双手操作回路实际上是用于回路来控制气缸的主控换向阀切换的：只有当双手同时动作，与回路才有信号输出使冲床工作，对操作人员的手起到保护作用。互锁回路利用或回路（梭阀）来控制气缸主控换向阀切换，从而实现多缸互锁。

7）简单的同步动作回路是将两气缸的活塞杆连接起来，但遇偏载活塞容易卡死；采用气液组合缸、利用两液压缸等容积控制的同步动作回路同步精度较高，且允许偏载。

8）往复动作回路与液压系统中的机液换向回路类似，它是利用行程阀控制气控换向阀切换来实现气缸的往复动作的。

9）计数回路和振荡回路可以用逻辑元件实现，也可以用气阀实现。随着光电技术应用的推广，气动的计数回路和振荡回路逐渐被取代。

## 二、例题

**例 11-1** 图 11-1 所示压力控制回路用于需要同时提供两种不同压力来驱动一个执行元件的往返运动的场合，试说明回路的工作原理，两减压阀的调定压力如何确定？

**解：** 图 11-1 所示位置，二位三通电磁气阀 3 不得电，阀下位工作。减压阀 2 输出的压缩空气经二位阀到气缸无杆腔，气缸活塞杆伸出带动负载，此时无杆腔的压力由减压阀 2 调定。活塞杆外伸时，有杆腔的气体开启快速排气阀 4 向大气排气。

若二位三通电磁气阀 3 电磁铁得电，阀换向为上位工作。由于气缸无杆腔经二位阀通大气，因此减压阀 1 输出的压缩空气经阀 4 进入气缸有杆腔，推动活塞杆缩回。减压阀 1 调定的压力可以很低，只需克服气缸活塞的摩擦力即可。

回路通过两个不同调整压力的减压阀分别接在气缸的两腔，而得到两种不同的驱动压力。

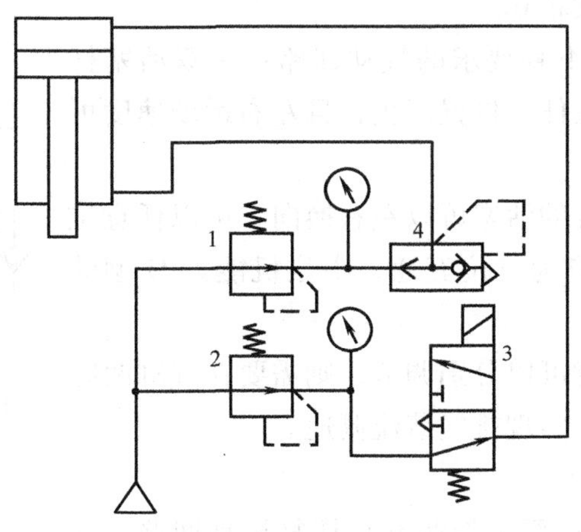


图 11-1 例 11-1 图

1、2—减压阀 3—二位三通电磁阀 4—快排阀

**例 11-2**　图 11-2 所示为利用气液增压器提高压力容器内压力，对容器进行压力实验的回路。试说明回路工作原理。

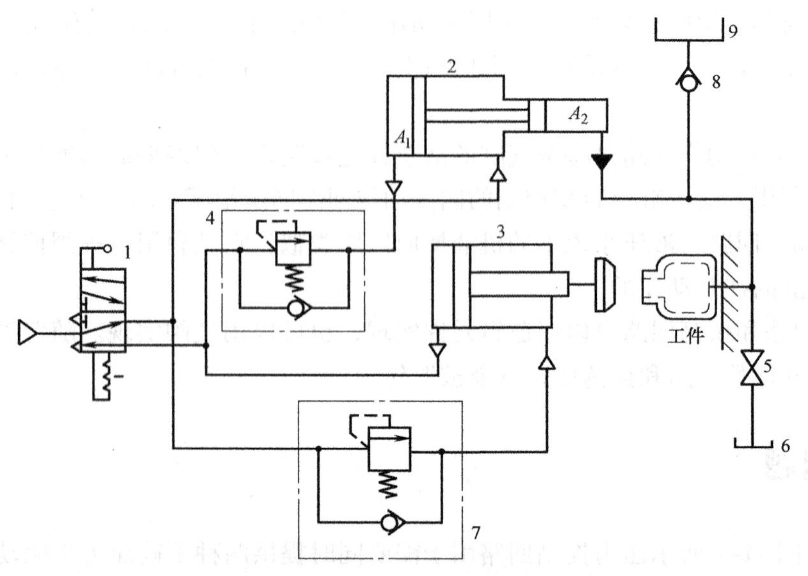


图 11-2　例 11-2 图

1—手动阀　2—气液增压器　3—气缸　4、7—顺序阀
5—截止阀　6、9—油箱　8—单向阀

**解：** 推动手动阀 1，使之处于上位工作，压缩空气进入气缸 3 的左腔，活塞伸出夹紧工件，气缸 3 右腔经阀 7 的单向阀、阀 1 排气。工件夹紧后，气缸左腔压力升高，顺序阀 4 开启，气液增压器 2 在压缩空气的作用下输出压力油到被试容器内，即可对工件进行压力实验。实验结束，拉起手动阀 1，气液增压器在压缩空气作用下向左返回，被试容器内液体压力降为零，高位油箱 9 将通过单向阀 8 向气液增压器右腔补油。气液增压器活塞退回到终点，气体压力增高，开启顺序阀 7。气缸 3 活塞收回，松开被试容器，之后打开截止阀 5，将被试容器内的油液放回油箱 6。

**例 11-3**　试绘出满足下列要求的气动回路：一双活塞杆气缸的活塞能左右换向，在任一位置停止，且左右运动速度可分别调节。

**解：** 要求双活塞杆气缸的活塞可以左右换向、可以任意位置停止，则气缸的换向阀应为三位五通、中位机能为 O 型的电控或气控换向阀。

要求气缸左右运动速度可以分别调节，则需要在气缸两腔进口分别安装单向节流阀，实现排气节流调速。

具体方案如图 11-3 所示。

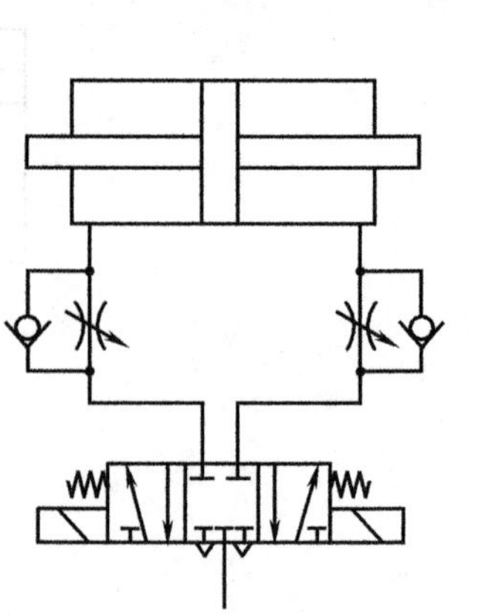

图 11-3　例 11-3 图

**例 11-4**　有人设计一个双手控制气缸往复运动回路，如图 11-4a 所示。问此回路能否工作？为什么？如不能工作需更换哪个阀？

**解：** 此回路不能工作。虽然双手控制二位二通阀，压缩空气作用在主控换向阀左端，

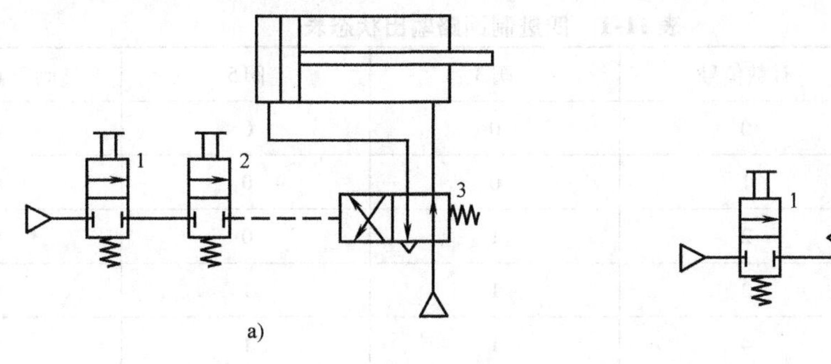


图 11-4　例 11-4 图

使该阀换至左位，气缸活塞杆伸出，但当双手松开按钮、两个二位二通阀处于原位时，主控换向阀的控制气无法排出，该阀无法依靠弹簧力实现换向，因此气缸无法实现往复运动。

为解决这一问题，应将二位二通阀 2 改为二位三通阀，当双手松开按钮、两个手动阀处于原位时，主控换向阀的控制气通过二位二通阀 2 排出，使该阀能在弹簧力的作用下自动复位。改正后的回路如图 11-4b 所示。

**例 11-5**　图 11-5 所示为一四进制计数回路，试说明其工作原理，并绘制回路输出状态表。

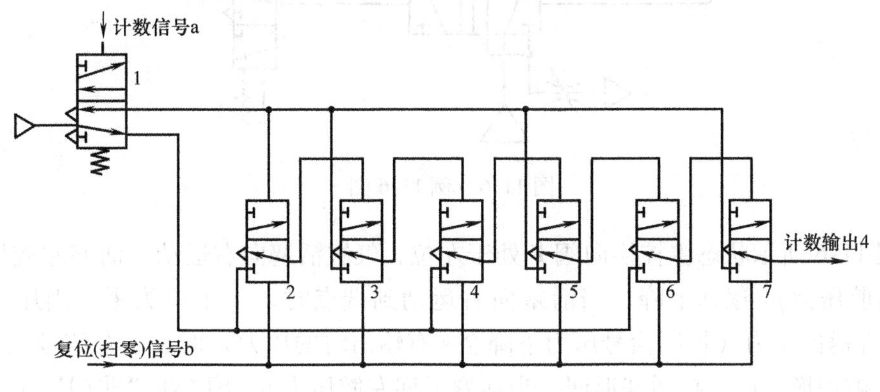


图 11-5　例 11-5 图

**解：**该回路工作之前需输入复位信号，使阀 2、3、4、5、6、7 复位，图示为下位。当第一个计数信号 a 输入后，阀 1、阀 2 先后被切换为上位，a 信号消失后阀 1 复位，阀 2 有气信号输出，并将阀 3 切换为上位。当第二个计数信号 a 输入后，阀 1 第二次被切换为上位，因此时阀 3 处于上位，故阀 3 有输出将阀 4 压下，信号 a 消失阀 1 复位，阀 4 有输出将阀 5 切换为上位。当第三个计数信号 a 输入后，阀 1 第三次被切换为上位，因此时阀 5 处于上位，故阀 5 有输出将阀 6 压下，信号 a 消失，阀 1 复位，阀 6 有输出将阀 7 切换为上位。直至第四个计数信号输入后，阀 1 第四次被切换为上位，阀 7 有输出。即计数信号四次输入后，回路输出一次，实现了四进制的要求。

回路的四进制输出状态见表 11-1。

表 11-1　四进制回路输出状态表

| 复位信号 | 计数信号 | 阀 3 | 阀 5 | 阀 7（回路） |
|---|---|---|---|---|
| 1 | 0 | 0 | 0 | 0 |
| 0 | 1 | 0 | 0 | 0 |
| 0 | 2 | 1 | 0 | 0 |
| 0 | 3 | 1 | 1 | 0 |
| 0 | 4 | 1 | 1 | 1 |

**例 11-6**　图 11-6 所示为依靠气缸内压力变化由“非门”元件控制气缸连续往复运动的回路，试说明回路工作原理。

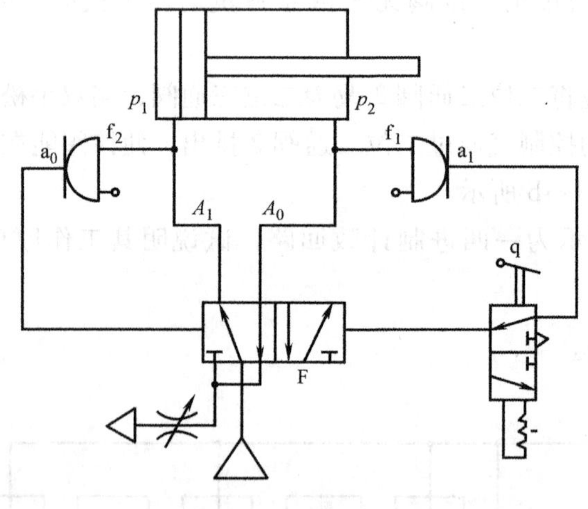


图 11-6　例 11-6 图

**解：**图 11-6 所示状态主控换向阀 F 处于左位，气缸活塞向右运动，活塞左腔压力 $p_1$ 逐渐升高，右腔压力 $p_2$ 逐渐下降，当活塞向右运动到端点时，$p_2$ 下降为零。当压力 $p_2$ 降到“非门”元件返回压力（控制信号压力下降至 s 有输出时的压力）时，$f_1$ 有信号 $a_1$ 输出，主控换向阀 F 被切换，使气缸活塞退回。当活塞退回左腔压力 $p_1$ 下降到“非门”元件 $f_2$ 的返回压力时，$f_2$ 有信号 $a_0$ 输出，主控换向阀 F 又被切换，活塞再一次向右运动。

这里的“非门”应尽量选择返回压力低的元件。该回路用于行程终点不便安装行程阀、定位精度要求不高的场合。

**例 11-7**　试将图 11-7a 中由逻辑元件组成的振荡回路改绘成由气阀组成的振荡回路。

**解：**图 11-7a 中元件 1、3 为“三门”，它们各有三个通道：a、b、s，当 a 有信号时，b 与 s 的通路被切断，s 无输出；当 a 无信号时，b 输入信号才能从 s 输出，可以用二位三通气控阀来实现其功能。元件 5、6 为“非门”，输入端 a 有信号输入时，气源口 p 与 b 的通路被切断，输出端 s 无信号；输入端 a 无信号输入时，p、s 相通，输出端 s 有信号，它们也可以用二位三通气控阀来实现其功能。用气阀组成的振荡回路如图 11-7b 所示。

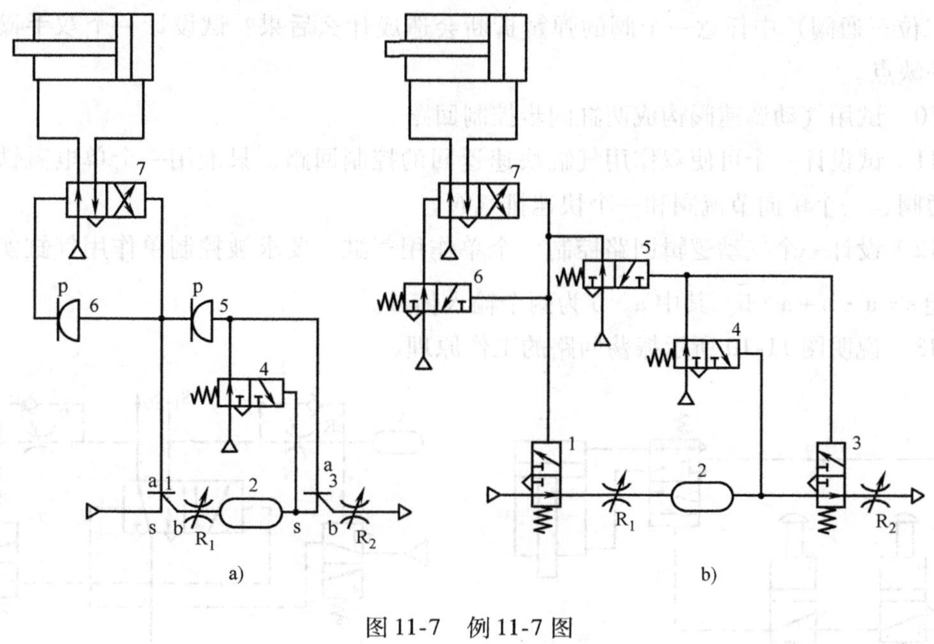


图 11-7　例 11-7 图

## 三、习题

11-1　液压系统的稳压与安全保护均由旁接在液压泵出口的溢流阀来完成，这些功能在气动系统中是如何实现的？

11-2　气动系统中为什么需要增力回路？具体有哪些实施方案？

11-3　图 11-8 所示为什么控制回路？简述其工作原理。

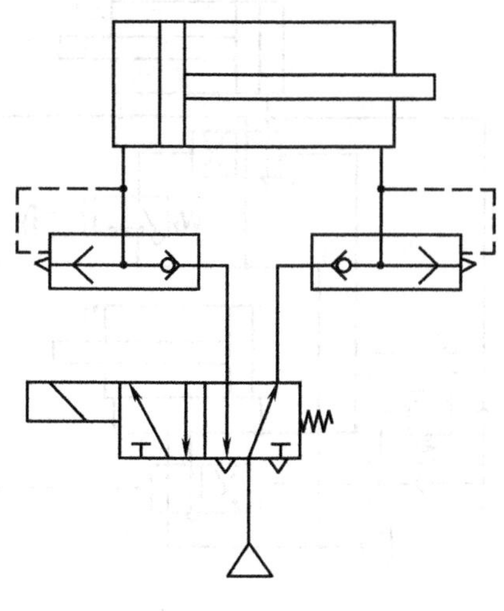

图 11-8　习题 11-3 图

11-4　液压系统有哪些调节执行元件运动速度的方法？气动系统中又是如何实现调速的？

11-5　为什么气动系统通常采用排气节流调速而不采用进气节流调速？为什么有些场合需要采用气液联动速度调节回路？

11-6　试绘出两种能实现“快进—工进—快退”自动工作循环的回路。

11-7　如何保证气缸能够在中间任意位置停止？哪个方案能保证停止位置更精确？

11-8　试用气阀分别组成“是”回路、“非”回路、“与”回路、“或”回路和“禁”回路，并写出它们的逻辑符号及代数表达式。

11-9　图 11-9 所示双手操作回路要求操作者双手同时操作，气缸活塞才能外伸。若操作阀（二位三通阀）中任意一个阀的弹簧折断会造成什么后果？试设计一个双手操作回路克服这一缺点。

11-10　试用气动调速阀构成两缸同步控制回路。

11-11　试设计一个可使双作用气缸快速返回的控制回路，只准用一个单电磁铁控制的二位五通阀、一个单向节流阀和一个快速排气阀。

11-12　设计一个气动逻辑回路控制一个单作用气缸，要求被控制单作用气缸实现如下逻辑功能 $s=\bar{a}\cdot b+a\cdot\bar{b}$，其中 a、b 为两个输入信号。

11-13　说明图 11-10 所示振荡回路的工作原理。

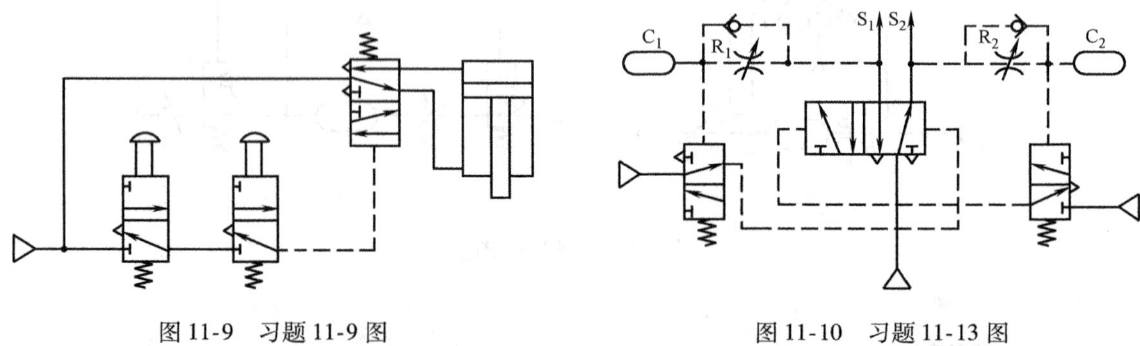


图 11-9　习题 11-9 图　　　　图 11-10　习题 11-13 图

11-14　标明图 11-11 所示气动回路中各元件的名称，并简述回路工作过程。

11-15　图 11-12 所示为多位缸位置控制回路，试分析分别按压手动阀 1、2、3 时气缸如何动作？回路一共有几个控制位置（与缸筒连接的气管为软管）？

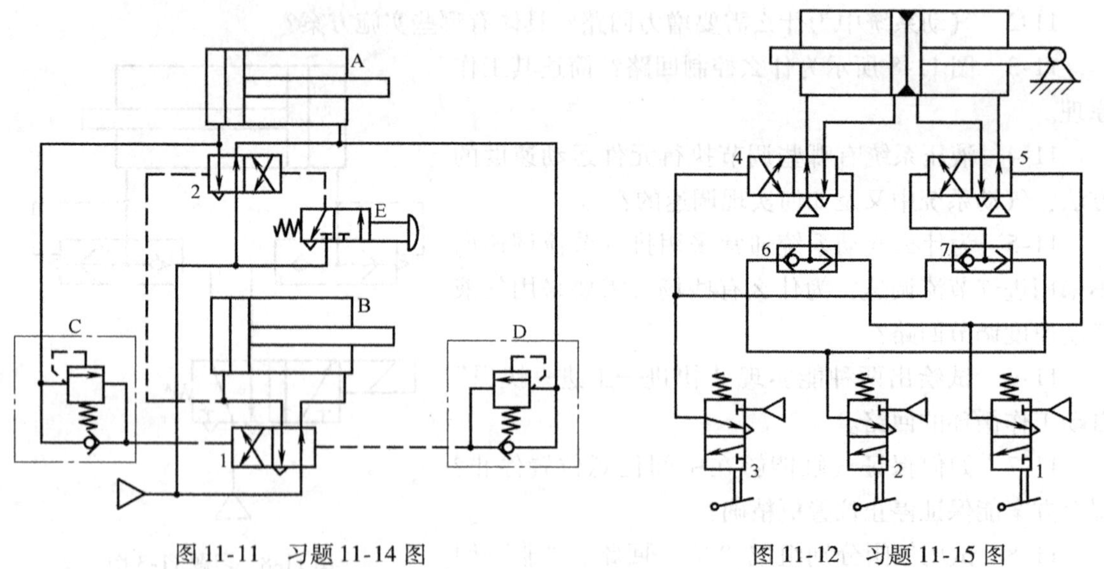


图 11-11　习题 11-14 图　　　　图 11-12　习题 11-15 图

# 第十二章

# 气动逻辑系统设计

## 一、学习要点

气动逻辑控制是自动化生产线和机器人中广泛应用的控制方式之一。气动逻辑控制系统分非时序逻辑控制系统和时序逻辑控制系统两类。非时序逻辑控制系统的输入、输出与时间和顺序无关；时序逻辑控制系统的输出不仅与输入信号的组合有关，而且受一定顺序的限制，也称为“顺序控制”或“程序控制”。本章学习要求掌握这两类逻辑控制系统的设计方法和步骤。

**1. 非时序逻辑问题**

非时序逻辑问题实际上是用逻辑代数法或卡诺图法写出事先给出逻辑关系的逻辑函数，并绘出逻辑原理图，最后根据逻辑原理图绘出控制线路图。这里需要强调，写出的逻辑函数必须是化简的逻辑函数。

**2. 时序逻辑控制系统设计**

1）掌握校核及校正设计的方法。首先根据行程程序相位、信号关系表校核行程程序的程序式是否为标准程序。如果是非标准程序，则需做校正设计，确定所需的插入元件数和插入元件位置，列写校正后新的标准程序。标准程序与非标准程序的区别在于：最小项是否重复；工作程序线在卡诺图中是否只有一个封闭框；程序是否出现“迷路”；不同程序动作是否走到卡诺图的同一格中。

2）掌握 X－D 图法设计标准程序的方法。在 X－D 图上正确绘制行程程序的动作线和信号线，判断信号中的障碍段，用逻辑“与”运算和“或”运算清除障碍，得到各执行元件动作的执行信号（逻辑函数）。

3）掌握卡诺图法设计标准程序的方法。在卡诺图上正确绘制行程程序的工作程序线，根据工作程序线在卡诺图中的位置和卡诺图本身具有的可直观进行逻辑化简的特性，确定各个执行元件动作的执行信号（逻辑函数）。

最后，根据各执行元件动作的执行信号（逻辑函数）绘出逻辑原理图及控制回路。

## 二、例题

**例 12-1** 公共汽车门采用气动控制，司机和售票员各有一个气动控制开关，控制汽车门的开和关，试设计汽车门气控线路。要求：

1）汽车门用单作用气缸驱动，车到站，司机和售票员只要有一人发出开门信号，门就开；车起动后，必须两人都发关门信号，门才关。

2）汽车门用单作用气缸驱动，车到站，司机和售票员两人都发开门信号，门才开；车起动后，只要有一人发出关门信号，门就关。

3）汽车门用双作用气缸驱动，车到站，司机和售票员只要有一人发出开门信号，门就开；车起动后，必须两人都发关门信号，门才关。

4）汽车门用双作用气缸驱动，除3）的要求外，还需考虑当气控线路出问题后，能直接用手动气阀开关汽车门。

**解：** 1）汽车门用单作用气缸驱动，要求司机、售票员两人都发关门信号，门才关；只要一人发出开门信号，门就开。记司机、售票员的气动控制开关分别为a、b，开门信号记为“1”，关门信号记为“0”，控制门开s记为“1”。

列真值表见表12-1。

**表12-1　真值表（一）**

| a | b | s |
|---|---|---|
| 0 | 0 | 0 |
| 1 | 0 | 1 |
| 0 | 1 | 1 |
| 1 | 1 | 1 |

写逻辑函数并化简：

积和式

$$s = a \cdot \bar{b} + \bar{a} \cdot b + a \cdot b = a \cdot (\bar{b} + b) + (\bar{a} + a) \cdot b = a + b$$

逻辑函数为“或”。

绘逻辑原理图，如图12-1a所示。

因汽车门用单作用气缸驱动，司机和售票员各用一手动定位的二位三通阀控制汽车门的开关，故单作用缸由一梭阀控制，气控线路如图12-1b所示。

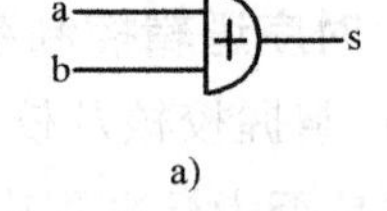


a)

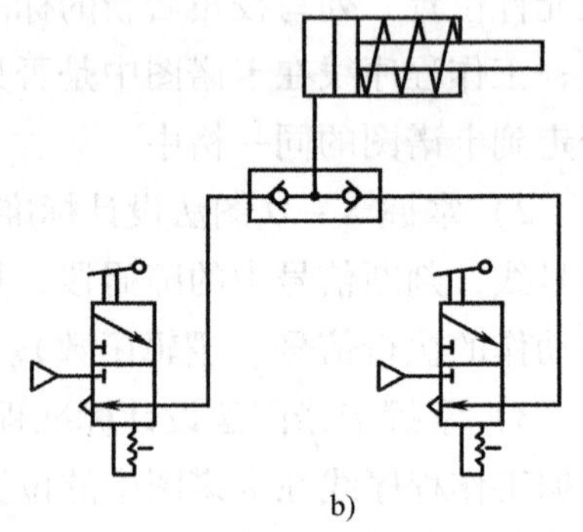

b)

图12-1　例12-1图（一）

2）汽车门用单作用气缸驱动，要求司机、售票员两人都发开门信号，门才开；只要一人发出关门信号，门就关。记司机、售票员的气动控制开关分别为a、b，开门信号记为“1”，关门信号记为“0”，控制门开s记为“1”。

列真值表见表12-2。

**表12-2　真值表（二）**

| a | b | s |
|---|---|---|
| 0 | 0 | 0 |
| 1 | 1 | 1 |
| 1 | 0 | 0 |
| 0 | 1 | 0 |

写逻辑函数并化简：

和积式

$$s=(a+b)\cdot(\bar{a}+b)\cdot(a+\bar{b})=a\cdot b$$

逻辑函数为“与”。

绘逻辑原理图，如图 12-2a 所示。

将图 12-1b 中的梭阀改为“与”回路，气控线路如图 12-2b所示。

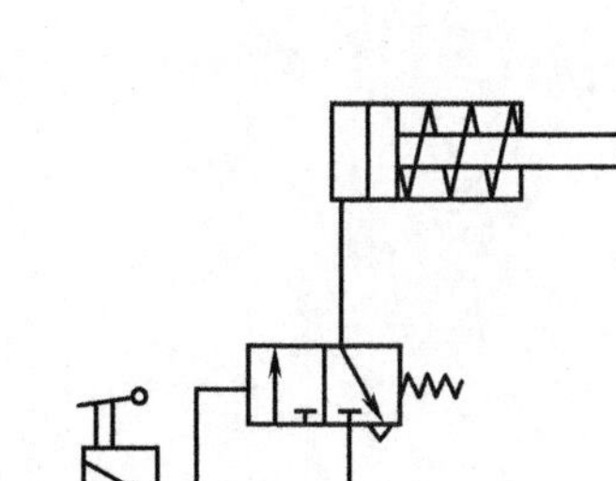


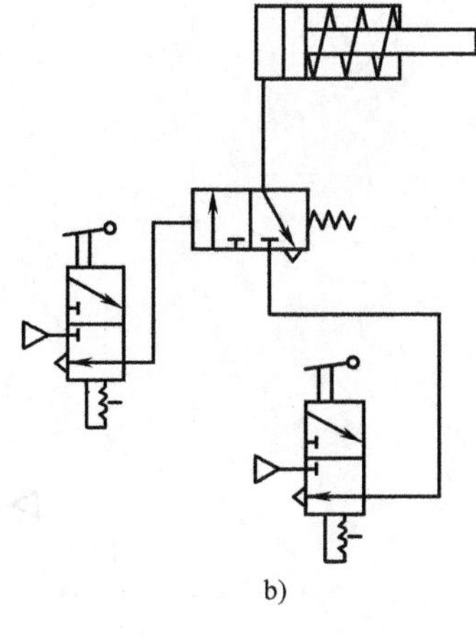


图 12-2 例 12-1 图（二）

3）汽车门用双作用气缸驱动，要求司机、售票员各用一个气动开关控制门的开关，两人中任一个开门，门就开，两人都关门，门才关。记司机、售票员的气动控制开关分别为 a、b，开门信号记为“1”，关门信号记为“0”，控制门开 $s_1$ 记为“1”，控制门关 $s_2$ 记为“0”。

列真值表见表 12-3。

写逻辑函数并化简：

$$s_1=a+b;\ s_2=\bar{s}_1=\overline{a+b}$$

绘逻辑原理图，如图 12-3a 所示。

**表 12-3 真值表（三）**

| a | b | $s_1$ | $s_2$ |
|---|---|---|---|
| 0 | 0 | 0 | 1 |
| 1 | 0 | 1 | 0 |
| 0 | 1 | 1 | 0 |
| 1 | 1 | 1 | 0 |

因 $s_1$ 为“或”，故双作用气缸大腔由梭阀控制；$s_2$ 为“或”的“非”，故双作用气缸小腔由梭阀的非回路控制，气控线路如图 12-3b 所示。

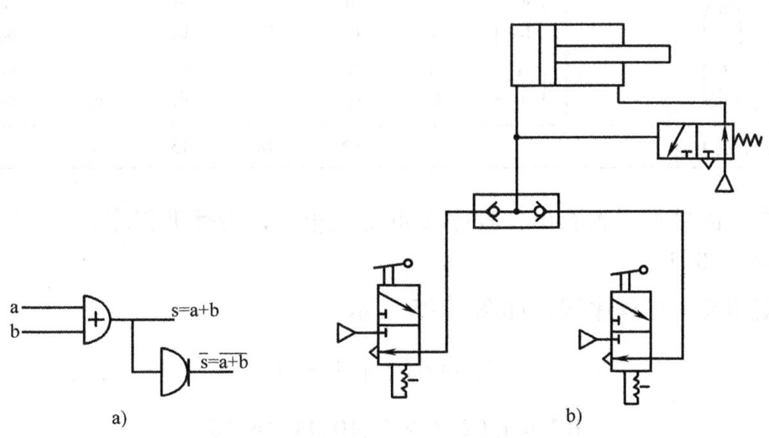


图 12-3 例 12-1 图（三）

4）汽车门用双作用气缸驱动，还要求能直接用手动气阀开关汽车门，则汽车门应采用二位五通气控阀控制，而阀两端的气控信号来源于 $s_1 = a + b$ 和 $s_2 = \bar{s}_1 = \overline{a+b}$。气控线路如图 12-4 所示。

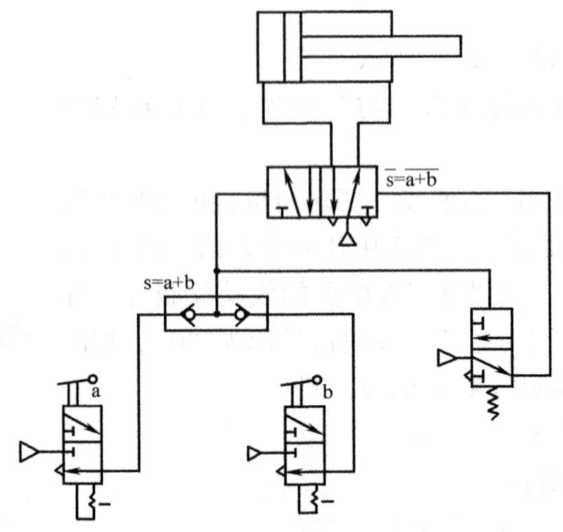


图 12-4　例 12-1 图（四）

**例 12-2**　设计程序式［$A_1B_1C_1D_1A_0B_0C_0D_0$］，要求绘出逻辑原理图和控制回路图。

**解：** 1. 校核并校正程序

列相位、信号关系表见表 12-4。

**表 12-4　相位、信号关系表（一）**

| 相　位 | 1 | 2 | 3 | 4 | 5 | 6 | 7 | 8 | |
|---|---|---|---|---|---|---|---|---|---|
| 程序名称 | $A_1$ | $B_1$ | $C_1$ | $D_1$ | $A_0$ | $B_0$ | $C_0$ | $D_0$ | |
| 终端信号 | q $d_0$ | $a_1$ | $b_1$ | $c_1$ | $d_1$ | $a_0$ | $b_0$ | $c_0$ | $d_0$ |
| 最小项 $\begin{pmatrix}a\\b\\c\\d\end{pmatrix}$ | $\begin{pmatrix}a_0\\b_0\\c_0\\d_0\end{pmatrix}$ | $a_1$ $b_0$ $c_0$ $d_0$ | $a_1$ $b_1$ $c_0$ $d_0$ | $a_1$ $b_1$ $c_1$ $d_0$ | $a_1$ $b_1$ $c_1$ $d_1$ | $a_0$ $b_1$ $c_1$ $d_1$ | $a_0$ $b_0$ $c_1$ $d_1$ | $a_0$ $b_0$ $c_0$ $d_1$ | $a_0$ $b_0$ $c_0$ $d_0$ |
| 十进制表示最小项 | | 8 | 12 | 14 | 15 | 7 | 3 | 1 | 0 |

由程序相位、信号关系表看出，程序无重复最小项，为标准程序。

2. 用卡诺图法设计

绘程序卡诺图及工作程序线，如图 12-5 所示。

$$A_1^* = d_0 \cdot q(1 \sim 8)$$

$$B_1^* = a_1(2、3、6、7、10、11、14、15)$$

$$C_1^* = b_1(5 \sim 12)$$

化简逻辑函数

$$D_1^* = c_1(3、4、7、8、11、12、15、16)$$

$$A_0^* = d_1(9 \sim 16)$$

$$B_0^* = a_0(1、4、5、8、9、12、13、16)$$

$$C_0^* = b_0(1 \sim 4、13 \sim 16)$$

$$D_0^* = c_0(1、2、5、6、9、10、13、14)$$

3. 用 X－D 图法设计

绘 X－D 线图，如图 12-6 所示。

在 X－D 图中，所有信号线都比动作线短，即全部信号都无障碍，可直接用主控信号作为执行信号，从而得到执行信号的逻辑表达式，与卡诺图法得到的逻辑函数完全相同，如图 12-6 所示。

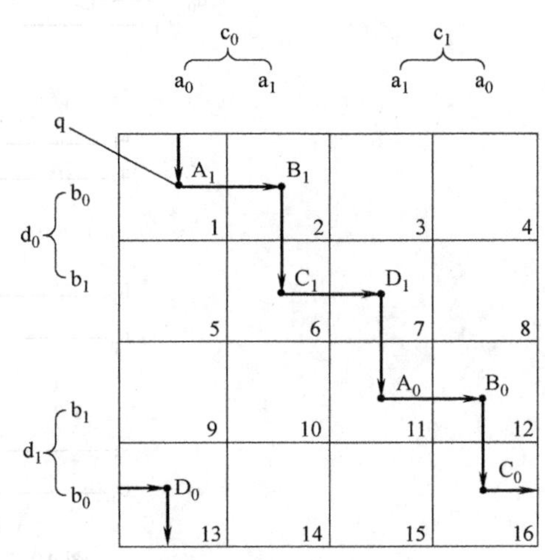


图 12-5　例 12-2 图（一）

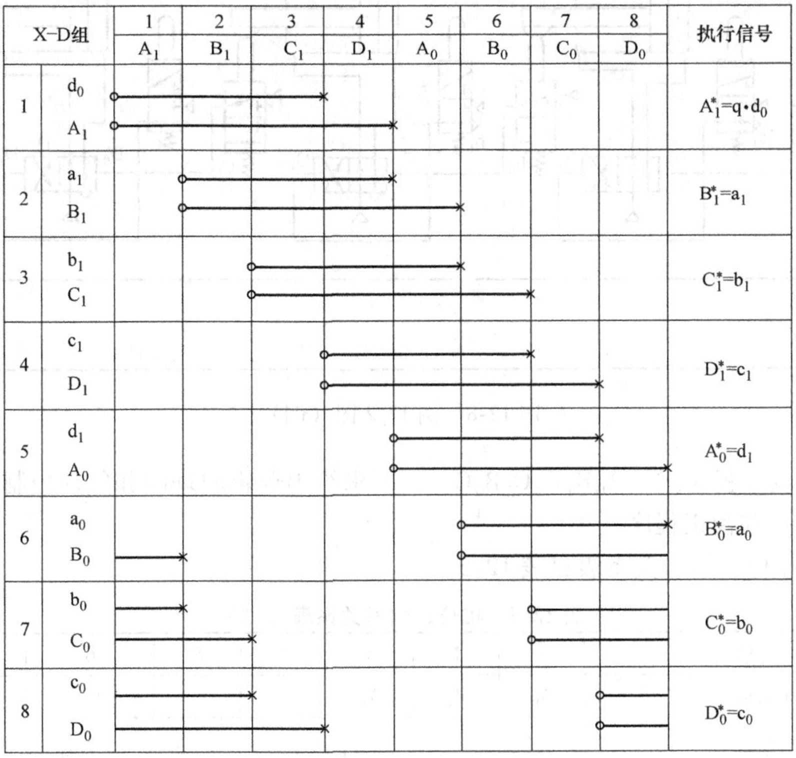

| X-D组 | | 1 $A_1$ | 2 $B_1$ | 3 $C_1$ | 4 $D_1$ | 5 $A_0$ | 6 $B_0$ | 7 $C_0$ | 8 $D_0$ | 执行信号 |
|---|---|---|---|---|---|---|---|---|---|---|
| 1 | $d_0$<br>$A_1$ | | | | | | | | | $A_1^*=q\cdot d_0$ |
| 2 | $a_1$<br>$B_1$ | | | | | | | | | $B_1^*=a_1$ |
| 3 | $b_1$<br>$C_1$ | | | | | | | | | $C_1^*=b_1$ |
| 4 | $c_1$<br>$D_1$ | | | | | | | | | $D_1^*=c_1$ |
| 5 | $d_1$<br>$A_0$ | | | | | | | | | $A_0^*=d_1$ |
| 6 | $a_0$<br>$B_0$ | | | | | | | | | $B_0^*=a_0$ |
| 7 | $b_0$<br>$C_0$ | | | | | | | | | $C_0^*=b_0$ |
| 8 | $c_0$<br>$D_0$ | | | | | | | | | $D_0^*=c_0$ |

图 12-6　例 12-2 图（二）

4. 绘逻辑原理图

逻辑原理图如图 12-7 所示。

5. 绘气动控制回路图

气动控制回路图如图 12-8 所示。

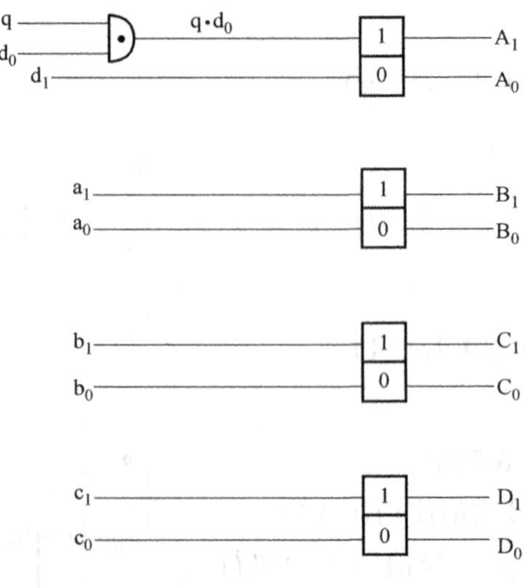


图 12-7　例 12-2 图（三）

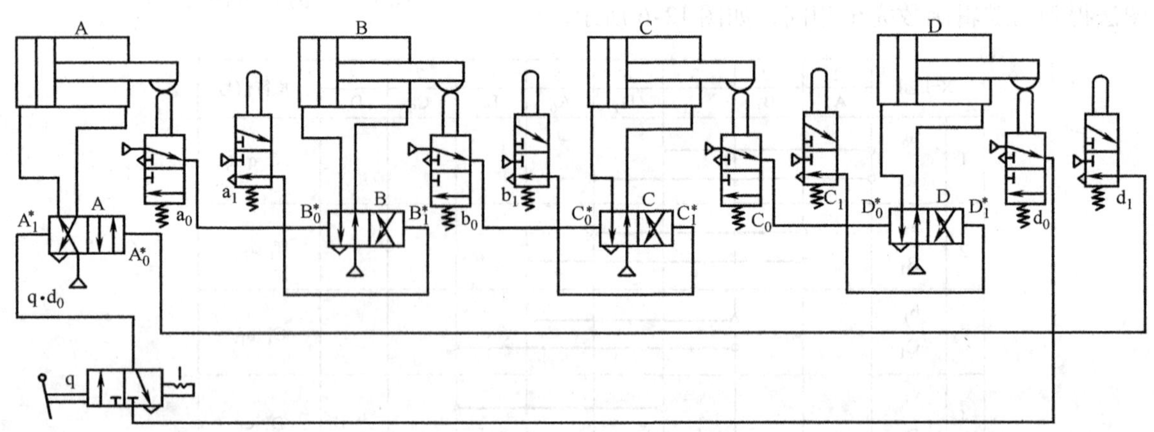


图 12-8　例 12-2 图（四）

**例 12-3**　设计程序式［$A_0B_1A_1C_1B_0C_0$］，要求绘出逻辑原理图和气动控制回路。

**解：** 1. 校核并校正程序

列程序的相位、信号关系表见表 12-5。

**表 12-5　相位、信号关系表（二）**

| 相　　位 | 1 | 2 | 3 | 4 | 5 | 6 | |
|---|---|---|---|---|---|---|---|
| 程序名称 | $A_0$ | $B_1$ | $A_1$ | $C_1$ | $B_0$ | $C_0$ | |
| 终端信号 | q ($c_0$) | $a_0$ | $b_1$ | $a_1$ | $c_1$ | $b_0$ | $c_0$ |
| 信号组合 $\begin{pmatrix}a\\b\\c\end{pmatrix}$ 最小项 | $\begin{pmatrix}a_0\\b_0\\c_0\end{pmatrix}$ | $a_0$ $b_0$ $c_0$ | $a_0$ $b_1$ $c_0$ | $a_1$ $b_1$ $c_0$ | $a_1$ $b_1$ $c_1$ | $a_1$ $b_0$ $c_1$ | $a_1$ $b_0$ $c_0$ |
| 十进制表示最小项 | | 0 | 2 | 6 | 7 | 5 | 4 |

由程序的信号、相位关系表看出，程序无重复最小项，为标准程序。

2. 用卡诺图法设计

绘卡诺图，如图 12-9 所示。

化简逻辑函数

$$A_0^* = q \cdot b_0 \cdot c_0 \quad (1、2)$$

$$B_1^* = a_0 \quad (2、3、6、7)$$

$$A_1^* = b_1 \quad (5、6、7、8)$$

$$C_1^* = a_1 \cdot b_1 \quad (5、8)$$

$$B_0^* = c_1 \quad (3、4、7、8)$$

$$C_0^* = b_0 \quad (1、2、3、4)$$

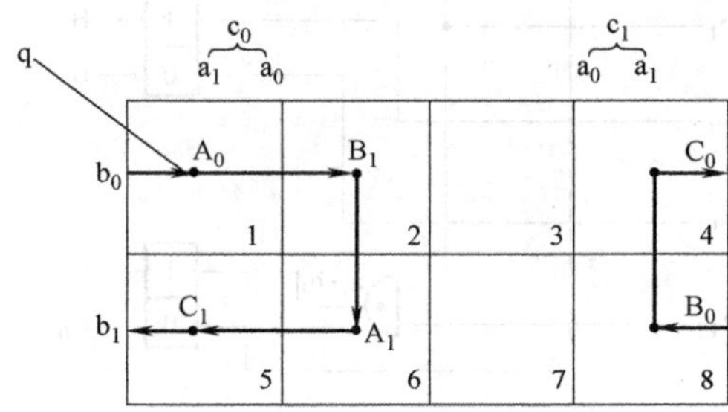


图 12-9　例 12-3 图（一）

3. 用 X－D 图法设计

绘 X－D 图，如图 12-10 所示。

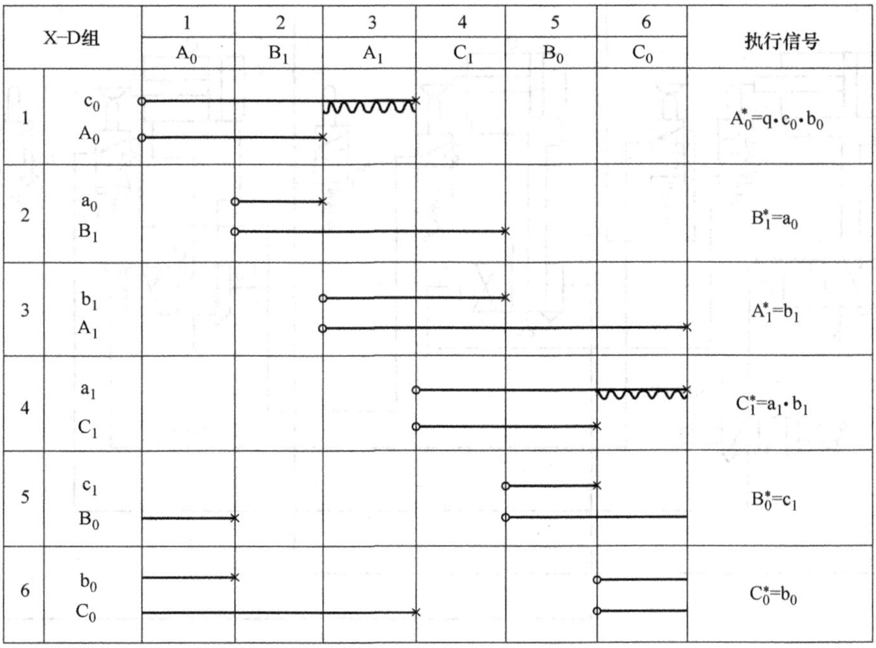

| X-D组 | | 1 $A_0$ | 2 $B_1$ | 3 $A_1$ | 4 $C_1$ | 5 $B_0$ | 6 $C_0$ | 执行信号 |
|---|---|---|---|---|---|---|---|---|
| 1 | $c_0$<br>$A_0$ | | | | | | | $A_0^*=q \cdot c_0 \cdot b_0$ |
| 2 | $a_0$<br>$B_1$ | | | | | | | $B_1^*=a_0$ |
| 3 | $b_1$<br>$A_1$ | | | | | | | $A_1^*=b_1$ |
| 4 | $a_1$<br>$C_1$ | | | | | | | $C_1^*=a_1 \cdot b_1$ |
| 5 | $c_1$<br>$B_0$ | | | | | | | $B_0^*=c_1$ |
| 6 | $b_0$<br>$C_0$ | | | | | | | $C_0^*=b_0$ |

图 12-10　例 12-3 图（二）

在 X－D 图中动作 1、4 的主控信号线比所控制的动作线长，长的部分为障碍段，用“~~~~”标出。必须消除障碍，这里采用逻辑“与”缩短主控信号。由图 12-10 可知，这里得到的逻辑函数表达式与卡诺图法得到的结果完全相同。

4. 绘逻辑原理图

逻辑原理图如图 12-11 所示。

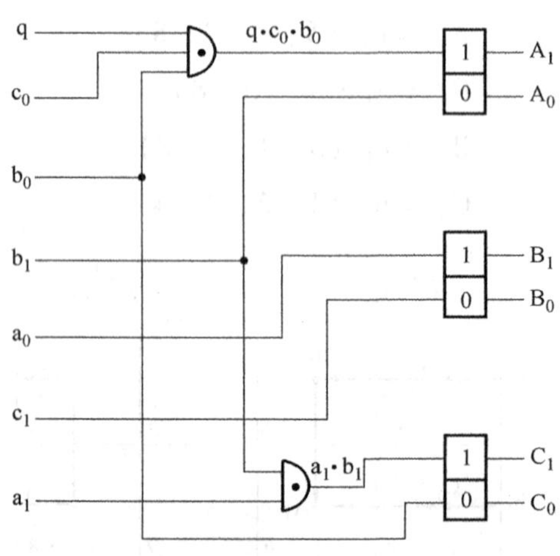


图 12-11　例 12-3 图（三）

5. 绘气动控制回路图

气动控制回路图如图 12-12 所示。

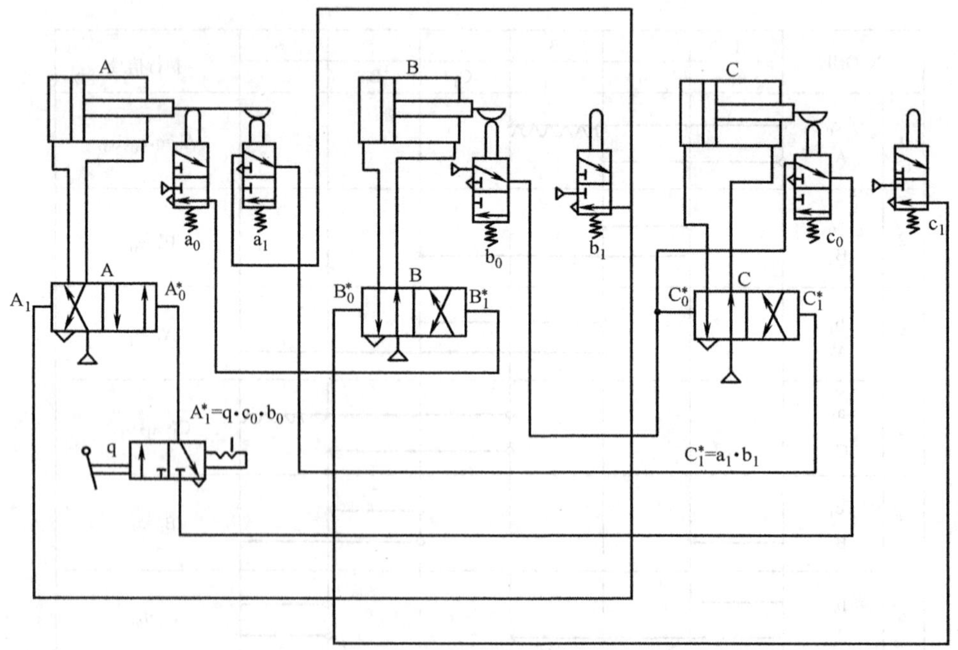


图 12-12　例 12-3 图（四）

**例 12-4** 校核、校正并设计程序 [$A_1B_1C_1C_0B_0A_0$]。

**解：** 1. 校核并校正程序

列程序相位、信号关系表见表 12-6。

**表 12-6 相位、信号关系表（三）**

| 相 位 | | 1 | 2 | 3 | 4 | 5 | 6 | |
|---|---|---|---|---|---|---|---|---|
| 程序名称 | | $A_1$ | $B_1$ | $C_1$ | $C_0$ | $B_0$ | $A_0$ | |
| 终端信号 | q ($a_0$) | $a_1$ | $b_1$ | $c_1$ | $c_0$ | $b_0$ | $a_0$ | |
| 最小项 $\begin{pmatrix}a\\b\\c\end{pmatrix}$ | $\begin{pmatrix}a_0\\b_0\\c_0\end{pmatrix}$ | $a_1$ $b_0$ $c_0$ | $a_1$ $b_1$ $c_0$ | $a_1$ $b_1$ $c_1$ | $a_1$ $b_1$ $c_0$ | $a_1$ $b_0$ $c_0$ | $a_0$ $b_0$ $c_0$ | |
| 十进制表示最小项 | | 4 | 6 | 7 | 6 | 4 | 0 | |
| 4—4<br>6—6 | | | | | | | | |
| 插入元件 | | | ▲$X_1$ | | | | ▲$X_0$ | |

经校核，原行程程序有重复小项存在，因此为非标准程序，需要进行校正设计。

插入记忆元件，插入位置应将重复小项连接的区间全部切断。由表 12-6 可知，插入 $X_1$ 和 $X_0$ 后将所有重复小项区间全部分段，原程序校正为 [$A_1B_1C_1X_1C_0B_0A_0X_0$]。

2. 用卡诺图法设计

绘卡诺图及程序工作线，如图 12-13 所示。

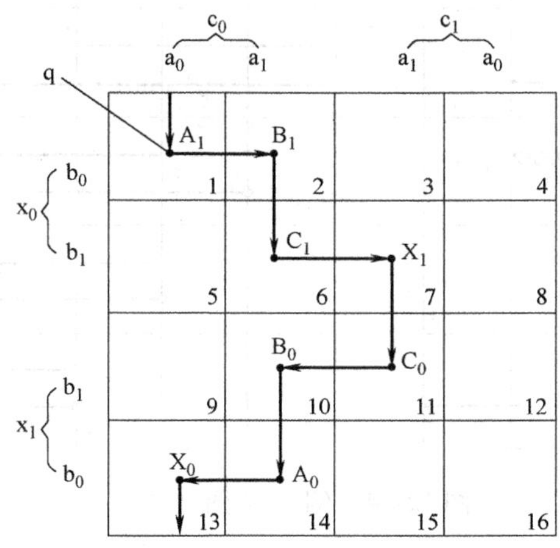


图 12-13 例 12-4 图（一）

$$A_1^* = q \cdot x_0 (1 \sim 8)$$

$$B_1^* = a_1 \cdot x_0 (2、3、6、7)$$

$$C_1^* = b_1 \cdot x_0 (5、6、7、8)$$

化简逻辑函数

$$X_1^* = c_1(3、4、7、8、11、12、15、16)$$

$$C_0^* = x_1(9、16)$$

$$B_0^* = x_1 \cdot c_0(9、10、13、14)$$

$$A_0^* = x_1 \cdot b_0(13 \sim 16)$$

$$X_0^* = a_0(1、4、5、8、9、12、13、16)$$

3. 用 X－D 图法设计

绘 X－D 图，如图 12-14 所示。

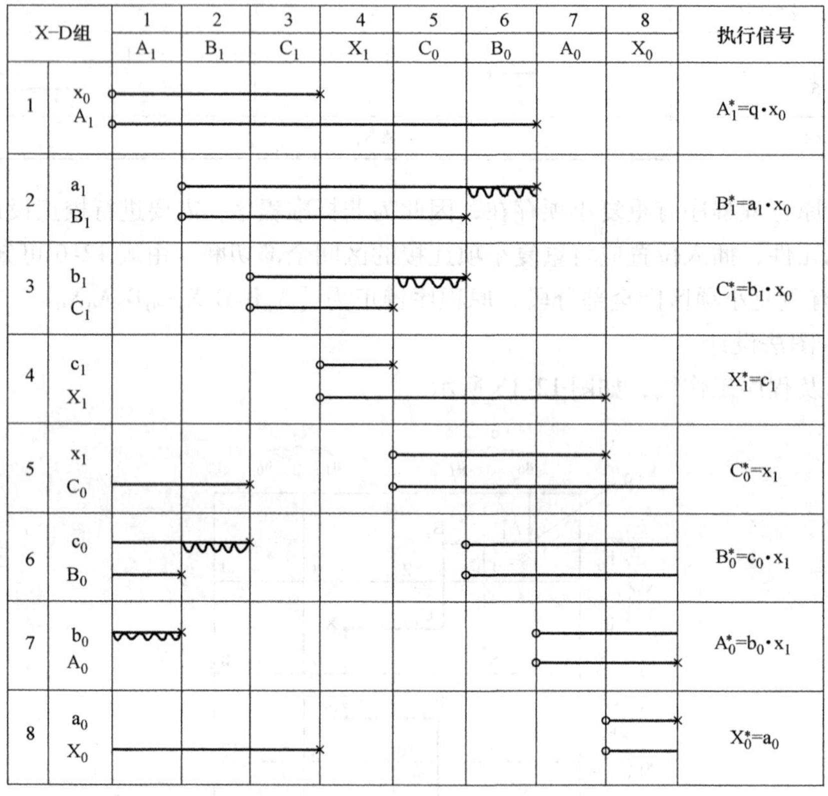


图 12-14　例 12-4 图（二）

图 12-14 中动作 2、3、6、7 有标记“～～～”的区段为信号的障碍段，需要消障，采用逻辑“与”缩短主控信号。由此得到的执行信号逻辑函数表达式与卡诺图法的结果完全相同。

4. 绘逻辑原理图

逻辑原理图如图 12-15 所示。

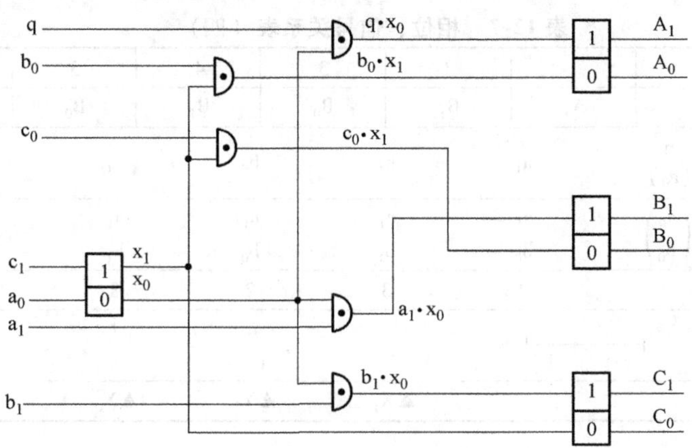


图 12-15　例 12-4 图（三）

5. 绘气动控制回路图

气动控制回路图如图 12-16 所示。

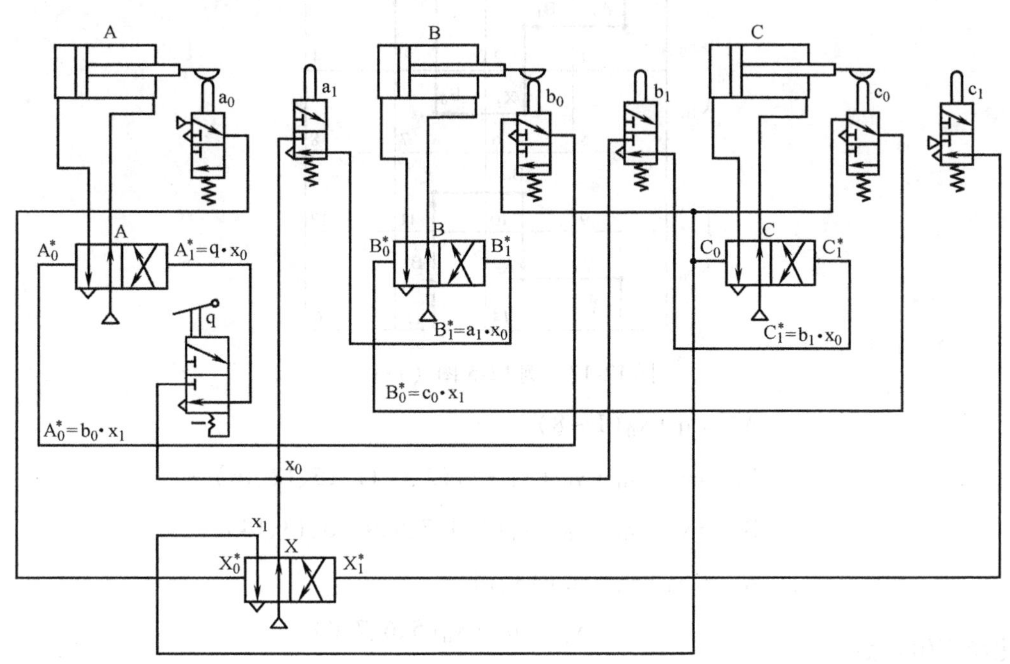


图 12-16　例 12-4 图（四）

**例 12-5**　设计程序［$A_1B_1B_0B_1B_0A_0$］。

**解：** 1. 校核并校正设计

列程序相位、信号关系表见表 12-7。

因有重复小项，故原程序为非标准程序。需插入元件，将重复小项连接的区段全部切断，见上表。经校正设计得到新的标准程序［$A_1B_1X_1B_0Y_1B_1X_0B_0A_0Y_0$］。

表 12-7　相位、信号关系表（四）

| 相位 | | 1 | 2 | 3 | 4 | 5 | 6 | |
|---|---|---|---|---|---|---|---|---|
| 程序名称 | | $A_1$ | $B_1$ | $B_0$ | $B_1$ | $B_0$ | $A_0$ | |
| 终端信号 | q<br>$(a_0)$ | $a_1$ | $b_1$ | $b_0$ | $b_1$ | $b_0$ | | $a_0$ |
| 最小项$\binom{a}{b}$ | $\binom{a_0}{b_0}$ | $a_1$<br>$b_0$ | $a_1$<br>$b_1$ | $a_1$<br>$b_0$ | $a_1$<br>$b_1$ | $a_1$<br>$b_0$ | | $a_0$<br>$b_0$ |
| 十进制表示最小项 | | 2 | 3 | 2 | 3 | 2 | | 0 |
| 2—2<br>3—3 | ├──── | ────┤ | \| | \| | | \| | ├──── | \|<br>────┤ |
| 插入元件 | | | ▲$X_1$ | ▲$Y_1$ | ▲$X_0$ | | | ▲$Y_0$ |

2. 用卡诺图法设计

绘卡诺图及程序工作线，如图 12-17 所示。

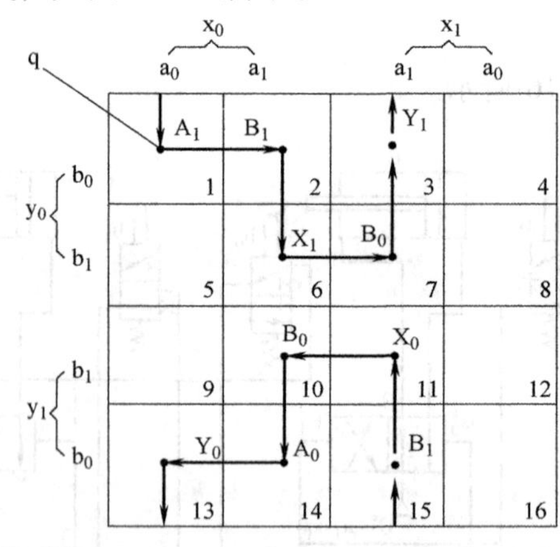


图 12-17　例 12-5 图（一）

$$A_1^* = q \cdot y_0 (1 \sim 8)$$

$$B_1^* = a_1 \cdot x_0 \cdot y_0 + x_1 \cdot y_1 (2、6、11、15、12、16)$$

$$B_0^* = x_1 \cdot y_0 + x_0 \cdot y_1 (3、4、7、8、9、10、13、14)$$

$$A_0^* = b_0 \cdot y_1 \cdot x_0 (13、14)$$

化简逻辑函数

$$X_1^* = b_1 \cdot y_0 (5、6、7、8)$$

$$Y_1^* = b_0 \cdot x_1 (3、4、15、16)$$

$$X_0^* = b_1 \cdot y_1 (9、10、11、12)$$

$$Y_0^* = a_0 (1、5、9、13、4、8、12、16)$$

3. 用 X－D 图法设计

绘 X－D 图，如图 12-18 所示。

由 X－D 图可知，2、3、4、5、6、7 动作的障碍段需用逻辑“与”消障，而 $B_1$、$B_0$ 分别动作两次，还需要用逻辑“或”来实现。由此得到的执行信号逻辑函数表达式与用卡诺图法得到的结果完全一致。

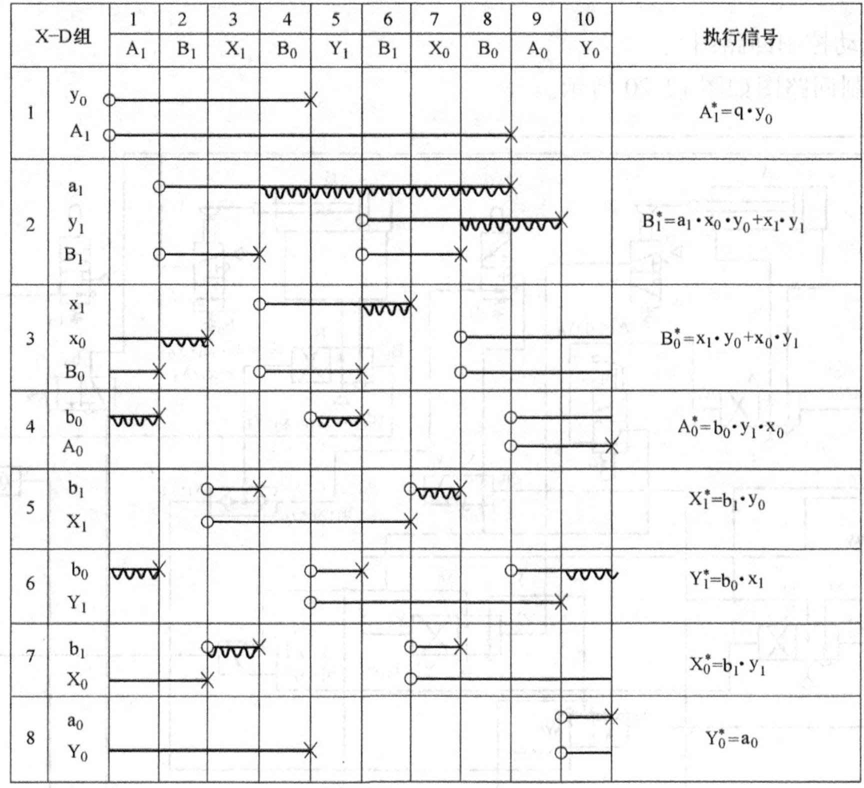


图 12-18　例 12-5 图（二）

4. 绘逻辑原理图

逻辑原理图如图 12-19 所示。

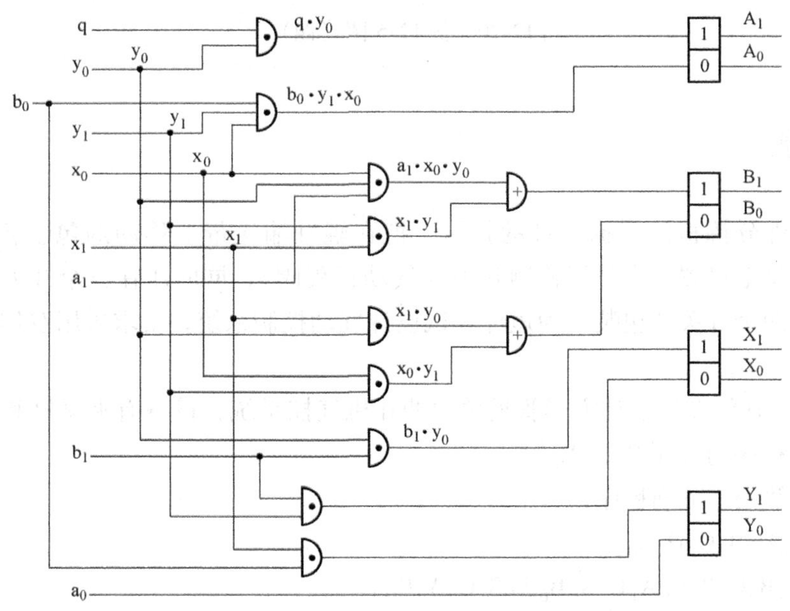


图 12-19　例 12-5 图（三）

5. 绘气动控制回路图

气动控制回路图如图 12-20 所示。

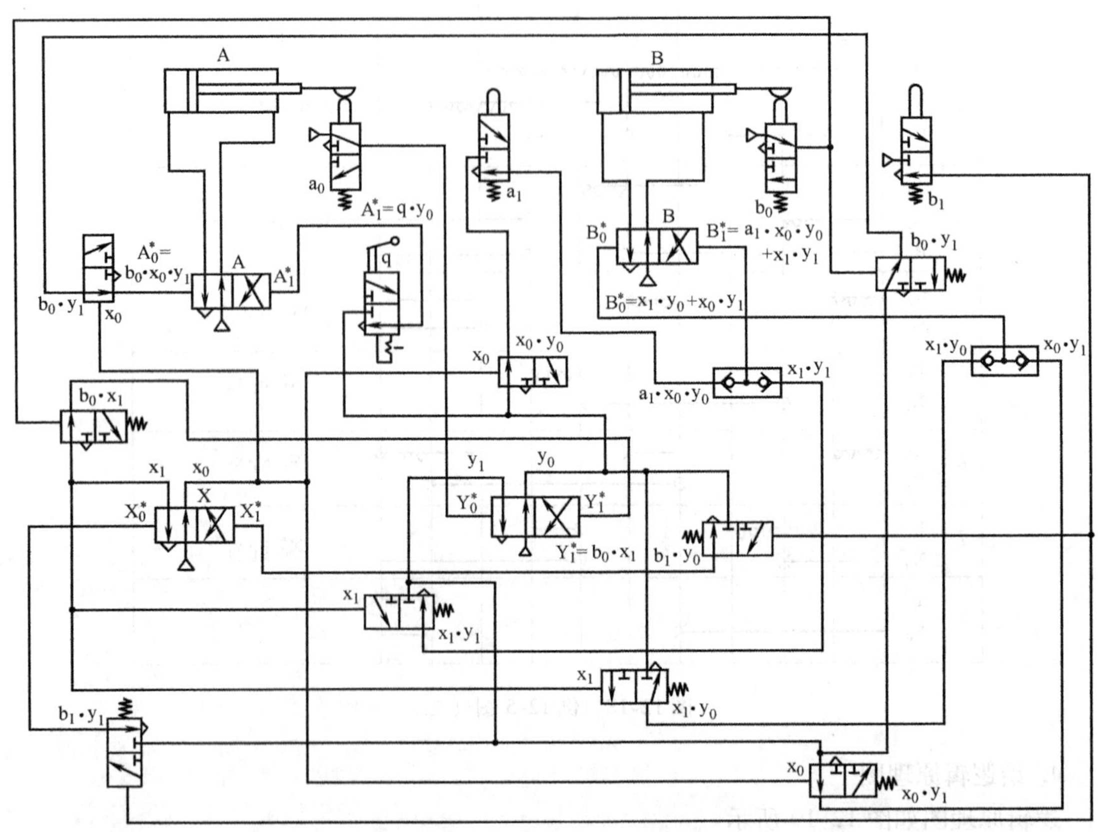


图 12-20　例 12-5 图（四）

## 三、习题

12-1　某物件分拣机能根据工件的长短，把在辊轴输送带上移动的包装箱（或元件）分成两类。输送带上设置三个位置检测开关（气动行程阀），同时压住三个开关的包装箱为长件，只能压住两个开关的包装箱为短件。试设计气动控制系统，要求采用双作用气缸完成物件的分类。

12-2　用 X－D 线图法设计方形管道单边冲孔机气控系统，设备有夹紧缸和冲孔缸两个执行元件，工作程序为［$A_1B_1B_0A_0$］。

12-3　校核并校正下列程序：

1）［$A_1B_1A_0D_1B_0C_1D_0C_0$］。

2）［$A_1B_1A_0B_0C_1B_1C_0A_1C_1A_0B_0A_1B_1C_0A_0B_0$］。

12-4　设计下列气动行程程序：

1）$[A_1B_1C_1A_0C_0B_0]$。

2）$[A_1A_0B_1B_0C_1C_0]$。

3）$[A_1B_1C_1C_0A_0B_0]$。

4）$[A_1B_1B_0B_1B_0B_1B_0A_0]$。

# 第十三章

# 气压传动系统实例

## 一、学习要点

分析气压传动系统的方法和步骤基本上与分析液压系统相同，但要注意气压传动的特点：①用 X – D 图法或卡诺图法设计行程程序控制系统；②用逻辑元件组成气动控制系统；③气、液、电联合控制等。

1）气控机械手的气控系统是典型的行程程序控制（时序逻辑问题），用信号 – 动作状态线图法（X – D 图法）设计气控系统的步骤为：

① 根据生产自动化的工艺要求，写出工作程序。

② 按程序绘制 X – D 线图。

③ 分析并排除障碍，得出消障后的执行信号（逻辑函数）。

④ 根据 X – D 线图上的执行信号绘出逻辑原理图。

⑤ 由逻辑原理图绘出气控系统。

2）用卡诺图法设计的气控机械手系统与用 X – D 线图法设计的系统完全相同，只是设计方法有异。设计步骤为：

① 根据生产自动化的工艺要求，写出工作程序。

② 确定不同时发信的变量数。

③ 画卡诺图或扩大卡诺图。

④ 在卡诺图或扩大卡诺图中画出工作顺序线。

⑤ 化简逻辑函数。

⑥ 绘出逻辑原理图及气控系统原理图。

3）如果气缸行程终点安装行程阀有困难，而定位精度要求不高，可以采用“非门”元件代替行程阀来实现气缸的顺序动作。具体的方法是在气缸的排气管路上接一个“非门”元件，依靠气缸内腔的压力变化来输出信号。

4）气动系统用做计量系统是其特色之一，气动计量系统用于对传送带上连续供给的粒状物料进行计量，并按一定质量（kg）分装。要求掌握系统的工作原理及特点。

5）充分发挥液压与气动的优点，采用气液控制系统是一种经济且实用的方案。分析硬质合金刀片磨床气液系统的工作原理，重点在于气、液的转换。

## 二、例题

**例 13-1** 台板割槽机气动系统要求被加工材料能够前后、左右移动（A 缸、B 缸），夹紧（C 缸），工作台上下移动（D 缸），其动作程序为 $[A_1A_0C_1D_1B_0D_0B_1]$，用 X－D 线图法设计该系统。

**解：**$[A_1A_0C_1D_1B_0D_0B_1]$ 为非标准程序，经校正后为 $[A_1X_1A_0C_1D_1B_0X_0C_0B_1]$。根据工作程序画 X－D 线图，如图 13-1a 所示。

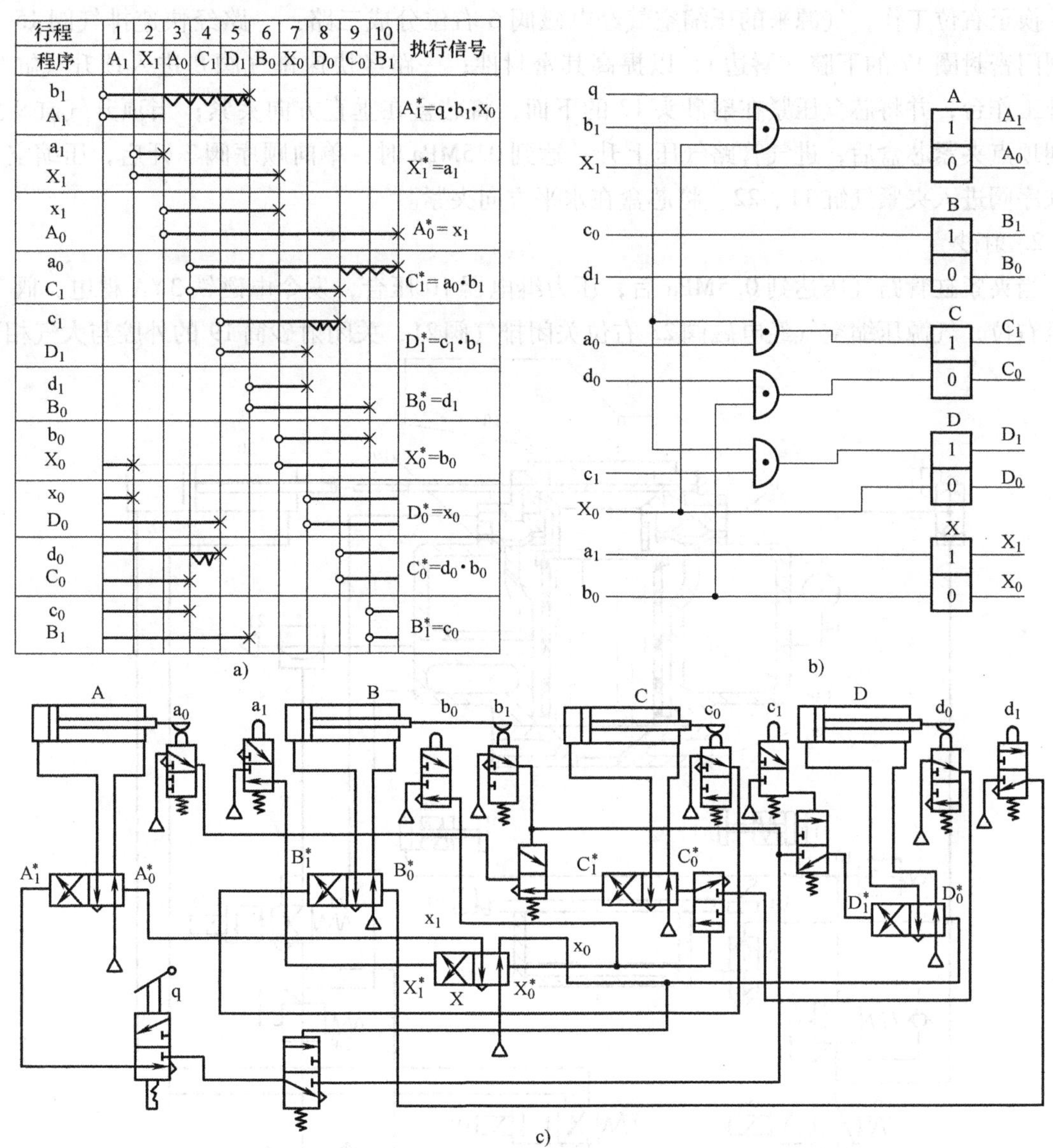


图 13-1　例 13-1 图

a）X－D 线图　b）逻辑框图　c）气动控制回路图

由 X－D 线图的执行信号和控制缸的动作状态，画出逻辑框图，如图 13-1b 所示。

由逻辑框图画出气动控制回路图，如图 13-1c 所示。

**例 13-2**　图 13-2 所示为某型号射芯机（射芯工位）气动系统原理图。其动作程序为：工作台上升—夹紧芯盒—射砂—排气—工作台下降—打开砂闸门—加砂—关闭闸门。试说明各工作过程的工作原理，并列出电磁铁动作顺序表。

**解**：射芯工位气动系统的工作过程分成四个步骤：

1. 工作台上升和夹紧芯盒

空芯盒随工作台送到顶升气缸 9 的上方，压合行程开关 1st，电磁铁 2YA 得电，使电磁阀 6 换至右位工作，气源来的压缩空气经电磁阀 6 右位分成三路：一路经快速排气阀 15 进入阀门密封圈 17 的下腔（唇边），以提高其密封性；一路经快速排气阀 8 进入顶升气缸 9，举升工作台，并将芯盒压紧在射砂头 12 的下面，将芯盒在垂直方向夹紧；当顶升气缸 9 上升到顶点夹紧芯盒后，进气管路气压上升，达到 0.5MPa 时，单向顺序阀 7 开启，压缩空气经顺序阀进入夹紧气缸 11、22，将芯盒在水平方向夹紧。

2. 射砂

当夹紧缸管路气压达到 0.5MPa 后，压力继电器 10 压合，发令电磁铁 3YA 得电，阀 23 换至右位，气源压缩空气经电磁阀 23 右位关闭排气阀 21，关闭射砂筒 19 的外腔与大气相通

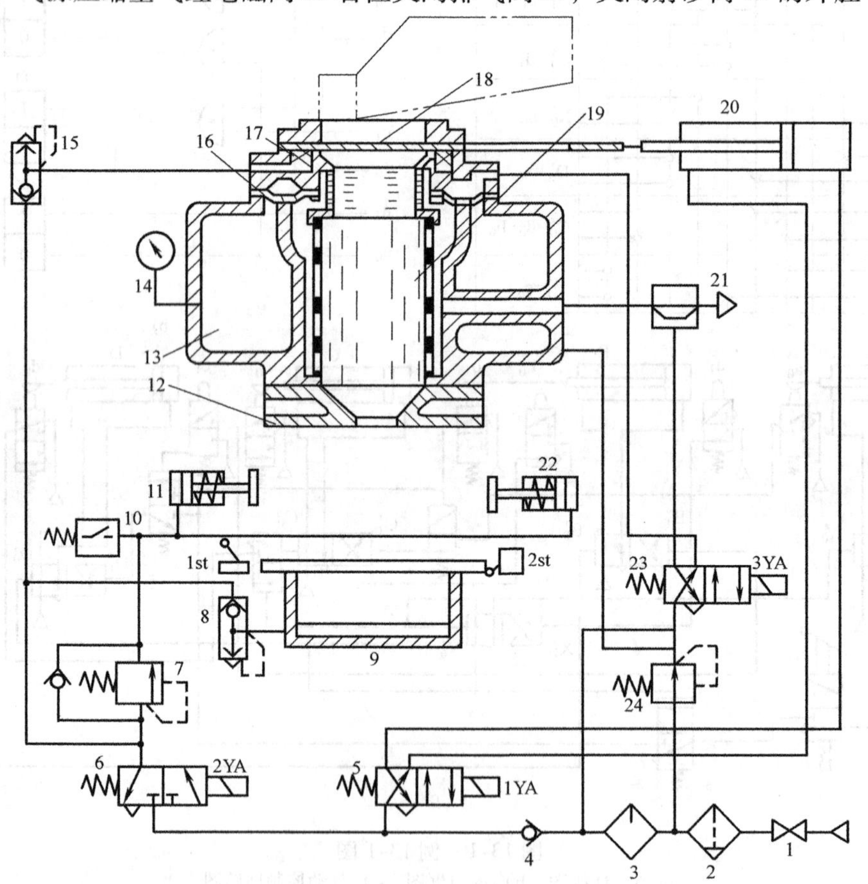


图 13-2　例 13-2 图

1—截止阀　2—分水滤气器　3—油雾器　4—单向阀　5、6、23—电磁阀　7—单向顺序阀
8、15—快速排气阀　9—顶升气缸　10—压力继电器　11、22—夹紧气缸　12—射砂头
13—储气包　14—压力表　16—快速射砂阀　17—阀门密封圈　18—加砂闸门
19—射砂筒　20—闸门气缸　21—排气阀　24—减压阀

的气路。同时使快速射砂阀16的上腔经电磁阀23右位通大气，储气包13中的气体将快速射砂阀16的薄膜顶起，储气包13与射砂筒19的外腔接通，压缩空气快速进入射砂筒19向芯盒射砂。射砂时间由时间继电器按工艺要求控制。射砂结束后，电磁铁3YA失电，电磁阀23复位，快速射砂阀16关闭，排气阀21敞开排除射砂筒19中的余气。同时压缩空气经减压阀24向储气包13充气。

3. 工作台下降

在射砂筒排气后，电磁铁2YA失电，电磁阀6复位，夹紧气缸11、22退回原位，顶升气缸9开始下降，阀门密封圈17下腔排气。当顶升气缸9下降到最低位置后，射好砂的芯盒被送到硬化起模工位。

4. 加砂

当顶升气缸9下降到最低位置压下行程开关2st时，电磁铁1YA得电，电磁阀5换至右位，压缩空气经电磁阀5右位进入闸门气缸20，将加砂闸门18打开，砂斗（双点画线所示）向射砂筒19加砂，加砂时间由时间继电器控制。到预定时间后，电磁铁1YA失电，电磁阀5复位，加砂停止。

到此，气动系统便完成了一个工作循环。系统由快速排气回路、顺序动作回路、换向回路、调压回路等基本回路组成，采用了气－电控制，自动化程度高，安全保护较完善。其动作程序、电磁铁得电情况见表13-1。

**表13-1　电磁铁动作顺序表**

| 动作名称 | 电磁铁 | | |
|---|---|---|---|
| | 1YA | 2YA | 3YA |
| 工作台上升 | — | + | — |
| 夹紧芯盒 | — | + | — |
| 射砂 | — | + | + |
| 排气 | — | + | — |
| 工作台下降 | — | — | — |
| 闸门开 | + | — | — |
| 加砂 | + | — | — |
| 闸门关 | — | — | — |

**例13-3**　图13-3所示气动纠偏装置用于砂带辊式分条机纠正卷曲砂带过程中的偏斜，两个喷嘴－接收嘴用于检测砂带边的位置，气液联动缸驱动砂带卷曲机架移动，两个单作用缸用于非工作状态下锁紧砂带卷曲机架。试说明系统的工作原理和特点。

**解：**在图13-3中，手动阀5处于上位时，两个禁门14将气缸两腔接通大气，两个锁紧缸1、16的活塞杆伸出将砂带卷曲机机架2锁紧，卷曲机不工作。手动阀5处于下位时，两个锁紧缸1、16在弹簧的作用下缩回，砂带卷曲机机架2处于可移动状态，气液联动缸由气动逻辑控制系统调整砂带边的位置。

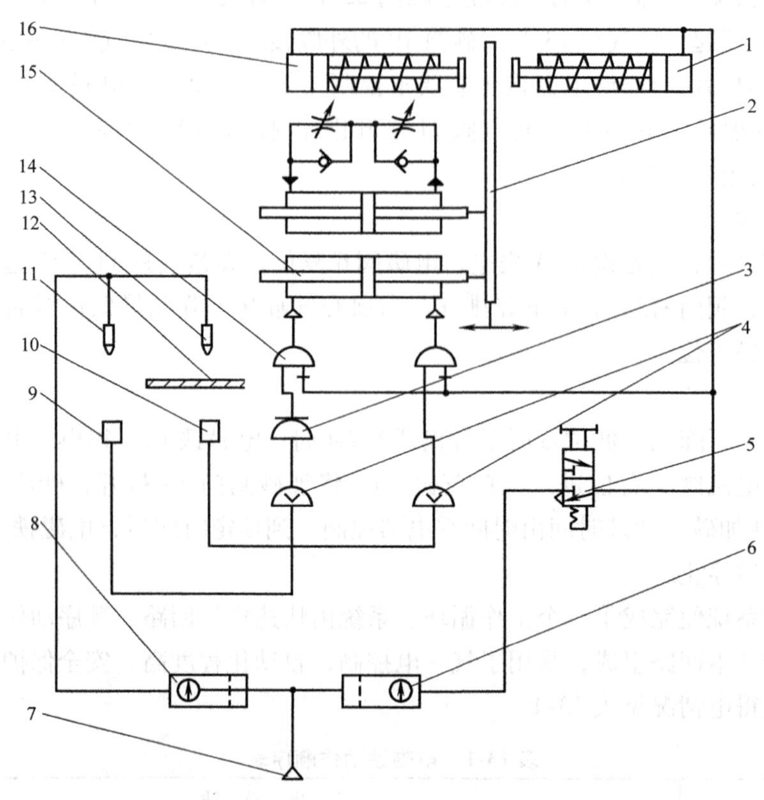


图 13-3　例 13-3 图
1、16—锁紧缸　2—机架　3—非门　4—放大器　5—手动阀　6—气源　7—外部气源　8—气源
9、10—接收嘴　11、13—喷嘴　12—砂带　14—禁门　15—气液联动缸

当砂带边处于两个喷嘴之间时，接收嘴 9 接收到 0.1MPa 的低压控制信号，然后经过放大器 4 获得压力为 0.6MPa 的压缩空气输出，但因非门 3 的作用，阻止气信号经禁门 14 输入气液联动缸 15 左端；接收嘴 10 因未接收到信号，气液联动缸 15 右端也无气信号输入，于是气液联动缸 15 不移动。当砂带边处于两个喷嘴右边时，接收嘴 9 接收到信号，经过放大器、"非门" "禁门" 使气液联动缸 15 左端无气信号输入；接收嘴 10 因接收到信号，经过放大器、"禁门"，使气液联动缸 15 右端有气信号输入，于是气液联动缸 15 将向左移动，使砂带边回到两个喷嘴之间。当砂带边处于两个喷嘴左边时，接收嘴 9 未接收到信号，气源压缩空气经过 "非门" "禁门"，输入气液联动缸 15 左端；接收嘴 10 因未接收到气信号，气液联动缸 15 右端无气信号输入，故气液联动缸 15 将向右移动，使砂带边回到两个喷嘴 - 接收嘴之间。

该系统的特点：主驱动缸为气液联动缸，用气压作驱动力，用液压缸及液压节流阀调节其运动速度，减小了气缸换向和运动的冲击，保证了砂带卷曲机机架移动平稳；控制系统中的检测、运算和驱动部分都采用了气动元件，元件数量少，系统简单。

# 三、习题

13-1　图 13-4 所示为液体自动灌装机的流程示意图与控制回路图。A 缸用于控制储液槽和输液管口的下落和升起，B 缸用于开启和关闭输液管口的阀门，C、D 缸用于传送已灌满的容器，$C_1$ 和 $D_0$、$C_0$ 和 $D_1$ 同时动作，设备的动作程序为［$A_0B_0B_1A_1C_1C_0$］。试分析系统的工作原理，并说明在 $C_1$ 与 $C_0$ 之间设置了什么回路，为什么设置该回路。

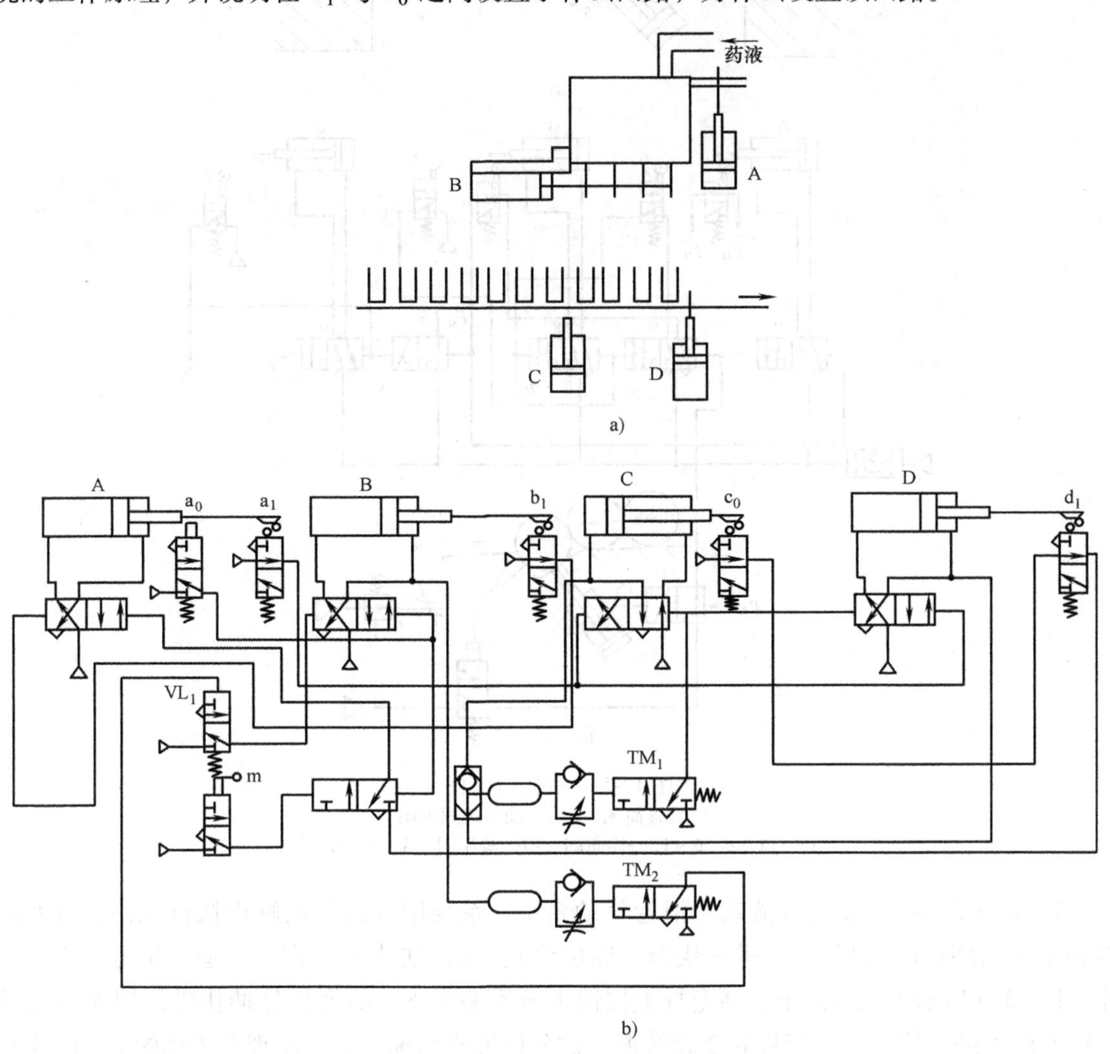


图 13-4　习题 13-1 图
a）流程示意图　b）程序控制回路图

13-2　图 13-5 所示为自动打印机装置图及气动系统原理图。当传送来的工件因重力作用落入 V 形槽后，气缸 A 将工件夹紧，气缸 B 打印，打印完毕后松开工件、停止工作，气缸 C 将工件顶出 V 形槽。试分析设备的动作程序并说明气动系统的工作原理。

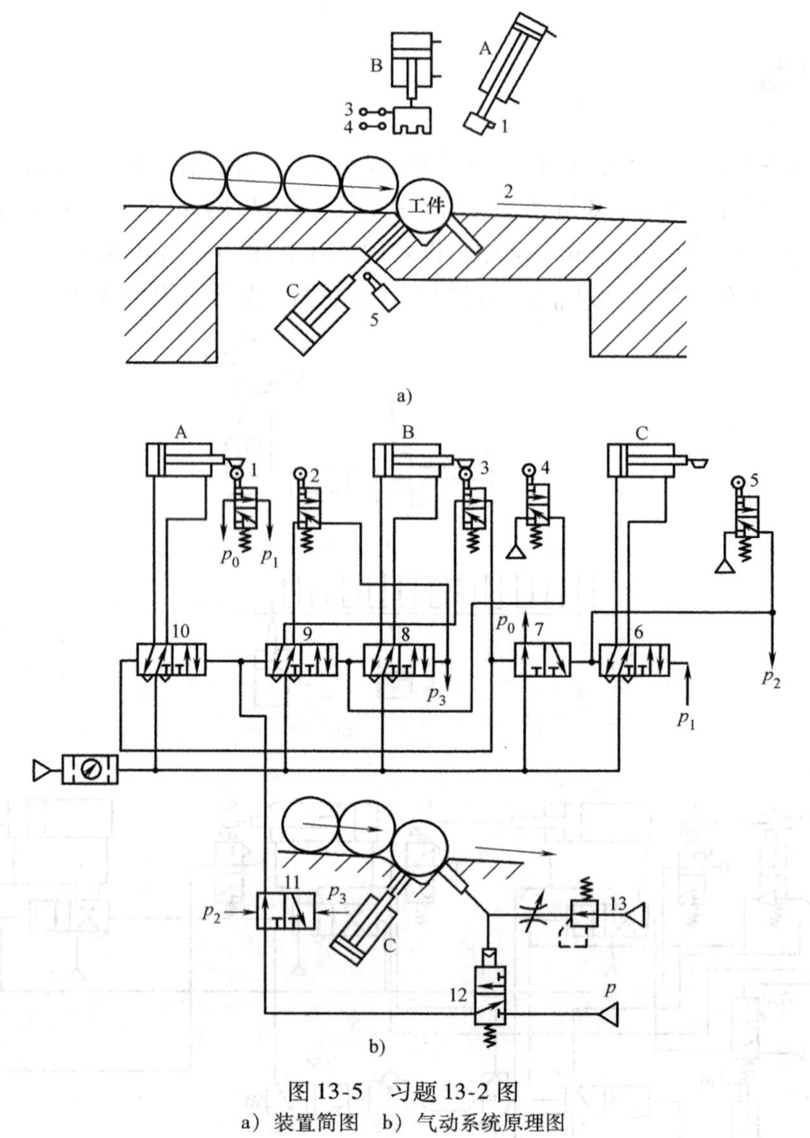


图 13-5　习题 13-2 图

a）装置简图　b）气动系统原理图

1～5—行程阀　6～12—换向阀　13—减压阀　A、B、C—气缸

13-3　图 13-6 所示为气液动力滑台气动系统，系统用气液阻尼缸作执行元件，可实现两种工作循环：1）快进—工进—快退—原位停止；2）快进—工进—工退—快退—原位停止。图 13-6 所示为原位停止，活塞杆上挡铁 A 压行程阀 8。活塞杆外伸快进，挡铁 B 压行程阀 6 转工进，挡铁 C 压行程阀 2 转快退。试分析说明系统的工作原理及手动阀 1、3、4 在系统中的作用。

13-4　图 13-7 所示气液泵是一种以压缩空气为动力的增压液压泵，气缸 6、7 分别与液压柱塞缸 10、13 组成两组增压缸，每组增压缸配有三个返程用的小气缸（圆周均布，图中只画了其中一个）。试说明图示气液泵的工作原理。

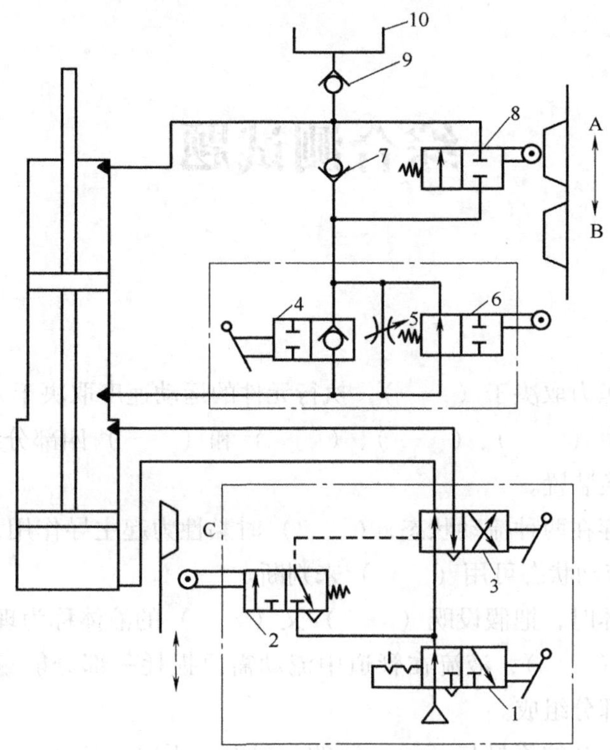


图 13-6　习题 13-3 图

1、3、4—手动阀　2、6、8—行程阀　5—节流阀　7、9—单向阀　10—补油箱　A、B、C—挡铁

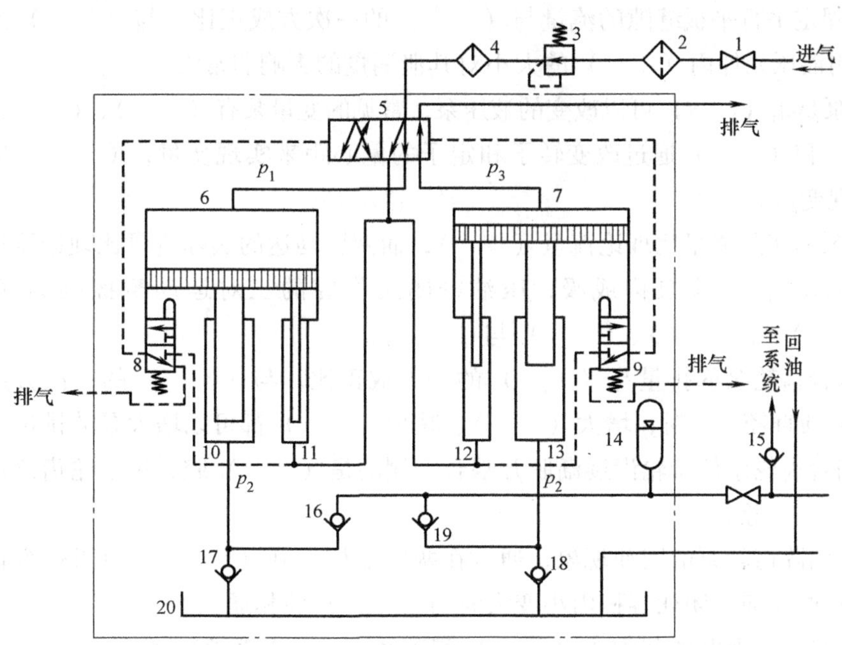


图 13-7　习题 13-4 图

1—气源开关　2—分水滤气器　3—减压阀　4—油雾器　5—二位五通气控换向阀　6、7—气缸　8、9—行程阀　10、13—液压柱塞缸　11、12—小气缸　14—蓄能器　15、16、17、18、19—单向阀　20—油箱

# 附　录

# 综合测试题

## 一、填空题

1. 液压系统中的压力取决于（　　），执行元件的运动速度取决于（　　）。

2. 液压传动装置由（　　）、（　　）、（　　）和（　　）四部分组成，其中（　　）和（　　）为能量转换装置。

3. 液体在管道中存在两种流动状态，（　　）时黏性力起主导作用，（　　）时惯性力起主导作用，液体的流动状态可用（　　）来判断。

4. 在研究流动液体时，把假设既（　　）又（　　）的液体称为理想流体。

5. 由于流体具有（　　），液流在管道中流动需要损耗一部分能量，它由（　　）损失和（　　）损失两部分组成。

6. 液流流经薄壁小孔的流量与（　　）的一次方成正比，与（　　）的二分之一次方成正比。通过小孔的流量对（　　）不敏感，因此薄壁小孔常用作可调节流阀。

7. 通过固定平行平板缝隙的流量与（　　）的一次方成正比，与（　　）的三次方成正比，这说明液压元件内（　　）的大小对其泄漏量的影响非常大。

8. 变量泵是指（　　）可以改变的液压泵，常见的变量泵有（　　）、（　　）、（　　）。其中（　　）和（　　）通过改变转子和定子的偏心距来实现变量，（　　）通过改变斜盘倾角来实现变量。

9. 液压泵的实际流量比理论流量（　　），而液压马达的实际流量比理论流量（　　）。

10. 斜盘式轴向柱塞泵构成吸、压油密闭工作腔的三对运动摩擦副为（　　）与（　　）、（　　）与（　　）、（　　）与（　　）。

11. 外啮合齿轮泵的排量与（　　）的平方成正比，与（　　）的一次方成正比。因此，在齿轮节圆直径一定时，增大（　　）、减少（　　）都可以增大泵的排量。

12. 外啮合齿轮泵位于轮齿逐渐脱开啮合一侧的是（　　）腔，位于轮齿逐渐进入啮合一侧的是（　　）腔。

13. 为了消除齿轮泵的困油现象，通常在两侧盖板上开（　　），使闭死容积由大变小时与（　　）腔相通，闭死容积由小变大时与（　　）腔相通。

14. 齿轮泵产生泄漏的间隙为（　　）间隙和（　　）间隙，此外还存在（　　）间隙。对无间隙补偿的齿轮泵，（　　）泄漏占总泄漏量的80%～85%。

15. 双作用叶片泵的定子曲线由两段（　　）、两段（　　）及四段（　　）组成，吸、压油窗口位于（　　）段。

16. 调节限压式变量叶片泵的压力调节螺钉，可以改变泵的压力流量特性曲线上(　　)的大小，调节最大流量调节螺钉，可以改变（　　）。

17. 溢流阀的进口压力随流量变化而波动的性能称为（　　），性能的好坏用（　　）或（　　）、(　　）评价。显然（　　）小好，(　　）和（　　）大好。

18. 溢流阀为（　　）压力控制，阀口常（　　），先导阀弹簧腔的泄漏油与阀的出口相通。定值减压阀为（　　）压力控制，阀口常（　　），先导阀弹簧腔的泄漏油必须(　　）。

19. 调速阀由（　　）和节流阀（　　）而成，旁通型调速阀由（　　）和节流阀（　　）而成。

20. 为了便于检修，蓄能器与管路之间应安装（　　），为了防止液压泵停车或卸荷时蓄能器内的压力油倒流，蓄能器与液压泵之间应安装（　　）。

21. 选用过滤器应考虑（　　）、(　　）、(　　）和其他功能，它在系统中可安装在(　　)、(　　)、(　　）和单独的过滤系统中。

22. 两个液压马达主轴刚性连接在一起组成双速换接回路，两马达串联时，其转速为（　　），两马达并联时，其转速为（　　），而输出转矩（　　）。串联和并联两种情况下回路的输出功率（　　）。

23. 在变量泵－变量马达调速回路中，为了在低速时有较大的输出转矩、在高速时能提供较大的功率，往往在低速段，先将（　　）调至最大，用（　　）调速；在高速段，(　　)为最大，用（　　）调速。

24. 限压式变量泵和调速阀的调速回路中，泵的流量与液压缸所需流量（　　），泵的工作压力（　　）；而差压式变量泵和节流阀的调速回路中，泵输出流量与负载流量（　　），泵的工作压力等于（　　）加节流阀前后压差，故回路效率高。

25. 顺序动作回路的功用在于使几个执行元件严格按照预定顺序动作，按控制方式不同，分为（　　）控制和（　　）控制。同步回路的功用是使相同尺寸的执行元件在运动上同步，同步运动分为（　　）同步和（　　）同步两大类。

26. 不含水蒸气的空气为（　　），含水蒸气的空气称为（　　），所含水分的程度用（　　）和（　　）来表示。

27. 理想气体是指（　　）。一定质量的理想气体在状态变化的某一稳定瞬时，其压力、温度、体积应服从（　　）。一定质量的气体和外界没有热量交换时的状态变化过程称为（　　）。

28. 在气动系统中，气缸工作、管道输送空气等均视为（　　）；气动系统的快速充气、排气过程可视为（　　）。

29. （　　）是表示气流流动的一个重要参数，集中反映了气流的可压缩性。(　　)，气流密度变化越大。当（　　）时，称为亚声速流动；当（　　）时，称为超声速流动；当（　　）时，称为声速流动。

30. 在亚声速流动时，要想使气体流动加速，应把管道做成（　　）；在超声速流动时，要想使气体流动减速，应把管道做成（　　）。

31. 向定积容器充气分为（　　）和（　　）两个阶段。同样，容器的放气过程也基本上分为（　　）和（　　）两个阶段。

32. 气源装置为气动系统提供满足一定质量要求的压缩空气，它是气动系统的一个重要组成部分。气动系统对压缩空气的主要要求有：具有一定的（　　）和（　　），并具有一定的（　　）。因此必须设置一些（　　）的辅助设备。

33. 空气压缩机的种类很多，按工作原理分为（　　）和（　　）。选择空气压缩机的根据是气压传动系统所需要的（　　）和（　　）两个主要参数。

34. 气源装置中压缩空气净化设备一般包括：（　　）、（　　）、（　　）、（　　）。

35. 气源处理装置是气动元件及气动系统使用压缩空气的最后保证，气源处理装置包括（　　）、（　　）、（　　）。

36. 气源处理装置中的分水滤气器的作用是滤去空气中的（　　）、（　　），并将空气中的（　　）分离出来。

37. 气动逻辑元件按结构形式可分为（　　）、（　　）、（　　）、（　　）。

38. 高压截止式逻辑元件是依靠（　　）推动阀芯或通过（　　）推动阀芯动作的，改变气流通路以实现一定的逻辑功能；而高压膜片式逻辑元件的可动部件是（　　）。

## 二、选择题

1. 流量连续性方程是（　　）在流体力学中的表达形式，而伯努利方程是（　　）在流体力学中的表达形式。

（A）能量守恒定律　（B）动量定理　（C）质量守恒定律　（D）其他

2. 液体流经薄壁小孔的流量与孔口面积的（　　）和小孔前后压差的（　　）成正比。

（A）一次方　（B）二分之一次方　（C）二次方　（D）三次方

3. 流经固定平行平板缝隙的流量与缝隙值的（　　）和缝隙前后压差的（　　）成正比。

（A）一次方　（B）二分之一次方　（C）二次方　（D）三次方

4. 双作用叶片泵具有（　　）的结构特点，而单作用叶片泵具有（　　）的结构特点。

（A）作用在转子和定子上的液压径向力平衡

（B）所有叶片的顶部和底部所受液压力平衡

（C）不考虑叶片厚度，瞬时流量是均匀的

（D）改变定子和转子之间的偏心距可改变排量

5. 一水平放置的双伸出杆液压缸，采用三位四通电磁换向阀，要求阀处于中位时，液压泵卸荷，且液压缸浮动，其中位机能应选用（　　）；要求阀处于中位时，液压泵卸荷，且液压缸闭锁不动，其中位机能应选用（　　）。

（A）O型　（B）M型　（C）Y型　（D）H型

6. 有两个调整压力分别为5MPa和10MPa的溢流阀串联在液压泵的出口，泵的出口压力为（　　）；并联在液压泵的出口，泵的出口压力又为（　　）。

（A）5MPa　　（B）10MPa　　（C）15MPa　　（D）20MPa

7. 在下面几种调速回路中，（　　）中的溢流阀是安全阀，（　　）中的溢流阀是稳压阀。

（A）定量泵和调速阀的进油节流调速回路

（B）定量泵和旁通型调速阀的节流调速回路

（C）定量泵和节流阀的旁路节流调速回路

（D）定量泵和变量马达的闭式调速回路

8. 为平衡重力负载，使运动部件不会因自重而自行下落，在恒重力负载情况下，采用（　　）顺序阀作平衡阀，而在变重力负载情况下，采用（　　）顺序阀作限速锁。

（A）内控内泄式　　（B）内控外泄式　　（C）外控内泄式　　（D）外控外泄式

9. 顺序阀在系统中作卸荷阀用时，应选用（　　）式，作背压阀时，应选用（　　）式。

（A）内控内泄　　（B）内控外泄　　（C）外控内泄　　（D）外控外泄

10. 双伸出杆液压缸，采用活塞杆固定安装，工作台的移动范围为缸筒有效行程的（　　）；采用缸筒固定安置，工作台的移动范围为活塞有效行程的（　　）。

（A）一倍　　（B）二倍　　（C）三倍　　（D）四倍

11. 对于速度大、换向频率高、定位精度要求不高的平面磨床，采用（　　）液压操纵箱；对于速度小、换向频率低、而定位精度要求高的外圆磨床，则采用（　　）液压操纵箱。

（A）时间制动控制式　　（B）行程制动控制式

（C）时间、行程混合控制式　　（D）其他

12. 要求多路换向阀控制的多个执行元件实现两个以上执行机构的复合动作，多路换向阀的连接方式为（　　），多个执行元件实现顺序单动，多路换向阀的连接方式为（　　）。

（A）串联油路　　（B）并联油路

（C）串并联油路　　（D）其他

13. 在下列调速回路中，（　　）为流量适应回路，（　　）为功率适应回路。

（A）限压式变量泵和调速阀组成的调速回路

（B）差压式变量泵和节流阀组成的调速回路

（C）定量泵和旁通型调速阀（溢流节流阀）组成的调速回路

（D）恒功率变量泵调速回路

14. 容积调速回路中，（　　）的调速方式为恒转矩调节；（　　）的调节为恒功率调节。

（A）变量泵 - 变量马达　　（B）变量泵 - 定量马达　　（C）定量泵 - 变量马达

15. 已知单活塞杆液压缸的活塞直径 $D$ 为活塞杆直径 $d$ 的两倍，差动连接的快进速度等于非差动连接前进速度的（　　）；差动连接的快进速度等于快退速度的（　　）。

（A）一倍　　（B）二倍　　（C）三倍　　（D）四倍

16. 有两个调整压力分别为 5MPa 和 10MPa 的溢流阀串联在液压泵的出口，泵的出口压

力为（ ）；有两个调整压力分别为5MPa和10MPa的内控外泄式顺序阀串联在液泵的出口，泵的出口压力为（ ）。

（A）5MPa （B）10MPa （C）15MPa （D）20MPa

17. 用同样的定量泵、节流阀、溢流阀和液压缸组成下列几种节流调速回路，（ ）能够承受负值负载，（ ）的速度刚性最差，而回路效率最高。

（A）进油节流调速回路 （B）回油节流调速回路 （C）旁路节流调速回路

18. 为保证负载变化时，节流阀前后的压差不变，即通过节流阀的流量基本不变，往往将节流阀与（ ）串联组成调速阀，或将节流阀与（ ）并联组成旁通型调速阀。

（A）减压阀 （B）定差减压阀

（C）溢流阀 （D）差压式溢流阀

19. 在定量泵节流调速阀回路中，调速阀可以安放在回路的（ ），而旁通型调速回路只能安放在回路的（ ）。

（A）进油路 （B）回油路 （C）旁油路

20. 差压式变量泵和（ ）组成的容积节流调速回路与限压式变量泵和（ ）组成的调速回路相比较，回路效率更高。

（A）节流阀 （B）调速阀 （C）旁通型调速阀

21. 液压缸的种类繁多，（ ）可作双作用液压缸，而（ ）只能作单作用液压缸。

（A）柱塞缸 （B）活塞缸 （C）摆动缸

22. 下列液压马达中，（ ）为高速马达，（ ）为低速马达。

（A）齿轮马达 （B）叶片马达

（C）轴向柱塞马达 （D）径向柱塞马达

23. 三位四通电液换向阀的液动滑阀为弹簧对中型，其先导电磁换向阀中位必须是（ ）机能，而液动滑阀为液压对中型，其先导电磁换向阀中位必须是（ ）机能。

（A）H型 （B）M型 （C）Y型 （D）P型

24. 为保证锁紧迅速、准确，采用了双向液压锁的换向阀应选用（ ）中位机能；要求采用液控单向阀的压力机保压回路，在保压工况液压泵卸荷时，其换向阀应选用（ ）中位机能。

（A）H型 （B）M型 （C）Y型 （D）D型

25. 液压泵单位时间内排出油液的体积称为泵的流量。泵在额定转速和额定压力下的输出流量称为（ ）；在没有泄漏的情况下，根据泵的几何尺寸计算得到的流量称为（ ），它等于排量和转速的乘积。

（A）实际流量 （B）理论流量 （C）额定流量

26. 在实验或工业生产中，常把零压差下的流量（即负载为零时泵的流量）视为（ ）；有些液压泵在工作时，每一瞬间的流量都不相同，但在每转中按同一规律重复变化，这就是泵的流量脉动。瞬时流量一般指的是瞬时（ ）。

（A）实际流量 （B）理论流量 （C）额定流量

27. 对于双作用叶片泵，如果配油窗口的间距角小于两叶片间的夹角，会导致（　　）；又（　　），配油窗口的间距角不可能等于两叶片间的夹角，所以配油窗口的间距夹角必须大于或等于两叶片间的夹角。

（A）由于加工安装误差，难以在工艺上实现

（B）不能保证吸、压油腔之间的密封，使泵的容积效率太低

（C）不能保证泵连续平稳的运动

28. 在双作用叶片泵中，当定子圆弧部分的夹角大于两叶片间的夹角而小于配油窗口的间隔夹角时，（　　）；当配油窗口的间隔夹角大于两叶片间的夹角而小于定子圆弧部分的夹角时，（　　）。

（A）闭死容积大小在变化，有困油现象

（B）虽有闭死容积，但容积大小不变化，所以无困油现象

（C）不会产生闭死容积，所以无困油现象

29. 当配油窗口的间隔夹角大于两叶片间的夹角时，单作用叶片泵（　　）；当配油窗口的间隔夹角小于两叶片间的夹角时，单作用叶片泵（　　）。

（A）闭死容积大小在变化，有困油现象

（B）虽有闭死容积，但容积大小不变化，所以无困油现象

（C）不会产生闭死容积，所以无困油现象

30. 双作用叶片泵的叶子在转子槽中的安装方向是（　　），限压式变量叶片泵的叶片在转子槽中的安装方向是（　　）。

（A）沿着径向方向安装

（B）沿着转子旋转方向前倾一角度

（C）沿着转子旋转方向后倾一角度

31. 当限压式变量泵工作压力 $p > p_{拐点}$ 时，随着负载压力上升，泵的输出流量（　　）；当恒功率变量泵工作压力 $p > p_{拐点}$ 时，随着负载压力上升，泵的输出流量（　　）。

（A）增加　　（B）呈线性规律衰减

（C）呈双曲线规律衰减　　（D）基本不变

32. 已知单活塞杆液压缸两腔的有效面积 $A_1 = 2A_2$，液压泵供油流量为 $q$。如果将液压缸差动连接，活塞实现差动快进，那么进入大腔的流量是（　　）；如果不差动连接，则小腔的排油流量是（　　）。

（A）$0.5q$　　（B）$1.5q$　　（C）$1.75q$　　（D）$2q$

33. 在泵－缸回油节流调速回路中，三位四通换向阀处于不同位置时，可使液压缸实现快进—工进—端点停留—快退的动作循环。试分析：在（　　）工况下，泵所需的驱动功率为最大；在（　　）工况下，缸的输出功率最小。

（A）快进　　（B）工进　　（C）端点停留　　（D）快退

34. 系统中中位机能为 P 型的三位四通换向阀处于不同位置时，可使单活塞杆液压缸实现快进—慢进—快退的动作循环。试分析：液压缸在运动过程中，如突然将换向阀切换到中间位置，此时缸的工况为（　　）；如将单活塞杆缸换成双活塞杆缸，当换向阀切换到中位

置时，缸的工况为（　　）（不考虑惯性引起的滑移运动）。

（A）停止运动　　（B）慢进　　（C）快退　　（D）快进

35. 在减压回路中，减压阀调定压力为 $p_j$，溢流阀调定压力为 $p_y$，主油路暂不工作，二次回路的负载压力为 $p_L$。若 $p_y > p_j > p_L$，减压阀进、出口压力关系为（　　）；若 $p_y > p_L > p_j$，减压阀进、出口压力关系为（　　）。

（A）进口压力 $p_1 = p_y$，出口压力 $p_2 = p_j$

（B）进口压力 $p_1 = p_j$，出口压力 $p_2 = p_y$

（C）$p_1 = p_2 = p_j$，减压阀的进口压力、出口压力与调定压力基本相等

（D）$p_1 = p_2 = p_L$，减压阀的进口压力、出口压力与负载压力基本相等

36. 在减压回路中，减压阀调定压力为 $p_j$，溢流阀调定压力为 $p_y$，主油路暂不工作，二次回路的负载压力为 $p_L$。若 $p_y > p_j > p_L$，减压阀阀口状态为（　　）；若 $p_y > p_L > p_j$，减压阀阀口状态为（　　）。

（A）阀口处于小开口的减压工作状态

（B）阀口处于完全关闭状态，不允许油液通过阀口

（C）阀口处于基本关闭状态，但仍允许少量的油液通过阀口流至先导阀

（D）阀口处于全开启状态，减压阀不起减压作用

37. 系统中采用了内控外泄式顺序阀，顺序阀的调定压力为 $p_x$（阀口全开时损失不计），其出口负载压力为 $p_L$。当 $p_L > p_x$ 时，顺序阀进、出口压力 $p_1$ 和 $p_2$ 之间的关系为（　　）；当 $p_L < p_x$ 时，顺序阀进出口压力 $p_1$ 和 $p_2$ 之间的关系为（　　）。

（A）$p_1 = p_2$，$p_2 = p_L$（$p_1 \neq p_2$）

（B）$p_1 = p_2 = p_L$

（C）$p_1$ 上升至系统溢流阀调定压力 $p_1 = p_y$，$p_2 = p_L$

（D）$p_1 = p_2 = p_x$

38. 当控制阀的开口一定，阀的进、出口压差 $\Delta p <$（3 ~ 5）$\times 10^5$Pa 时，随着压差 $\Delta p$ 变小，通过节流阀的流量（　　），通过调速阀的流量（　　）。

（A）增加　　（B）减少　　（C）基本不变　　（D）无法判断

39. 当控制阀的开口一定，阀的进、出口压差 $\Delta p >$（3 ~ 5）$\times 10^5$Pa，负载变化导致压差 $\Delta p$ 增加时，压差的变化对节流阀流量变化的影响（　　），对调速阀流量变化的影响（　　）。

（A）增大　　（B）减小　　（C）基本不变　　（D）无法判断

40. 当控制阀的开口一定，阀的进、出口压力相等时，通过节流阀的流量为（　　）；通过调速阀的流量为（　　）。

（A）0　　（B）某调定值　　（C）某变值　　（D）无法判断

41. 在回油节流调速回路中，节流阀处于节流调速工况下，系统的泄漏损失及溢流阀调压偏差均忽略不计。当负载 $F$ 增加时，泵的输入功率（　　），缸的输出功率（　　）。

（A）增加　　（B）减少

（C）基本不变　　（D）可能增加也可能减少

42. 在调速阀旁路节流调速回路中，调速阀的节流开口一定，当负载从 $F_1$ 降到 $F_2$ 时，若考虑泵内泄漏变化因素时液压缸的运动速度 $v$（ ）；若不考虑泵内泄漏变化的因素，缸的运动速度 $v$ 可视为（ ）。

（A）增加 （B）减少 （C）不变 （D）无法判断

43. 在定量泵 - 变量马达的容积调速回路中，液压马达所驱动的负载转矩变小，若不考虑泄漏的影响，则马达的转速（ ），泵的输出功率（ ）。

（A）增大 （B）减小 （C）基本不变 （D）无法判断

44. 在限压式变量泵与调速阀组成的容积节流调速回路中，若负载从 $F_1$ 降到 $F_2$ 而调速阀开口不变时，泵的工作压力（ ）；若负载保持定值而调速阀开口变小时，泵工作压力（ ）。

（A）增加 （B）减小 （C）不变 （D）无法判断

45. 在差压式变量泵和节流阀组成的容积节流调速回路中，如果将负载减小，其他条件保持不变，泵的出口压力将（ ），节流阀两端压差将（ ）。

（A）增加 （B）减小 （C）不变 （D）无法判断

46. 在气体状态变化的（ ）过程中，系统靠消耗自身的内能对外做功；在气体状态变化的（ ）变化过程中，无内能变化，加入系统的热量全部变成气体所做的功。

（A）等容 （B）等压 （C）等温 （D）绝热

47. 每立方米的湿空气中所含水蒸气的质量称为（ ）；每千克的干空气中所混合的水蒸气的质量又称为（ ）。

（A）绝对湿度 （B）相对湿度 （C）含湿量 （D）析水量

48. 在亚声速流动时，管道截面缩小，气流速度（ ）；在超声速流动时，管道截面扩大，气流速度（ ）。

（A）增加 （B）不变 （C）减小 （D）无法判断

49. 当 a、b 两孔同时有气信号时，s 口才有信号输出的逻辑元件是（ ）；当 a 或 b 任一孔有气信号时，s 口就有信号输出的逻辑元件是（ ）。

（A）“与门” （B）“禁门” （C）“或门” （D）“三门”

50. 气动仪表中，（ ）将检测气信号转换为标准气信号，（ ）将测量参数与给定参数比较并进行处理，使被控参数按需要的规律变化。

（A）变送器 （B）比值器 （C）调节器 （D）转换器

51. 为保证压缩空气的质量，气缸和气马达前必须安装（ ），气动仪表或气动逻辑元件前应安装（ ）。

（A）分水滤气器—减压阀—油雾器 （B）分水滤气器—油雾器—减压阀

（C）减压阀—分水滤气器—油雾器 （D）分水滤气器—减压阀

## 三、判断题

1. 液压缸活塞运动速度只取决于输入油液流量的大小，与压力无关。 （ ）

2. 液体流动时，其流量连续性方程是能量守恒定律在流体力学中的一种表达形式。（　）

3. 理想流体伯努利方程的物理意义是：在管内做稳定流动的理想流体，在任一截面上的压力能、势能和动能可以互相转换，但其总和不变。（　）

4. 雷诺数是判断层流和湍流的依据。（　）

5. 薄壁小孔因其通流量与油液的黏度无关，即对油温的变化不敏感，因此，常用作调节流量的节流器。（　）

6. 流经缝隙的流量随缝隙值的增加而成倍增加。（　）

7. 流量可改变的液压泵称为变量泵。（　）

8. 定量泵是指输出流量不随泵的输出压力改变的泵。（　）

9. 当液压泵的进、出口压差为零时，泵输出的流量即为理论流量。（　）

10. 配流轴式径向柱塞泵的排量与定子相对转子的偏心距成正比，改变偏心距即可改变排量。（　）

11. 双作用叶片泵因两个吸油窗口、两个压油窗口对称布置，因此作用在转子和定子上的液压径向力平衡，轴承承受径向力小、寿命长。（　）

12. 双作用叶片泵的转子叶片槽根部全部通压力油是为了保证叶片紧贴定子内环。（　）

13. 液压泵产生困油现象的充分必要条件是：存在闭死容积且容积大小发生变化。（　）

14. 齿轮泵多采用变位修正齿轮是为了减小齿轮重合度，消除困油现象。（　）

15. 液压马达与液压泵从能量转换观点上看是互逆的，因此所有的液压泵均可以用来作马达使用。（　）

16. 因存在泄漏，输入液压马达的实际流量大于其理论流量，而液压泵的实际输出流量小于其理论流量。（　）

17. 双活塞杆液压缸又称为双作用液压缸，单活塞杆液压缸又称为单作用液压缸。（　）

18. 滑阀为间隙密封，锥阀为线密封，后者不仅密封性能好而且开启时无死区。（　）

19. 节流阀和调速阀都是用来调节流量及稳定流量的流量控制阀。（　）

20. 单向阀可以用作背压阀。（　）

21. 同一规格的电磁换向阀机能不同，可靠换向的最大压力和最大流量不同。（　）

22. 因电磁吸力有限，对液动力较大的大流量换向阀应选用液动换向阀或电液换向阀。（　）

23. 串联了定值减压阀的支路，始终能获得低于系统压力调定值的稳定的工作压力。（　）

24. 增速缸和增压缸都是柱塞缸与活塞缸组成的复合形式的执行元件。（　）

25. 变量泵容积调速回路的速度刚性受负载变化影响的原因与定量泵节流调速回路有根本的不同，如负载转矩增大，泵和马达的泄漏增加，马达转速下降。（　）

26. 采用调速阀的定量泵节流调速回路，无论负载如何变化始终能保证执行元件的运动速度稳定。（　）

27. 旁通型调速阀（溢流节流阀）只能安装在执行元件的进油路上，而调速阀还可安装在执行元件的回油路和旁油路上。（　）

28. 油箱在液压系统中的功用是储存液压系统所需的油液。（　）

29. 在变量泵－变量马达闭式回路中，辅助泵的功用在于补充泵和马达的泄漏。（　）

30. 因液控单向阀关闭时密封性能好，故常用在保压回路和锁紧回路中。（　）

31. 同步运动分速度同步和位置同步，位置同步必定速度同步，而速度同步未必位置也同步。（　）

32. 压力控制的顺序动作回路中，顺序阀和压力继电器的调定压力应为执行元件前一动作的最高压力。（　）

33. 为使斜盘式轴向柱塞泵的柱塞所受的液压侧向力不致过大，斜盘的最大倾角 $\alpha_{max}$ 一般应小于 18°。（　）

34. 当液流通过滑阀和锥阀时，液流作用在阀芯上的液动力都是力图使阀口关闭的。（　）

35. 流体在管道中做稳定流动时，同一时间内流过管道每一截面的质量相等。（　）

36. 空气的黏度主要受温度变化的影响，温度增高，黏度变小。（　）

37. 在气体状态等容变化的过程中，气体对外不做功，气体随温度升高，压力增大，系统内能增加。（　）

38. 气体在管道中流动，随着管道截面扩大，流速减小，压力增大。（　）

39. 在放气过程中，一般当放气孔面积较大、排气较快时，接近于绝热过程；当放气孔面积较小、气壁导热又好时，则接近于等温过程。（　）

40. 气源处理装置是气动元件及气动系统使用压缩空气质量的最后保证。其组成件安装次序按进气方向依次为减压阀、分水滤气器、油雾器。（　）

## 四、名词解释

1. 帕斯卡原理（静压传递原理）
2. 系统压力
3. 运动黏度
4. 液动力
5. 层流
6. 湍流
7. 沿程压力损失
8. 局部压力损失
9. 液压卡紧现象
10. 液压冲击

11. 气穴现象；气蚀
12. 排量
13. 自吸泵
14. 变量泵
15. 恒功率变量泵
16. 困油现象
17. 差动连接
18. 往返速比
19. 滑阀的中位机能
20. 溢流阀的压力流量特性
21. 节流阀的刚性
22. 节流调速回路
23. 容积调速回路
24. 功率适应回路（负载敏感调速回路）
25. 速度刚性
26. 相对湿度
27. 气动元件的有效截面面积
28. 马赫数
29. 非时序逻辑系统
30. 时序逻辑系统

## 五、分析题

1. 附图 1 所示的定量泵输出流量为恒定值 $q_p$，如在泵的出口接一节流阀，并将阀的开口调节得小一些，试分析回路中活塞运动的速度 $v$ 和流过 $P$、$A$、$B$ 三点的流量应满足什么样的关系（活塞两腔的面积分别为 $A_1$ 和 $A_2$，所有管道的直径 $d$ 相同）。

2. 附图 2 所示的节流阀调速系统中，节流阀为薄壁小孔，流量系数 $C=0.67$，油的密度 $\rho=900\text{kg/cm}^3$，先导式溢流阀调定压力 $p_y=12\times10^5\text{Pa}$，泵流量 $q=20\text{L/min}$，活塞面积 $A_1=30\text{cm}^2$，载荷 $F=2400\text{N}$。试分析节流阀开口（面积为 $A_T$）在从全开到逐渐调小过程中，活塞的运动速度如何变化及溢流阀的工作状态。

3. 已知一个节流阀的最小稳定流量为 $q_{max}$，液压缸两腔面积不等，且 $A_1>A_2$，缸的负载为 $F$，如果分别组成进油节流调速和回油节流调速回路，试分析：

1）进油、回油节流调速哪个回路能使液压缸获得最低的运动速度？

2）在判断哪个回路能获得最低的运动速度时，应将上述哪些参数保持相同，方能进行比较。

4. 在附图 3 所示的回路中，旁通型调速阀（溢流节流阀）装在液压缸的回油路上，通过

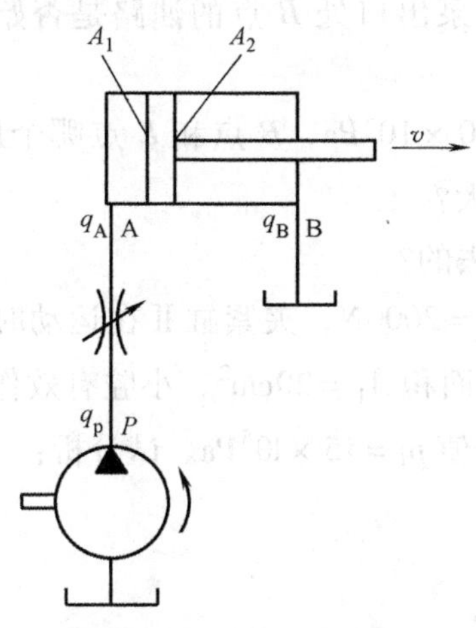


附图 1 分析题 1 图

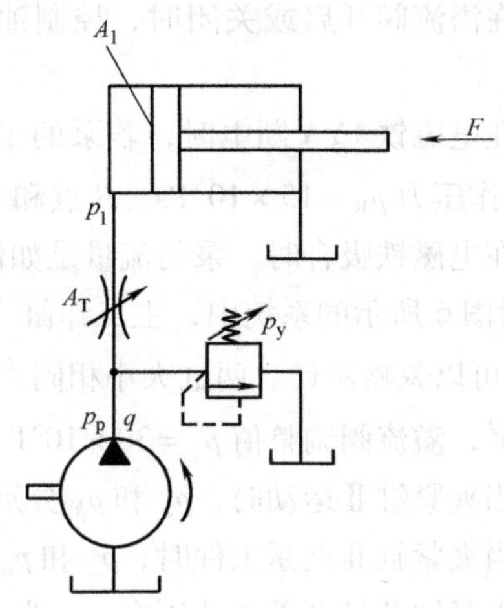


附图 2 分析题 2 图

分析其调速性能判断下面哪些结论是正确的。

1）缸的运动速度不受负载变化的影响，调速性能较好。

2）溢流节流阀相当于一个普通节流阀，只起回油路节流调速的作用，缸的运动速度受负载变化的影响。

3）溢流节流阀两端压差很小，液压缸回油腔背压很小，不能进行调速。

5. 附图 4 所示的回路为带补油装置的液压马达制动回路，试说明图中三个溢流阀和两个单向阀的作用。

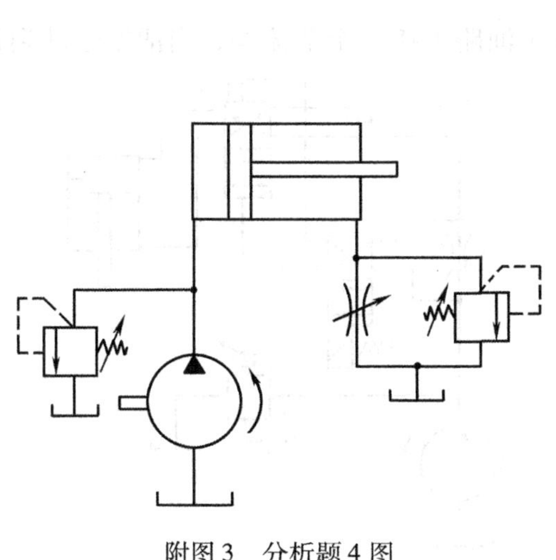

附图 3 分析题 4 图

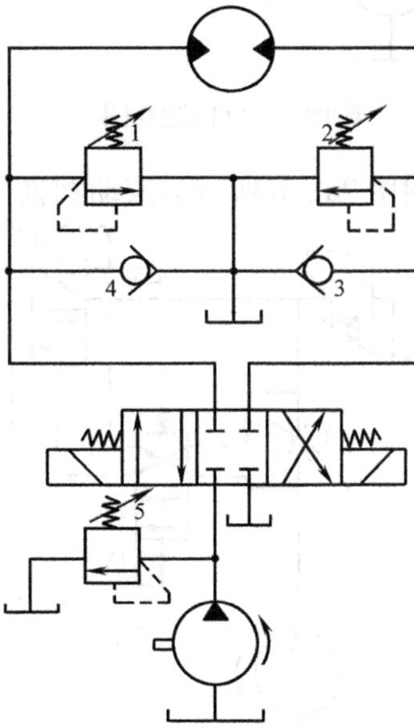

附图 4 分析题 5 图

6. 附图 5 所示是利用先导式溢流阀进行卸荷的回路。溢流阀调定压力 $p_y = 30 \times 10^5\mathrm{Pa}$。要求考虑阀芯阻尼孔的压力损失，回答下列问题：

1）在溢流阀开启或关闭时，控制油路 $E$、$F$ 段与泵出口处 $B$ 点的油路是否始终是连通的？

2）在电磁铁1YA断电时，若泵的工作压力 $p_B=30\times10^5$Pa，$B$ 点和 $E$ 点哪个压力大？若泵的工作压力 $p_B=15\times10^5$Pa，$B$ 点和 $E$ 点哪个压力大？

3）在电磁铁吸合时，泵的流量是如何流到油箱中去的？

7. 附图6所示的系统中，主工作缸Ⅰ负载阻力 $F_1=2000$N，夹紧缸Ⅱ在运动时负载阻力很小，可以忽略不计。两缸大小相同，大腔有效作用面积 $A_1=20\text{cm}^2$，小腔有效作用面积 $A_2=10\text{cm}^2$，溢流阀调整值 $p_y=30\times10^5$Pa，减压阀调整值 $p_j=15\times10^5$Pa。试分析：

1）当夹紧缸Ⅱ运动时，$p_a$ 和 $p_b$ 分别为多少？

2）当夹紧缸Ⅱ夹紧工件时，$p_a$ 和 $p_b$ 分别为多少？

3）夹紧缸Ⅱ最高承受的压力 $p_{max}$ 为多少？

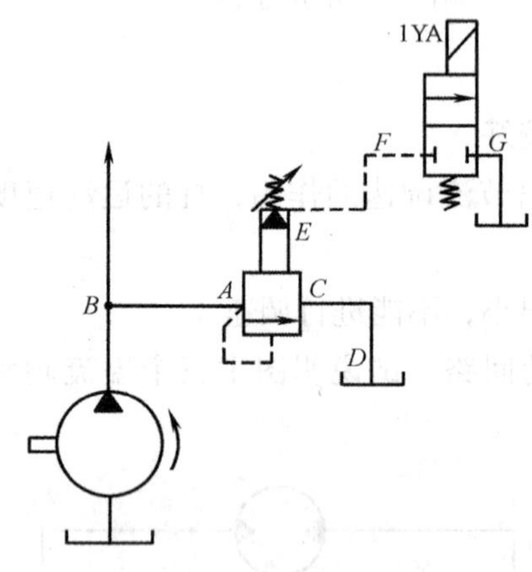


附图5　分析题6图

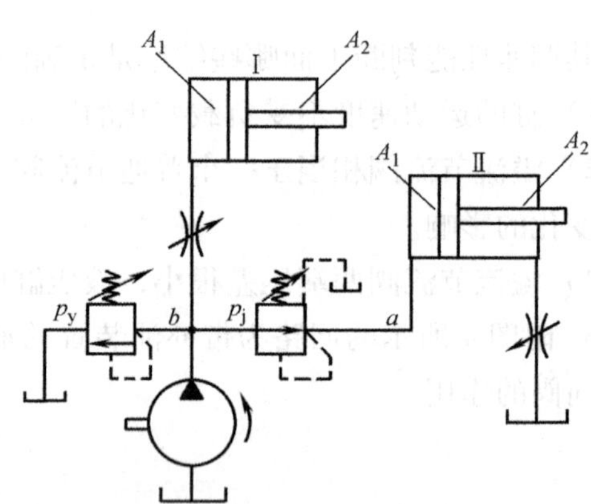


附图6　分析题7图

8. 附图7a、b所示为液动阀换向回路。在主油路中接一个节流阀，当活塞运动到行程

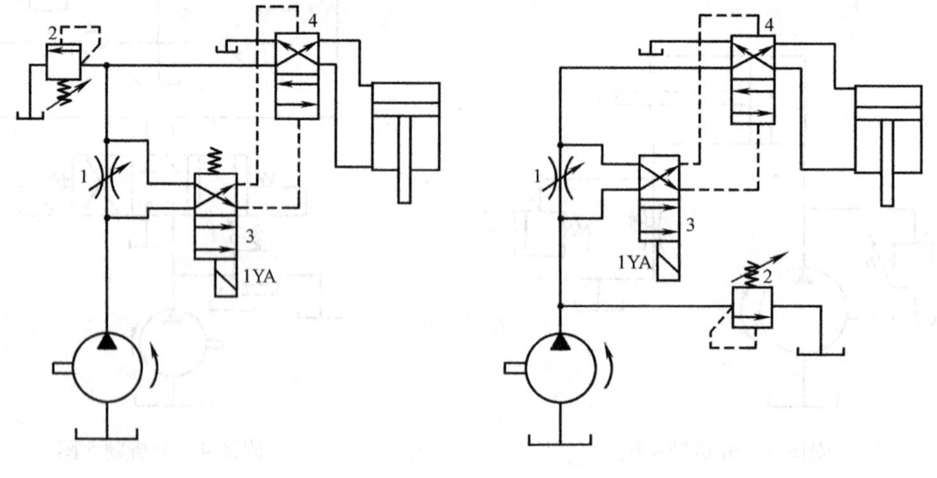


附图7　分析题8图

终点时，电磁铁1YA得电，切换控制油路的电磁阀3，然后利用节流阀的进油口压差来切换液动阀4，实现液压缸的换向。试判断图示两种方案是否都能正常工作。

9. 在附图8所示的夹紧系统中，已知定位压力要求为$10\times10^5$Pa，夹紧力要求为$3\times10^4$N，夹紧缸无杆腔面积$A_1=100$cm，试回答下列问题：

1）A、B、C、D各工件的名称、作用及其调整压力。

2）系统的工作过程。

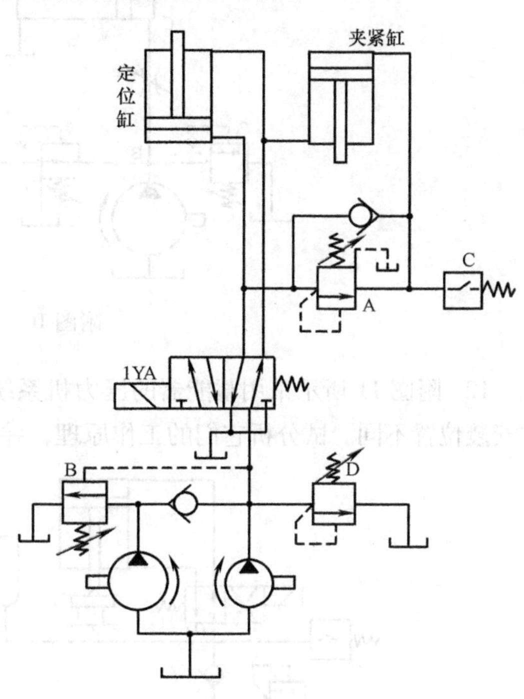

附图8 分析题9图

10. 附图9所示系统为一个二级减压回路，活塞在运动时需克服摩擦阻力$F=1500$N，活塞面积$A=15\text{cm}^2$，溢流阀调整压力$p_y=45\times10^5$Pa，两个减压阀的调定压力分别为$p_{j1}=20\times10^5$Pa和$p_{j2}=35\times10^5$Pa，管道和换向阀的压力损失不计。试分析：

1）当1YA吸合时活塞处于运动过程中，$A$、$B$、$C$三点处的压力各为多少？

2）当1YA吸合时活塞夹紧工件，这时$A$、$B$、$C$三点处的压力又各为多少？

3）如在调整减压阀压力时，改取$p_{j1}=35\times10^5$Pa和$p_{j2}=20\times10^5$Pa，该系统是否能使工件得到两种不同的夹紧力？

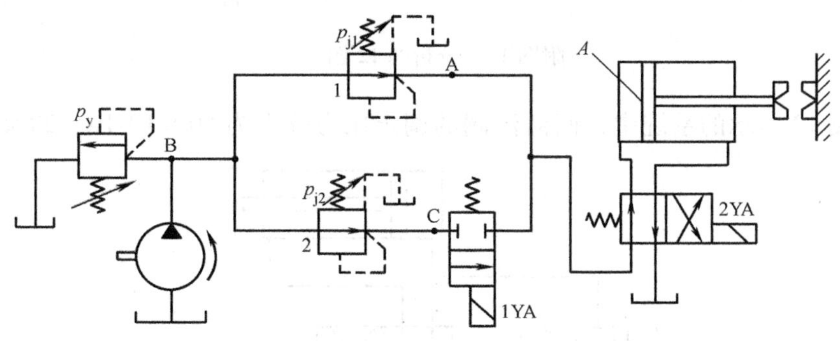

附图9 分析题10图

11. 在附图10所示的系统中，两液压缸的活塞有效作用面积相同，$A=20\text{cm}^2$，缸Ⅰ的阻力负载$F_{\text{I}}=8000$N，缸Ⅱ的阻力负载$F_{\text{II}}=4000$N，溢流阀的调整压力为$p_y=45\times10^5$Pa。试分析：

1）在减压阀不同调定压力时（$p_{j1}=10\times10^5$Pa，$p_{j2}=20\times10^5$Pa，$p_{j3}=40\times10^5$Pa）两缸的动作顺序是怎样的？

2）在上面三个不同的减压阀调整值中，哪个调整值会使缸Ⅱ的运动速度最快？

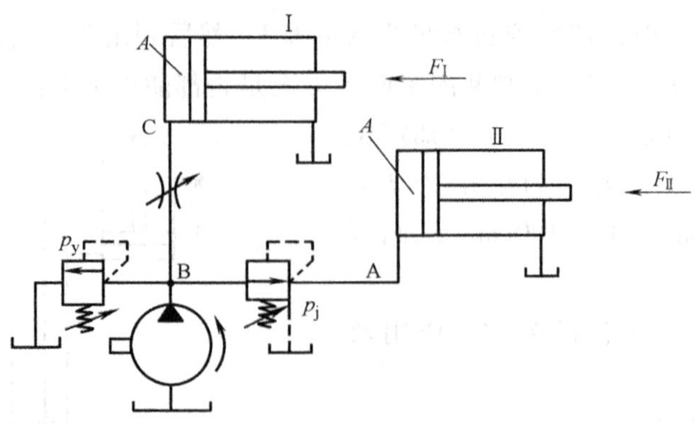


附图 10　分析题 11 图

12. 附图 11 所示采用蓄能器的压力机系统的两种方案，其区别在于蓄能器和压力继电器的安装位置不同。试分析它们的工作原理，并指出附图 11a、b 所示系统分别具有哪些功能？

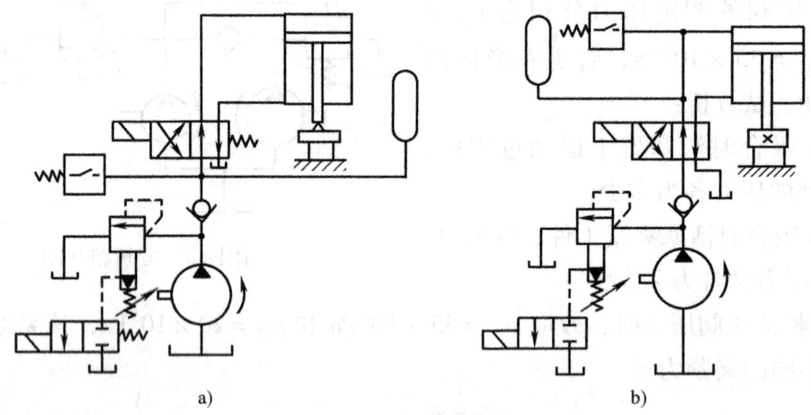


附图 11　分析题 12 图

13. 在附图 12 所示的系统中，两溢流阀的调定压力分别为 $60\times10^5$Pa、$20\times10^5$Pa，试

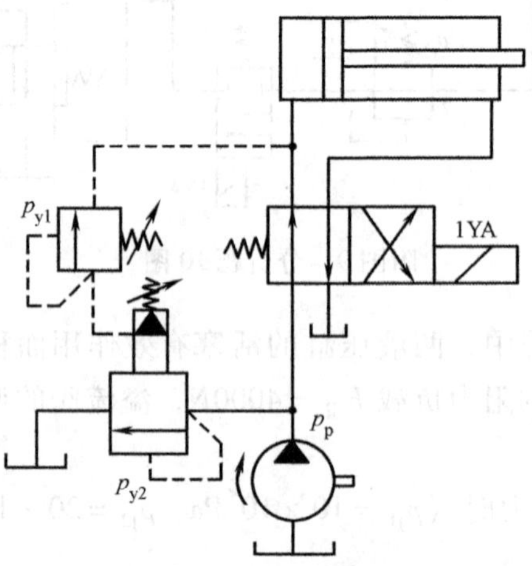


附图 12　分析题 13 图

分析：

1）当 $p_{y1}=60\times10^5\text{Pa}$，$p_{y2}=20\times10^5\text{Pa}$，1YA 吸合和断开时，泵最大的工作压力分别为多少？

2）当 $p_{y1}=20\times10^5\text{Pa}$，$p_{y2}=60\times10^5\text{Pa}$，1YA 吸合和断电时，泵最大的工作压力分别为多少？

## 六、问答题

1. “是门”元件与“非门”元件结构相似，“是门”元件中阀芯底部有一弹簧，“非门”元件中却没有，说明“是门”元件中弹簧的作用；去掉该弹簧，“是门”元件能否正常工作？为什么？

2. 试比较截止式气动逻辑元件和膜片式气动逻辑元件的特点。

3. 使用气马达和气缸时应注意哪些事项？

4. 如果与液压泵吸油口相通的油箱是完全封闭的，不与大气相通，液压泵能否正常工作？

5. 限压式变量叶片泵适用于什么场合？有何优缺点（流量压力特性曲线见附图 13）？

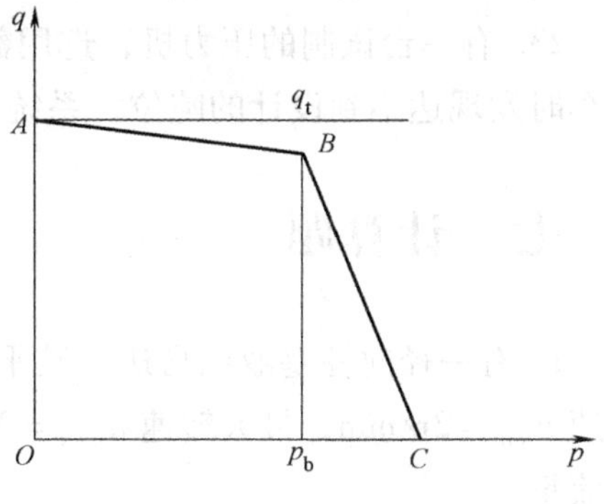


附图 13　问答题 5 图

6. 什么是双联泵？什么是双级泵？

7. 什么是困油现象？外啮合齿轮泵、双作用叶片泵和轴向柱塞泵存在困油现象吗？它们是如何消除困油现象的影响的？

8. 柱塞缸有何特点？

9. 液压缸为什么要密封？哪些部位需要密封？常见的密封方法有哪几种？

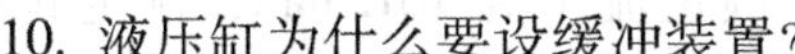

10. 液压缸为什么要设缓冲装置？

11. 液压马达和液压泵有哪些相同点和不同点？

12. 液压控制阀有哪些共同点？应具备哪些基本要求？

13. 使用液控单向阀时应注意哪些问题？

14. 选择三位换向阀的中位机能时应考虑哪些问题？

15. 何谓溢流阀的开启压力和调整压力？

16. 使用顺序阀时应注意哪些问题？

17. 为什么顺序阀的弹簧腔油液泄漏分内泄和外泄两种？可否全部采用外泄？

18. 为什么调速阀能够使执行元件的运动速度稳定？

19. 调速阀和旁通型调速阀（溢流节流阀）有何异同点？

20. 液压系统中为什么要设置背压回路？背压回路与平衡回路有何区别？

21. 附图 14 所示为三种不同形式的平衡回路，试从消耗功率、运动平稳性和锁紧作用方面比较三者在性能上的区别。

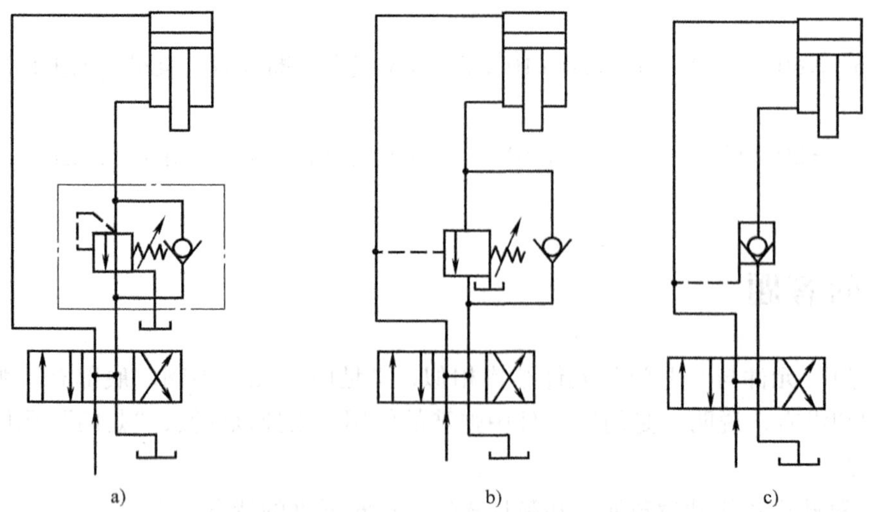


附图 14　问答题 21 图

22. 多缸液压系统中，如果要求以相同的位移或相同的速度运动，应采用什么回路？这种回路通常有几种控制方法？哪种方法同步精度最高？

23. 有一台试制的压力机，选用额定压力为 32MPa 的轴向柱塞泵及 YF-B32H 型溢流阀。试车时发现达不到设计的吨位，系统压力仅为 8MPa。请帮助查找原因。

## 七、计算题

1. 有一径向柱塞液压马达，其平均输出转矩 $T=24.5\mathrm{N\cdot m}$，工作压力 $p=5\mathrm{MPa}$，最小转速 $n_{\min}=2\mathrm{r/min}$，最大转速 $n_{\max}=300\mathrm{r/min}$，容积效率 $\eta_V=0.9$，求所需的最小流量和最大流量。

2. 有一齿轮泵，铭牌上注明额定压力为 10MPa，额定流量为 16L/min，额定转速为 1000r/min，拆开实测齿数 $z=12$，齿宽 $B=26\mathrm{mm}$，齿顶圆直径 $De=45\mathrm{mm}$，求：

1）泵在额定工况下的容积效率。

2）在上述情况下，当电动机的输出功率为 3.1kW 时，求泵的机械效率 $\eta_m$ 和总效率 $\eta$。

3. 用一定量泵驱动单活塞杆液压缸。已知活塞直径 $D=100\mathrm{mm}$，活塞杆直径 $d=70\mathrm{mm}$，被驱动的负载 $\sum R=1.2\times10^5\mathrm{N}$，有杆腔回油背压为 0.5MPa，设缸的容积效率 $\eta_V=0.99$，机械效率 $\eta_m=0.98$，液压泵的总效率 $\eta=0.9$，求：

1）使活塞运动速度为 100mm/s 的液压泵流量。

2）电动机的输出功率。

4. 有一液压泵，当负载压力为 $p=80\times10^5\mathrm{Pa}$ 时，输出流量为 96L/min；当负载压力为 $100\times10^5\mathrm{Pa}$ 时，输出流量为 94L/min。用此泵带动一排量 $V=80\mathrm{cm^3/r}$ 的液压马达，当负载转矩为 120N·m 时，液压马达的机械效率为 0.94，转速为 1100r/min。求此时液压马达的容积效率。

5. 增压缸大腔直径 $D=90\mathrm{mm}$，小腔直径 $d=40\mathrm{mm}$，进口压力 $p_1=63\times10^5\mathrm{Pa}$，流量 $q_1=0.001\mathrm{m^3/s}$，不计摩擦和泄漏，求出口压力 $p_2$ 和流量 $q_2$。

6. 附图 15 所示的回路采用进油路与回油路同时节流调速。采用的节流阀为薄壁小孔型，两节流阀的开口面积相等，即 $f_1=f_2=0.1\mathrm{cm^2}$，流量系数 $C_d=0.67$，液压缸两腔有效面积 $A_1=100\mathrm{cm^2}$，$A_2=50\mathrm{cm^2}$，负载 $R=5000\mathrm{N}$，方向始终向左，溢流阀调定压力 $p_y=20\times10^5\mathrm{Pa}$，泵流量 $q_p=25\mathrm{L/min}$，试求活塞往返运动速度，并分析两者有无可能相等。

7. 在附图 16 所示的回路中，液压缸两腔面积 $A_1=100\mathrm{cm^2}$，$A_2=50\mathrm{cm^2}$。当缸的负载 $F$ 从 0 变化到 30000N 时，缸向右的运动速度保持不变，调速阀最小压差 $\Delta p=5\times10^5\mathrm{Pa}$，试求：

1）溢流阀最小调定压力 $p_y$（调压偏差不考虑）。

2）负载 $F=0$ 时泵的工作压力。

3）缸可能达到的最高工作压力。

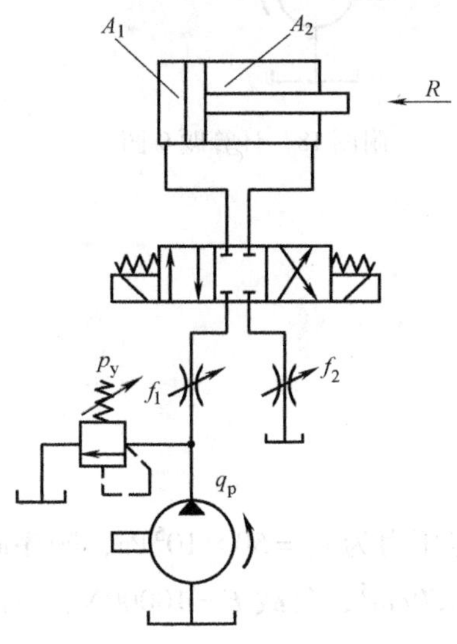


附图 15　计算题 6 图

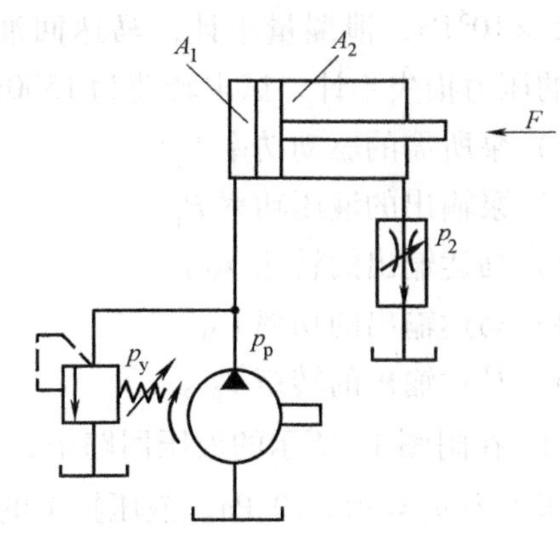


附图 16　计算题 7 图

8. 将两个减压阀串联成附图 17 所示的系统。取 $p_y=45\times10^5\mathrm{Pa}$，$p_{j1}=35\times10^5\mathrm{Pa}$，$p_{j2}=20\times10^5\mathrm{Pa}$，活塞运动时，负载 $F=1200\mathrm{N}$，活塞有效作用面积 $A=15\mathrm{cm^2}$，减压阀全开时的局部损失及管路损失不计。试确定：

1）活塞在运动时和到达终端位置时，$A$、$B$、$C$ 各点处的压力等于多少？

2）若负载阻力增加到 $F=4200\mathrm{N}$，所有阀的调整值仍为原数值，这时 $A$、$B$、$C$ 各点处的压力又为多少？

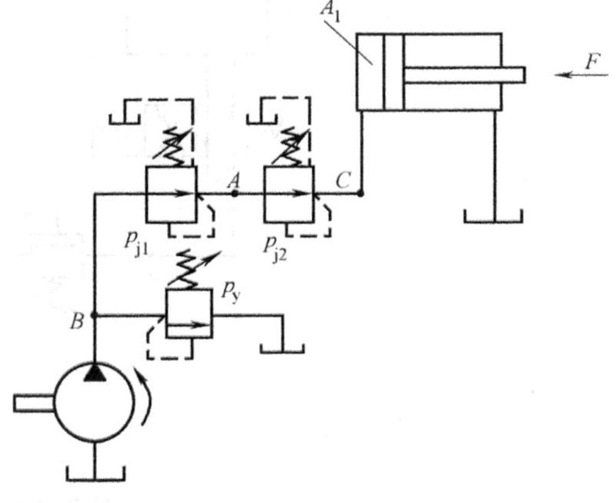


附图 17　计算题 8 图

9. 附图 18 所示的系统中，缸Ⅰ为进给缸，

活塞面积 $A_1=100\text{cm}^2$，缸Ⅱ为辅助装置缸，活塞面积 $A_2=50\text{cm}^2$。溢流阀调整压力 $p_y=40\times10^5\text{Pa}$，顺序阀调整压力 $p_x=30\times10^5\text{Pa}$，减压阀调整压力 $p_j=15\times10^5\text{Pa}$，管道损失不计，试回答：

1）辅助缸Ⅱ工作时可能产生的最大推力为多少?

2）进给缸Ⅰ要获得稳定的运动速度且不受辅助缸负载的影响，缸Ⅰ允许的最大推力 $R_1$ 应为多少?

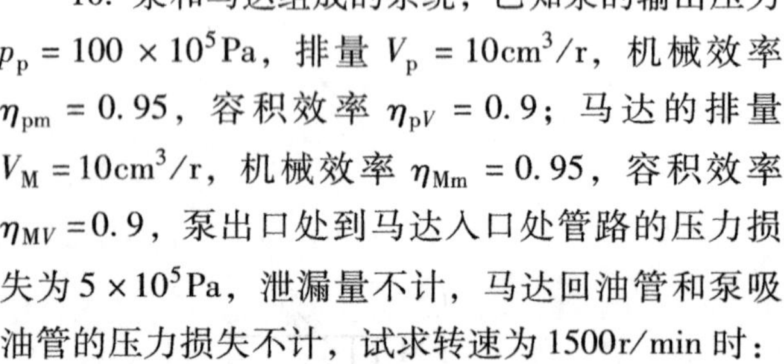

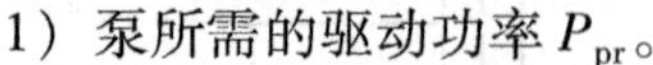

附图18　计算题9图

10. 泵和马达组成的系统，已知泵的输出压力 $p_p=100\times10^5\text{Pa}$，排量 $V_p=10\text{cm}^3/\text{r}$，机械效率 $\eta_{pm}=0.95$，容积效率 $\eta_{pV}=0.9$；马达的排量 $V_M=10\text{cm}^3/\text{r}$，机械效率 $\eta_{Mm}=0.95$，容积效率 $\eta_{MV}=0.9$，泵出口处到马达入口处管路的压力损失为 $5\times10^5\text{Pa}$，泄漏量不计，马达回油管和泵吸油管的压力损失不计，试求转速为1500r/min时：

1）泵所需的驱动功率 $P_{pr}$。

2）泵输出的液压功率 $P_{po}$。

3）马达输出的转速 $n_M$。

4）马达输出的功率 $P_M$。

5）马达输出的转矩 $T_M$。

11. 在附图19所示的液压回路中，已知溢流阀的调定压力为 $p_y=50\times10^5\text{Pa}$，顺序阀的调定压力为 $p_x=30\times10^5\text{Pa}$，液压缸1的有效作用面积 $A=50\text{cm}^5$，负载 $F=10000\text{N}$。当两换

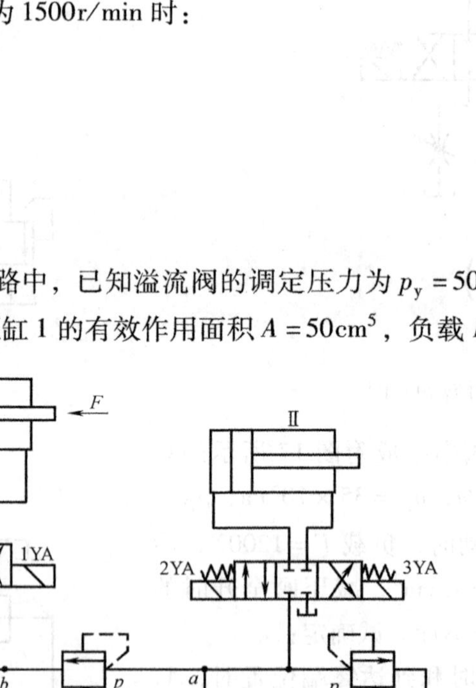


附图19　计算题11图

向阀处于图示位置时，试求：

1）活塞1运动时和活塞1运动到终端后，$a$、$b$两处的压力各为多少？

2）当负载$F=20000\text{N}$时，$a$、$b$两处的压力又各为多少（管路压力损失不计）？

12. 在附图20中，两个相同的液压缸串联起来，两缸的无杆腔和有杆腔的有效作用面积分别为$A_1=100\text{cm}^2$，$A_2=80\text{cm}^2$，输入的压力$p_1=18\times10^5\text{Pa}$，输入的流量$q=16\text{L/min}$，所有损失均不考虑，试求：

1）当两缸的负载相等时，可能承担的最大负载$F_{max}$。

2）两缸的负载不相等时的$F_{1max}$和$F_{2max}$。

3）两缸的活塞运动速度。

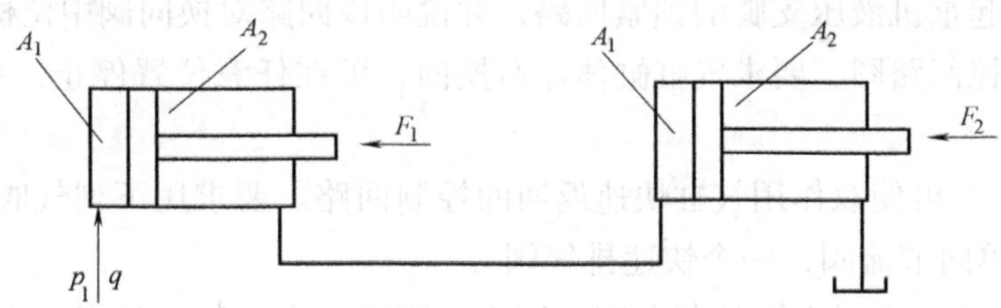


附图20 计算题12图

13. 计算基准状态下空气的密度（单位为$\text{kg/m}^3$，气体常数$R=287\text{J/(kg}\cdot\text{K)}$，压力$p=1.01325\times10^5\text{Pa}$）。

14. 已知$p_0=6\times10^5\text{Pa}$，$T_0=20℃$，阀的最小截面面积$A=5\times10^{-5}\text{m}^2$，求容积$V=0.01\text{m}^3$的容器，从初始压力$p_H=1\times10^5\text{Pa}$（绝对压力）充到$p_0$所需的时间。

15. 单作用气缸内径$D=0.125\text{m}$，工作压力$p=0.5\text{MPa}$，气缸负载率$\eta=0.5$，复位弹簧刚度$k=2000\text{N/m}$，弹簧预压缩量为50mm，活塞的行程$S=0.15\text{m}$，求此缸的有效推力。

16. 单杆作用气缸内径$D=0.125\text{m}$，活塞杆直径$d=32\text{mm}$，工作压力$p=0.45\text{MPa}$，气缸负载率$\eta=0.5$，求气缸的推力和拉力。如果此气缸内径$D=80\text{mm}$，活塞杆径$d=25\text{mm}$，工作压力$p=0.4\text{MPa}$，负载率不变，其活塞杆的推力和拉力各为多少？

17. 当气源及室温均为15℃时，将压力为0.7MPa（绝对）的压缩空气通过有效截面面积$S=30\text{mm}^2$的阀口，充入容积$V=85\text{L}$的气罐中，压力从0.02MPa上升到0.6MPa，充气时间及气罐的温度为多少？当温度降至室温后罐内压力为多少？如从大气压开始充气，情况又将如何？

## 八、绘制回路

1. 绘出双泵供油回路，液压缸快进时双泵供油，工进时小泵供油、大泵卸荷，请标明回路中各元件的名称。

2. 试用一个先导型溢流阀、两个远程调压阀组成一个三级调压且能卸荷的多级调压回路，绘出回路图并简述工作原理（换向阀任选）。

3. 试用四个插装式换向阀单元组成一个三位四通且中位分别为 O 型、H 型机能的换向回路，绘出回路图并简述工作原理。

4. 试用插装式压力阀单元和远程调压阀、电磁阀组成一个调压且卸荷的调压回路，绘出回路图并简述工作原理。

5. 试用两个单向顺序阀实现“缸 1 前进—缸 2 前进—缸 1 退回—缸 2 退回”的顺序动作回路，绘出回路图并说明两个顺序阀的压力如何调节。

6. 试用压力继电器实现“缸 1 前进—缸 2 前进—缸 2 退回—缸 1 退回”的顺序动作回路，绘出回路图并说明工作原理。

7. 试用液控单向阀实现立式液压缸的保压回路，绘出回路图并说明保压原理。

8. 绘出汽车起重机液压支腿的锁紧回路，并说明该回路对换向阀中位机能的要求。

9. 试绘出气控回路图，要求气缸缸体左右换向，可在任意位置停止，并使其左右运动，速度不等。

10. 试设计一个可使双作用气缸快速返回的控制回路。要求用下列气阀：一个单电控二位五通阀，一个单向节流阀，一个快速排气阀。

11. 某工厂生产自动线上要控制温度、压力、浓度三个参数，任意一个或一个以上达到上限，生产过程都将发生事故，此时应自动报警，设计此气控回路，要求画出逻辑原理图。

12. 设计一个气动逻辑回路控制一个单作用缸，要求被控单作用气缸实现如下逻辑功能 $s=\bar{a}b+\overline{ab}$，其中 a、b 为两个输入信号。

# 参考文献


[1] 许福玲，陈尧明. 液压与气压传动［M］. 4版. 北京：机械工业出版社，2016.
[2] 许福玲. 液压与气压传动［M］. 武汉：华中科技大学出版社，2001.
[3] 章宏甲，黄谊，王积伟. 液压与气压传动［M］. 北京：机械工业出版社，2000.
[4] 薛祖德. 液压传动［M］. 北京：中央广播电视大学出版社，1995.
[5] 李壮云，葛宜远. 液压元件与系统［M］. 3版. 北京：机械工业出版社，2011.
[6] 郑洪生. 气压传动及控制［M］. 2版. 北京：机械工业出版社，1988.
[7] 吴振顺. 气压传动与控制［M］. 哈尔滨：哈尔滨工业大学出版社，1995.
[8] 李天贵. 气压传动［M］. 北京：国防工业出版社，1985.
[9] 官忠范. 液压传动系统［M］. 3版. 北京：机械工业出版社，1997.